Martin G. Frohberg
Thermodynamik

Beachten Sie bitte auch
weitere interessante Titel
zu diesem Thema

Worch, H., Pompe, W., Schatt, W. (Hrsg.)

Werkstoffwissenschaft

2010
ISBN: 978-3-527-32323-4

Schumann, H., Oettel, H.

Metallografie

2005
ISBN: 978-3-527-30679-4

Lange, G. (Hrsg.)

**Systematische Beurteilung
technischer Schadensfälle**

2001
ISBN: 978-3-527-30417-2

Riehle, M., Simmchen, E.

**Grundlagen der
Werkstofftechnik**

2000
ISBN: 978-3-527-30953-5

Maier, M.

Werkstoffkunde

**Lehrbuch und Lernprogramm für die
betriebliche Ausbildung**

1996
ISBN: 978-3-527-28757-4

Reich, R.

Thermodynamik

**Grundlagen und Anwendungen in der
Allgemeinen Chemie**

1991
ISBN: 978-3-527-28266-1

Martin G. Frohberg

Thermodynamik

für Werkstoffwissenschaftler,
-ingenieure und Metallurgen

Zweite, stark überarbeitete Auflage;
unveränderter Nachdruck

WILEY-VCH Verlag GmbH & Co. KGaA

Autor

Prof. Dr. Martin G. Frohberg
Wittinger Str. 126
29223 Celle
Deutschland

2., stark überarb. Auflage 1994,
unveränderter Nachdruck 2009

**Bibliografische Information
der Deutschen Nationalbibliothek**
Die Deutsche Nationalbibliothek verzeichnet
diese Publikation in der Deutschen
Nationalbibliografie; detaillierte bibliografische
Daten sind im Internet über http://dnb.d-nb.de
abrufbar.

© des unveränderten Nachdrucks 2009,
WILEY-VCH Verlag GmbH & Co. KGaA,
Weinheim

Druck und Bindung Lightning Source

ISBN 978-3-527-30922-1

Vorwort

Werkstoffingenieure und Metallurgen werden sowohl bei wissenschaftlichen wie auch praktischen Problemen mit der Thermodynamik konfrontiert. Meist sind es thermodynamische Berechnungen, die einem Experiment oder einem industriellen Prozeß vorausgehen oder vorausgehen sollten. Um diese Aufgabenstellungen zu verstehen und zu lösen, ist ein Mindestwissen an Grundlagen der Thermodynamik erforderlich. Dieses einführende Grundlagenwissen in verständlicher Form zu vermitteln, ist Hauptanliegen des vorliegenden Buches. Die phänomenologische Betrachtungsweise macht Aussagen über die Eigenschaften stofflicher Systeme, ohne auf die Eigenschaften ihrer Grundbausteine zurückgreifen zu müssen. Sie ist damit allgemeingültig und auf die unterschiedlichen Systeme anzuwenden.
Für die Metallurgen ist insbesondere die Kenntnis der Mischphasenthermodynamik, für den Werkstoffwissenschaftler zusätzlich die der Grenzflächeneigenschaften von besonderer Bedeutung. Diese beiden Gebiete sind gegenüber der ersten Auflage erweitert worden. An einer größeren Zahl durchgerechneter Aufgaben sollte der didaktische Zweck verfolgt werden, Gleichungen »lebendig« werden zu lassen, um damit dem Anfänger die Scheu vor der »praktischen« Thermodynamik zu nehmen. Für den interessierten Leser wird für jedes Kapitel weiterführende Literatur angegeben.
Die erste Auflage des Buches erschien 1981 unter dem Titel »Thermodynamik für Metallurgen und Werkstofftechniker«. Nachdem sich heute allgemein und insbesondere an den Hochschulen weltweit durchgesetzt hat, daß das Wissensgebiet »Werkstoffwissenschaft« (»material science«) als Oberbegriff auch die Metallurgie beinhaltet, wollte der Autor dieser Entwicklung nicht entgegenstehen und hat sie durch die vorliegende Titelumstellung berücksichtigt. Am ursprünglichen Aufbau des Buches wurde festgehalten.
Bei der Niederschrift der ersten Auflage gaben mir meine früheren Mitarbeiter Dr.-Ing. *Gerhard Betz* und Dr.-Ing. *Karl Kubicek* vielfältige Anregungen. Bei der Bearbeitung der zweiten Auflage hat mir Herr Dr.-Ing. *Klaus Schaefers* mit Vorschlägen und Diskussionen zur Seite gestanden; ihnen allen gilt mein besonderer Dank. Die Erweiterung des Kapitels »Adsorption« wurde von Herrn Dr.-Ing. *Hong-Kee Lee* vorbereitet, bei der Korrektur war Herr Dipl.-Ing. *Michael Rösner-Kuhn* behilflich; beiden Herren danke ich hiermit ebenfalls. Frau *Sabine Quander* war mir bei der zügigen Fertigstellung des Manuskriptes eine große Hilfe, wofür ich ihr sehr verbunden bin. Dem Deutschen Verlag für Grundstoffindustrie danke ich für die stets gute Zusammenarbeit.

Berlin, August 1993   *Martin Georg Frohberg*

Inhaltsverzeichnis

Verzeichnis der wichtigsten Symbole 11

1   Grundbegriffe 15

1.1   Historische Vorbemerkungen zur Thermodynamik 15

1.2   Nullter Hauptsatz und Temperaturbegriff 15

1.3   Systeme, Phasen, Prozesse 17

1.4   Beschreibung eines Zustandes 17

    1.4.1.   Zustandsgröße, Zustandsfunktion, Zustandsgleichung 17
    1.4.2.   Mathematische Behandlung von Zustandsfunktionen 18

1.5   Thermische Zustandsgleichung 20

1.6   Zustandsgleichung idealer Gase 21

1.7   Zustandsgleichung realer Gase 21

1.8   Erster Hauptsatz der Thermodynamik 23

    1.8.1   Formulierung des ersten Hauptsatzes 23
    1.8.2   Wärmekapazitäten 24
    1.8.3   Enthalpie 24
    1.8.4   Kalorische Zustandsgleichungen 25
    1.8.4.1   Temperatur- und Volumen- bzw. Druckkoeffizienten der inneren Energie und Enthalpie 25
    1.8.4.2   Zusammenhang zwischen den Molwärmen C_p und C_v 26
    1.8.5   Arbeitsleistung idealer Gase 27
    1.8.5.1   Isotherme und isobare Volumenänderungen 27
    1.8.5.2   Adiabatische Volumenänderungen 27
    1.8.6   Molare Wärmekapazitäten 29
    1.8.6.1   Gase 29
    1.8.6.2   Feste Stoffe 29
    1.8.6.3   Flüssigkeiten 31
    1.8.7   Thermochemie 31
    1.8.7.1   Thermochemische Reaktionsgleichung 31
    1.8.7.2   Standardzustand 32
    1.8.7.3   Chemische Reaktionen 32
    1.8.7.3.1   Reaktionsenthalpien 32

1.8.7.3.2 Thermochemische Gesetze 33
1.8.7.3.3 Enthalpie bei Ionenreaktionen in wäßriger Lösung 35
1.8.7.3.4 Temperaturabhängigkeit der Reaktionsenergie und Reaktions-
         enthalpie 36
1.8.7.4 Umwandlungsvorgänge 39
1.8.7.4.1 Phasenumwandlungen 39
1.8.7.4.2 Schmelz- und Erstarrungsenthalpien 39
1.8.7.4.3 Verdampfungs- und Kondensationsenthalpien 40
1.8.7.4.4 Sublimationsenthalpien 40
1.8.7.4.5 Weitere Umwandlungsenthalpien 40

1.9 Zweiter Hauptsatz der Thermodynamik 42

1.9.1 Reversible und irreversible Prozesse 42
1.9.2 Entropie 43
1.9.3 Thermodynamische Potentiale 48
1.9.3.1 Gleichbleibende Teilchenzahl 48
1.9.3.2 Veränderliche Teilchenzahl 51
1.9.4 *Maxwell*sche Relationen 52
1.9.5 *Gibbs-Helmholtz*-Gleichung 52
1.9.6 Bedingungen für das thermodynamische Gleichgewicht 55

1.10 Dritter Hauptsatz der Thermodynamik 56

2 **Gleichgewichte** 65

2.1 Phasengleichgewichte in Einkomponenten-Systemen 65

2.1.1 Gleichgewicht zwischen Flüssigkeit und Gasphase 65
2.1.2 *Clausius-Clapeyron*sche Gleichung 67
2.1.3 *Dühring*sche Regel zur Abschätzung des Dampfdrucks
      von Elementen 70

2.2 Chemisches Gleichgewicht 70

2.2.1 Massenwirkungsgesetz 71
2.2.1.1 Kinetische Herleitung des Massenwirkungsgesetzes 71
2.2.1.2 Beziehung zwischen den Gleichgewichtskonstanten K_p und K_c . 71
2.2.1.3 Technisch wichtige Gleichgewichtsreaktionen 72
2.2.2 Beziehung zwischen der freien Enthalpie und der Gleichgewichts-
      konstante (*van't Hoff*sche Isotherme) 77
2.2.3 Temperaturabhängigkeit der Gleichgewichtskonstanten 78
2.2.4 Druckabhängigkeit der Gleichgewichtskonstanten 80
2.2.5 *Richardson-Ellingham*-Diagramm 88
2.2.5.1 Gleichgewichtskonstante der Heterogenreaktionen 88
2.2.5.2 Allgemeine Beschreibung des *Richardson-Ellingham*-Diagramms . 89
2.2.5.3 Eigenschaften einer einzelnen $\Delta G°$-T-Linie 91
2.2.5.4 Interpretation von zwei und mehr Linien im Vergleich
      miteinander 94
2.2.5.4.1 Freie Standardreaktionsenthalpie der Reduktion 95
2.2.5.4.2 Einfluß des Druckes auf die Richtung des Gleichgewichts bei
      konstanter Temperatur 95

2.2.5.5   Gebrauch der nomographischen Skalen für Dissoziationsdruck
             und Hilfsgasgleichgewichte   96
2.2.5.6   Einschränkungen in der Anwendbarkeit
             des *Richardson-Ellingham*-Diagramms   97
2.2.6   *Kellog*-Diagramm − grafische Darstellung des Röstprozesses
             sulfidischer Erze   97

3   Anwendung der Thermodynamik auf einfache Phasengleichgewichte

3   Anwendung der Thermodynamik auf einfache Phasen-
       gleichgewichte   102

3.1   Phasenregel   102

3.2   Anwendung der Phasenregel auf einfache Systeme   103

4   Thermodynamik der Mischphasen   106

4.1   Definition der Mischphase; Konzentrationsmaße   106

4.2   *Dalton*sches Partialdruckgesetz   108

4.3   Partielle molare Größen   108
       4.3.1   Definition der partiellen Größen   108
       4.3.2   Gleichung von *Gibbs-Duhem*   109
       4.3.3   Methoden zur Bestimmung partieller molarer Größen   110
       4.3.3.1   Analytische Lösung   110
       4.3.3.2   Graphische Lösung   110

4.4   Chemisches Potential   111

4.5   Phasengleichgewichte im Mehrkomponenten-System   114
       4.5.1   Binäre Systeme   114
       4.5.1.1   *Raoult*sches Gesetz   114
       4.5.1.2   Siedepunktserhöhung   115
       4.5.1.3   Gefrierpunktserniedrigung   117
       4.5.1.4   Aktivität und Dampfdruck   117
       4.5.1.5   *Henry-Dalton*sches Gesetz   118
       4.5.1.6   Löslichkeitsgleichgewicht   119
       4.5.1.7   *Nernst*scher Verteilungssatz   119
       4.5.1.8   Standardzustände der Aktivität   120
       4.5.1.8.1 Standardzustand »reiner Stoff«   120
       4.5.1.8.2 Standardzustand »unendlich verdünnte Lösung«   120
       4.5.1.8.3 Standardzustand »einprozentige Lösung«   121
       4.5.1.9   Allgemeine Zusammenhänge zwischen den partiellen molaren
                  Zustandsgrößen   122
       4.5.1.10   Änderung der freien Enthalpie beim Lösungsvorgang   122
       4.5.1.11   Thermodynamische Eigenschaften idealer Lösungen   131
       4.5.1.12   Thermodynamische Eigenschaften nichtidealer Lösungen, Excess-
                  oder Überschußgrößen   134

4.5.1.13   Anwendung der *Gibbs-Duhem*-Gleichung zur Umrechnung von
            Aktivitäten   135
4.5.1.14   Thermodynamische Modelle zur Beschreibung binärer
            Lösungen.   141
4.5.1.14.1 Das Modell der regulären Lösung   143
4.5.1.14.2 Das Modell der subregulären Lösung   146
4.5.1.14.3 Das quasichemische Modell   147
4.5.1.14.4 Das modifizierte quasichemische Modell.   148
4.5.1.14.5 Das Modell der thermodynamisch adaptierten Potenz-Reihe . .   149
4.5.1.14.6 Modell eines Assoziationsgleichgewichts   151
4.5.1.15   Standardzustände flüssiger bzw. fester Stoffe.   159
4.5.2   Mehrstofflösungen   164
4.5.2.1   Gegenseitige Beeinflussung der gelösten Stoffe   164
4.5.2.2   Wirkungskoeffizienten   165
4.5.2.2.1   Ableitung bei konstanter Konzentration.   165
4.5.2.2.2   Ableitung bei konstanter Aktivität   166
4.5.2.2.3   Reihenentwicklung zur Beschreibung des Aktivitätskoeffizienten
            eines gelösten Stoffes in Zwei-, Drei- und Mehrstofflösungen . . 167
4.5.2.2.4   Verknüpfung des Wirkungsparameters bei konstanter Aktivität
            mit der Sättigungskonzentration   172
4.5.2.3   Systematik der Wirkungsparameter   174
4.5.3   Anwendung der *Gibbs-Duhem*-Gleichung auf ternäre
            Lösungen.   175

5   Oberflächenerscheinungen   180

5.1   Vollständige kalorische Zustandsgleichung   180

5.2   Abhängigkeit der Zustandsfunktionen von der Oberfläche 182

5.3   Molare Oberflächenspannung   182

5.4   Temperaturabhängigkeit der Oberflächenspannung   183

5.5   Erscheinungen an gekrümmten Oberflächen   184

       5.5.1   Kapillardruck (Krümmungsdruck)   184
       5.5.2   Kapillarität   185
       5.5.3   Bildungsbedingungen von Gasblasen in Flüssigkeiten; Grenzen
                der Entgasung.   186
       5.5.4   Dampfdruck kleiner Tröpfchen; *Kelvin*sche Gleichung 186
       5.5.5   Sublimationsdruck, Lösungsgleichgewicht und Schmelzpunkt-
                erniedrigung. 188

5.6   Benetzung an Oberflächen   190

       5.6.1   *Young*sche Randwinkelgleichung   190
       5.6.2   Adhäsionsarbeit 191

5.7   Adsorption   193

       5.7.1   *Gibbs*sches Modell der Grenzfläche 194

5.7.2   Relative Adsorption 196
5.7.3   *Gibbs*sche Adsorptionsisotherme 197
5.7.4   *Langmuir*sche Adsorptionsisotherme 199
5.7.5   Herleitung eines Lösungsmodells für die Oberfläche 201

6   Keimbildung 210

6.1   Homogene Keimbildung 210

6.1.1   Keimbildungsarbeit 210
6.1.2   Erstarrung einer Flüssigkeit bei homogener Keimbildung . . . 213

6.2   Heterogene Keimbildung 214

**7   Galvanische Zellen und elektrochemische Gleichgewichts-
diagramme** 216

7.1   Galvanische Zellen 216

7.1.1   Normalpotential 216
7.1.2   Elektrochemische Spannungsreihe 217
7.1.3   Einzelpotential; *Nernst*sche Gleichung 218
7.1.4   Abhängigkeit der EMK von der Temperatur 220
7.1.5   EMK-Messungen zur Bestimmung thermodynamischer Zustands-
        größen 221
7.1.5.1 Galvanische Zellen ohne Diffusionspotential 221
7.1.5.2 Konzentrationszellen 222

7.2   Elektrochemische Gleichgewichtsdiagramme 227

7.2.1   Redoxgleichgewichte 227
7.2.2   *Pourbaix*-Diagramm 229
7.2.2.1 E-pH-Diagramm von Zink 231
7.2.2.2 E-pH-Diagramm von Eisen 232

Literaturverzeichnis 234

Sachwörterverzeichnis 237

Verzeichnis der wichtigsten Symbole

A	Fläche [m^2]
A_k	Keimbildungsarbeit [J] $= \Delta g_k$
a_i	Aktivität des Stoffes i, bezogen auf einen angegebenen Standardzustand
B	Anzahl der einschränkenden Bedingungen in einem Gleichgewichtssystem
b_i	Molalität [mol kg^{-1}]
C	molare Wärmekapazität [J(mol K)$^{-1}$]
C_p	isobare molare Wärmekapazität [J(mol K)$^{-1}$]
C_v	isochore molare Wärmekapazität [J(mol K)$^{-1}$]
c	spezifische Wärmekapazität [J(kg K)$^{-1}$]
c_i	Stoffmengenkonzentration (Molarität) [mol m^{-3}]; allgemeine Konzentrationsangabe
c_p	isobare spezifische Wärmekapazität [J(kg K)$^{-1}$]
c_v	isochore spezifische Wärmekapazität [J(kg K)$^{-1}$]
E	elektromotorische Kraft (EMK) [V]
E^0	elektrochemisches Standardpotential [V]
E_{ii}	Wechselwirkungsenergie [J]
$e_i^{(j)}$	Wechselwirkungsparameter erster Ordnung (abgeleitet bei konstanter Konzentration, Konzentrationsmaß Massegehalt in %)
F	molare freie Energie, *Helmholtz*-Funktion [J mol^{-1}]; Anzahl der Freiheitsgrade in einem Gleichgewichtssystem; *Faraday*-Konstante [J(mol V)$^{-1}$]
f	freie Energie, *Helmholtz*-Funktion [J]
f_i	Fugazität der Komponente i [atm]; Aktivitätskoeffizient der Komponente i, bezogen auf die unendlich verdünnte Lösung
$f_i^{(j)}$	Wechselwirkungskoeffizient (abgeleitet bei konstanter Konzentration, Konzentrationsmaß Massegehalt in %)
G	molare freie Enthalpie [J mol^{-1}]
$\Delta G^0(T)$	Standardwert der molaren freien Enthalpie für eine Reaktion bei der Temperatur T [J mol^{-1}]
g	Erdbeschleunigung; freie Enthalpie [J]
ΔG_K	Keimbilungsenergie [J]
H	magnetische Feldstärke [A m^{-1}]; molare Enthalpie [J mol^{-1}]
$H(i \rightarrow j)$	molare Enthalpie von Phasenumwandlungen [J mol^{-1}]
$\Delta H^0(T)$	Standardwert der molaren Enthalpie für eine Reaktion bei der Temperatur T [J mol^{-1}]
h	Höhe [m]; Enthalpie [J]
K	Anzahl der Komponenten in einem System; Gleichgewichtskonstante
k	*Boltzmann*-Konstante [J K^{-1}]; Geschwindigkeitskonstante einer Reaktion (Dimension abhängig von der Reaktionsordnung); geometrischer Faktor
L	Lösungsparameter
M	molare Masse [kg mol^{-1}]
m	Masse [kg]; Löslichkeitsparameter

N_A	*Avogadro*sche Zahl $[mol^{-1}]$
N_i	Anzahl der Teilchen des Stoffes i im System
n	Stoffmenge [mol]
n_i	Normalität des Stoffes i in einer Lösung
o	Oberfläche $[m^2]$
$o_i^{(j)}$	Wechselwirkungsparameter erster Ordnung (abgeleitet bei konstanter Aktivität, Konzentrationsmaß Massegehalt in %)
P	Anzahl der Phasen eines Systems; (Gesamt-)Druck [bar, Pa]
p_i	Partialdruck des Stoffes i [bar, Pa]
p_i^0	Dampfdruck des Stoffes i [bar, Pa]
pH	Wasserstoffionenkonzentration
p_K	Kapillardruck $[N\ m^{-2}]$
$Q_i^{(j)}$	Wechselwirkungskoeffizient (abgeleitet bei konstanter Aktivität, Konzentrationsmaß Molenbruch)
q	elektrische Ladung [C]; Wärme, Wärmemenge [J]
R	Gaskonstante $[J\,(mol\ K)^{-1}]$; Zahl der linear unabhängigen Reaktionen in einem System
r	Radius [m]
r^*	kritischer Keimbildungsradius [m]
S	molare Entropie $[J\,(mol\ K)^{-1}]$
$\Delta S^0(T)$	Standardwert der molaren Entropie einer Reaktion bei der Temperatur T $[J\,(mol\ K)^{-1}]$
s	Entropie $[J\ K^{-1}]$
T	thermodynamische Temperatur [K]
$T(i \rightarrow j)$	Umwandlungstemperatur [K]
t	Zeit [s]
U	molare innere Energie $[J\ mol^{-1}]$
u	innere Energie [J]
V	Molvolumen $[m^3\ mol^{-1}]$
v	Volumen $[m^3]$
W	thermodynamische Wahrscheinlichkeit; Adhäsionsarbeit
W_{el}	magnetisches Dipolmoment [V s m]
w	Arbeit [J]
x_i	Molenbruch des Stoffes i oder Stoffmengenbruch
Z_i	Zustandsfunktion (allgemein)
z	Ionenwertigkeit
α	*Darken*sche Funktion
β	thermischer Spannungskoeffizient
Γ_i	Adsorption der Komponente i $[mol\ cm^{-2}]$
γ_i	Aktivitätskoeffizient des Stoffes i, bezogen auf reinen Stoff
$\gamma_i^{(j)}$	Wechselwirkungskoeffizient (abgeleitet bei konstanter Konzentration, Konzentrationsmaß Molenbruch)
$\varepsilon_i^{(j)}$	Wechselwirkungsparameter erster Ordnung (abgeleitet bei konstanter Konzentration, Konzentrationsmaß Molenbruch)
Θ_i	Bedeckungsgrad hinsichtlich Komponente i
ϑ	Temperatur [°C]
$\varkappa$	*Poisson*scher Koeffizient
μ_i	chemisches Potential des Stoffes i $[J\ mol^{-1}]$
μ_i^0	Standardwert des chemischen Potentials des reinen Stoffes i bei der Temperatur T $[J\ mol^{-1}]$
ν_i	stöchiometrischer Koeffizient
ξ	Reaktionslaufzahl

ϱ Dichte [kg m^{-3}]

$\varrho_i^{(j)}$ Wechselwirkungsparameter 2. Ordnung (abgeleitet bei konstanter Konzentration, Konzentrationsmaß Molenbruch)

σ Oberflächenspannung, Grenzflächenspannung [N m^{-1}]

φ elektrisches Potential [V]

ω_i^j Wechselwirkungsparameter erster Ordnung (abgeleitet bei konstanter Aktivität, Konzentrationsmaß Molenbruch)

Kennzeichnung extensiver thermodynamischer Zustandsgrößen

Die Kennzeichnung extensiver thermodynamischer Zustandsgrößen wird am Beispiel der molaren freien Enthalpie G erläutert. Die Dimension lautet in allen Fällen J mol^{-1}.

G molare freie Enthalpie

ΔG Änderung von G entsprechend einer spezifizierten Zustandsänderung des Systems

ΔG^0 Änderung von G entsprechend einer spezifizierten Zustandsänderung des Systems im Standardzustand

$G(i \rightarrow j)$ molare freie Umwandlungsenthalpie beim Übergang i in j

$\Delta G(M)$ integrale molare freie Mischungsenthalpie

$\Delta G(M, id)$ integrale molare freie Mischungsenthalpie einer idealen Mischung

G_i molare freie Enthalpie des Stoffes i

G_i^0 Standardwert der molaren freien Enthalpie des Stoffes i

$\bar{G}_i$ partielle freie Enthalpie des Stoffes i

$\Delta \bar{G}_i$ partielle freie Mischungsenthalpie des Stoffes i

$G(xs)$ integrale molare freie Überschußenthalpie einer Lösung

$\bar{G}_i(xs)$ partielle freie Überschußenthalpie des Stoffes i

Beachte: Alle partiellen Größen sind auf Grund ihrer Ableitung molare Größen!

1   Grundbegriffe

1.1   Historische Vorbemerkungen zur Thermodynamik

Im Mittelpunkt der Thermodynamik stehen die beiden Begriffe *Wärme* und *Temperatur*. Die Frage nach dem Wesen der Wärme war unter den Naturforschern bis zur Mitte des vergangenen Jahrhunderts umstritten. Nach der älteren Auffassung wurde die Wärme als ein Fluidum betrachtet, das von einem Körper auf den anderen übergeht. Insbesondere mit den Ergebnissen der Kalorimetrie wurde ein *Erhaltungssatz der Wärme* postuliert, der davon ausgeht, daß Wärme unzerstörbar sei. Die Arbeiten von *Fourier* zur Theorie der Wärmeleitung (1822) sowie die Aufstellung des Kreisprozesses von *Carnot* (1824) gingen noch von dieser stofflichen Vorstellung der Wärme aus.
Andererseits war bereits aus früheren Versuchen bekannt (*Rumford*, 1789), daß Wärme (z. B. durch Reibung) erzeugt werden kann, eine Tatsache, die im Widerspruch zur Wärmestofftheorie steht. Eine entscheidende Klärung des Sachverhaltes ergab sich durch die Arbeiten von *Mayer* und *Joule*, die unabhängig voneinander zeigen konnten, daß Wärme und Arbeit äquivalent sind (1. Hauptsatz). Die Aufstellung einer atomistischen Theorie der Materie durch *Dalton* gab den Weg frei für die Betrachtungsweise der Wärme als molekularkinetische Bewegung.
Aus der Tatsache, daß bei natürlich ablaufenden Vorgängen die Umwandlung von Arbeit in Wärme nicht der von Wärme in Arbeit entspricht, wurde später von *Clausius* der 2. Hauptsatz formuliert, der die Änderung der Entropie als bezeichnende Größe für die Richtung eines Prozesses vorsieht.
Umfangreiche Messungen von *Nernst* (1906) wiesen darauf hin, daß bei Zustandsänderungen in unmittelbarer Nähe des Nullpunkts die Entropieänderungen gegen Null gehen. *Planck* formulierte dieses Wärmetheorem weitergehend, indem er den reinen festen Körpern am absoluten Nullpunkt den Entropiewert Null zuordnete. Dieser 3. Hauptsatz läßt u. a. ein Erreichen des absoluten Nullpunkts nicht zu.
Vielfach wird den drei Hauptsätzen der Thermodynamik ein »nullter Hauptsatz« vorangestellt, der der Temperatur ihre axiomatische Bedeutung zumißt.

1.2   Nullter Hauptsatz und Temperaturbegriff

Der nullte Hauptsatz lautet:

Sind zwei Körper mit einem dritten im thermischen Gleichgewicht, so sind sie auch untereinander im thermischen Gleichgewicht.

Im thermischen Gleichgewicht stehende Körper müssen in einer Eigenschaft übereinstimmen. Diese Eigenschaft wird als *Temperatur* bezeichnet. Es soll bereits jetzt darauf hingewiesen werden, daß die Temperatur eine Zustandsgröße ist, d. h., die Temperatur eines Systems ist unabhängig von der Art (»vom Weg«), wie sie erreicht wurde. Anschaulich

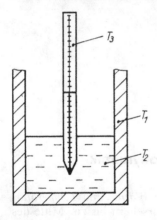

Abb. 1. Schematische Darstellung des thermischen Gleichgewichts $T_1 = T_2 = T_3$
T_1 Tiegeltemperatur, T_2 Flüssigkeitstemperatur, T_3 Thermometertempe-
ratur

ergibt sich die Aussage des nullten Hauptsatzes, wenn man sich den dritten Körper als
Thermometer vorstellt (Abb. 1).
Der Temperatur sind im Laufe der Zeit − historisch bedingte − Bezugsgrößen zugeordnet
worden. Nach den heute gültigen SI-Einheiten unterscheidet man zwischen der thermodynamischen und der Celsius-Temperatur.

Thermodynamische Temperatur T

Sie wird auch absolute Temperatur genannt. Ihre Einheit, das Kelvin (K), ist wie folgt
definiert:

**Das Kelvin ist der 273,16te Teil der (thermodynamischen) Temperatur des Tripelpunktes
von Wasser.**

Der strenge Beweis der Gültigkeit der thermodynamischen Temperaturskala läßt sich erst
mit Hilfe des 2. Hauptsatzes liefern. Von den Eigenschaften einer thermometrischen
Substanz ist die absolute Temperaturskala unabhängig. Sie fällt mit der Temperaturskala
des Gasthermometers zusammen, so daß die Möglichkeit einer Messung der absoluten
Temperatur gegeben ist.

Celsius-Temperatur ϑ

Sie ist eine abgeleitete Größe und mit der thermodynamischen Temperatur durch die
Gleichung

$$\vartheta = T - 273{,}15 \text{ K} \tag{1.1}$$

verknüpft. Der Wert 273,15 K entspricht dem Schmelzpunkt des Wassers, ausgehend von
der Festlegung des Tripelpunktes. Die Einheit der Celsius-Temperatur ist ebenfalls das
Kelvin. Bei Angabe der Celsius-Temperatur wird der Einheitenname Grad Celsius (Ein-
heitenzeichen °C) als besonderer Name für das Kelvin benutzt.

Beispiel

Der Umwandlungpunkt (A_3) vom α- zum γ-Eisen liegt bei $\vartheta = 911\ °C$. Für die zugehörige
thermodynamische Temperatur ergibt sich

$$T = \vartheta + 273{,}15 \text{ K} = 1184{,}15 \text{ K}.$$

Es sollte vermieden werden, beide Temperaturen (durch ein Gleichheitszeichen) gleichzusetzen, da die Celsius-Temperatur die Einheit Kelvin (K) besitzt. Mathematisch zulässig
wäre die Schreibweise $911\ °C \triangleq 1184{,}15 \text{ K}$.

1.3   Systeme, Phasen, Prozesse

Unter einem *System* versteht man jedes materielle Objekt, das thermodynamischen Betrachtungen zugänglich gemacht werden kann. Meist geht man von Modellsystemen aus, die den Naturvorgängen vereinfachend angepaßt sind, ihre Hauptmerkmale jedoch erfüllen. Bei allen Systemen spielt die »Durchlässigkeit« der Wände eine entscheidende Rolle. Hiernach unterscheidet man

- abgeschlossene Systeme (Wände undurchlässig für Stoffe, Wärme und Arbeit),
- geschlossene Systeme (Wände durchlässig für Arbeit und Wärme, undurchlässig für Stoffe),
- offene Systeme (Wände durchlässig für Stoffe, Wärme und Arbeit).

Systeme können je nach ihrer Zusammensetzung als Einstoff- (z. B. reines Metall) oder Mehrstoffsysteme (z. B. flüssiges Roheisen) auftreten. Einphasige Systeme bezeichnet man als homogene, mehrphasige als heterogene Systeme. In der Metallurgie sind beide Typen gleichermaßen vertreten. Ist ein System »durch und durch einheitlich, nicht nur in der chemischen Zusammensetzung, sondern auch in seinem physikalischen Zustand« (*Gibbs*), so liegt es in einer einheitlichen *Phase*, d. h. homogen, vor. Eine Phase ist dort begrenzt, wo sich ihre Eigenschaften (unstetig) ändern.
Die Behandlung thermodynamischer Vorgänge anhand von Modellsystemen führt vielfach zu einer (gewollten) Idealisierung des *Prozesses*. Hiernach unterscheidet man

- isotherme Prozesse ($T = $ const; $dT = 0$),
- isochore Prozesse ($V = $ const; $dV = 0$),
- isobare Prozesse ($p = $ const; $dp = 0$),
- adiabatische Prozesse ($q = $ const; $dq = 0$).

1.4   Beschreibung eines Zustandes

1.4.1   Zustandsgröße, Zustandsfunktion, Zustandsgleichung

Die Gesamtheit der (äußeren und inneren) Parameter, die man benötigt, um das physikalische Verhalten eines Systems, d. h. seinen Zustand, zu beschreiben, werden *Zustandsgrößen* genannt. Da sich diese unter der Einwirkung äußerer Einflüsse im allgemeinen ändern, spricht man auch von *Zustandsvariablen*. Wenn sich eine oder mehrere dieser Zustandsvariablen geändert haben, hat das System eine *Zustandsänderung* erfahren. Größen, die vollständig durch den Zustand (d. h. die Gesamtheit der unabhängigen Zustandsvariablen) bestimmt werden, bezeichnet man als *Zustandsfunktionen*.
Man unterteilt die Zustandsgrößen in zwei Klassen. Denkt man sich ein im Gleichgewicht befindliches abgeschlossenes System in mehrere Teile zerlegt, ohne daß dabei irgendwelche äußeren Einflüsse auf das System einwirken, so werden sich auf das Volumen bezogene Zu-

Tabelle 1. Zustandsgrößen zur Kennzeichnung eines Gleichgewichtszustandes der Materie

	Intensiv	Extensiv
mechanische Zustandsgrößen	Druck P	Volumen V
thermische Zustandsgrößen	Temperatur T	Entropie S
elektrische Zustandsgrößen	Feldstärke E	Dipolmoment p
magnetische Zustandsgrößen	Feldstärke H	Dipolmoment m

standsgrößen nicht ändern. Solche Größen bezeichnet man als *Intensitätsgrößen* oder *intensive Größen*. Größen, die sich bei der Zerlegung eines Systems ändern, werden als *Quantitätsgrößen* oder *extensive Größen* bezeichnet. In Tabelle 1 sind einige Beispiele für derartige Zustandsgrößen gegeben. Es sollte vermerkt werden, daß das Produkt der in dieser Tabelle jeweils zugeordneten Zustandsgrößen die Dimension einer Energie ergibt.

Die *Stoffmenge* ist eine Quantitätsgröße. Sie wird oft als Vielfaches der *Avogadro-Zahl* $N_A \approx 6{,}02 \cdot 10^{23}$ ausgedrückt, die die Zahl der Teilchen in einem Mol wiedergibt:

$$N = n N_A . \tag{1.2}$$

Die Zahl n mißt somit die Stoffmenge in der »Zählereinheit« Mol.

Die zur Beschreibung des Zustands eines Systems erforderlichen Zustandsgrößen Z_0, Z_1, Z_2, ..., von denen eine die Temperatur ist, z. B. ($Z_0 = T$), sind voneinander abhängig. Die Erfahrung hat gezeigt, daß im allgemeinen die Änderung einer Zustandsgröße die Änderung der anderen Zustandsgrößen zur Folge hat. Somit besteht zwischen den Zustandsgrößen eine Verknüpfung, die implizit geschrieben lautet:

$$\varphi(T, Z_1, Z_2, ..., Z_n) = 0 . \tag{1.3}$$

Ein solcher Ausdruck stellt die *Zustandsgleichung* eines Systems dar. Durch sie läßt sich – wie der Name besagt – der Zustand eines Systems beschreiben, sofern dieses im Gleichgewicht ist, d. h. keine der Zustandsgrößen sich zeitlich ändert.

1.4.2   Mathematische Behandlung von Zustandsfunktionen

Da sich die Thermodynamik nicht mit dem zeitlichen Ablauf von Vorgängen befaßt, ist ausschließlich die Kenntnis des Ausgangs- und Endzustands maßgeblich. Eine Zustandsfunktion Z, die Zustandsänderungen durch ihren Anfangswert Z_A und Endwert Z_E vollständig wiedergibt, ist unabhängig vom Weg der Änderung. Wird jeder Zustand durch die Variablen x, y beschrieben, so ist

$$Z_E - Z_A = Z(x_E, y_E) - Z(x_A, y_A) . \tag{1.4}$$

Die Änderung einer Zustandsfunktion $Z(x, y)$ läßt sich durch ein *vollständiges Differential* ausdrücken:

$$dZ = \left(\frac{\partial Z}{\partial x}\right)_y dx + \left(\frac{\partial Z}{\partial y}\right)_x dy . \tag{1.5}$$

Die Ableitungen

$$\left(\frac{\partial Z}{\partial x}\right)_y \equiv M(x, y), \qquad \left(\frac{\partial Z}{\partial y}\right)_x \equiv N(x, y) \tag{1.6}$$

werden als *partielle Differentialquotienten* bezeichnet. Damit werden aus Gl. (1.5)

$$dZ = M\,dx + N\,dy$$

und

$$\frac{\partial^2 Z}{\partial x\,\partial y} = \frac{\partial M}{\partial y} = \frac{\partial N}{\partial x} = \frac{\partial^2 Z}{\partial y\,\partial x} . \tag{1.7}$$

Gl. (1.7) ist der *Schwarz*sche Satz: Die Reihenfolge der Differentiationen ist vertauschbar. Die Gleichung ist die Bedingung dafür, daß dZ ein vollständiges Differential ist.

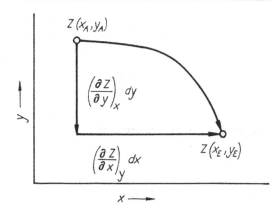

Abb. 2. Verlauf einer Zustandsfunktion
$Z(x, y)$ zwischen Anfangs- und Endzustand

Da die Zustandsfunktionen wegunabhängig sind, lassen sie sich (Abb. 2) durch ihre partiellen Änderungen beschreiben:

– Änderung von Z mit y bei konstantem x (Vertikale),
– Änderung von Z mit x bei konstantem y (Horizontale).

Wegabhängige Funktionen (wie z. B. die Wärme q oder die Arbeit w) sind keine Zustandsfunktionen, sondern *Prozeßgrößen*. Sie liefern für die Änderung der Zustandsgrößen ein unvollständiges Differential.
Für Funktionen mit zwei Variablen läßt sich immer ein *integrierender Faktor* λ finden, mit dessen Hilfe ein unvollständiges Differential $\delta\varphi$ in ein vollständiges dZ überführt werden kann, d. h., thermodynamische wegabhängige Zustandsgrößen lassen sich in wegunabhängige überführen:

$$dZ = \sum_{i=1}^{n} \frac{\partial Z}{\partial x_i} \, dx_i = \lambda \delta\varphi \, . \tag{1.8}$$

Ist λ von der Form $\lambda = 1/\mu$, so wird μ als *integrierender Nenner* bezeichnet.
Der integrierende Nenner besitzt für das Verständnis des 2. Hauptsatzes in seiner modern axiomatischen Formulierung nach *Caratheodory* eine große Bedeutung.

Beispiele

Von der Zustandsfunktion

● $Z = x^2 y^3 + 2xy - y^2 = f(x, y)$

ist das vollständige Differential dZ zu bilden.

Lösung

$$dZ = \left(\frac{\partial Z}{\partial x}\right)_y dx + \left(\frac{\partial Z}{\partial y}\right)_x dy \, ;$$

$$\left(\frac{\partial Z}{\partial x}\right)_y = 2xy^3 + 2y \, ; \qquad \left(\frac{\partial Z}{\partial y}\right)_x = 3x^2 y^2 + 2x - 2y \, ,$$

$$dZ = (2xy^3 + 2y) \, dx + (3x^2 y^2 + 2x - 2y) \, dy \, .$$

● Beweisen Sie, daß das Differential

$$dZ = 2xy \, dx + x^2 \, dy$$

vollständig ist!

2*

Lösung

Die Integrabilitätsbedingung lautet

$$\frac{\partial(2xy)}{\partial y} = \frac{\partial(x^2)}{\partial x}$$

$2x = 2x$.

● Zeigen Sie, daß die Funktion $\lambda = 1/x^2$ für das unvollständige Differential

$\delta\varphi = x\,\mathrm{d}y - y\,\mathrm{d}x$

ein integrierender Faktor ist!

Lösung

$$\mathrm{d}Z = \lambda(x, y)\,\delta\varphi = \frac{1}{x}\,\mathrm{d}y - \frac{y}{x^2}\,\mathrm{d}x$$

$$\frac{\partial\left(\dfrac{1}{x}\right)}{\partial x} = \frac{\partial\left(-\dfrac{y}{x^2}\right)}{\partial y}$$

$$-\frac{1}{x^2} = -\frac{1}{x^2}.$$

1.5   Thermische Zustandsgleichung

Das Volumen v eines reinen Stoffes ist mit der Molzahl n, der Temperatur T und dem Druck p des Systems verknüpft. Dabei sollen die Einflüsse elektrischer und/oder magnetischer Felder vernachlässigt werden:

$$f(v, T, p, n) = 0. \tag{1.9}$$

Nach der *thermischen Zustandsgleichung* (1.9) wird z. B. die Zustandsfunktion v eindeutig durch die Zustandsvariablen T, p und n beschrieben. Bei Änderung der Zustandsvariablen läßt sich daher das Volumen v als totales Differential ausdrücken:

$$\mathrm{d}v = \left(\frac{\partial v}{\partial T}\right)_{p,n}\mathrm{d}T + \left(\frac{\partial v}{\partial p}\right)_{T,n}\mathrm{d}p + \left(\frac{\partial v}{\partial n}\right)_{T,p}\mathrm{d}n. \tag{1.10}$$

Der partielle Differentialquotient $\left(\dfrac{\partial v}{\partial n}\right)_{T,p}$ kann bei einem reinen Stoff durch das einfache Verhältnis v/n ersetzt werden, das nunmehr das Molvolumen V darstellt. Es sollte beachtet werden, daß aus der extensiven Größe v durch Division durch n die intensive Stoffgröße V geworden ist.

Meist geht man bei der Bestimmung des *Molvolumen V* von der Molmasse M und der Dichte ϱ aus:

$$V = \frac{v}{n} = \frac{v}{m}\frac{m}{n} = \frac{1}{\varrho}M \tag{1.11}$$

(m Masse). Im Gegensatz zur Molmasse ist das Molvolumen temperatur- und druckabhängig. Mit der Einführung des Molvolumens geht Gl. (1.9) über in

$$f(V, T, p) = 0 \,. \tag{1.12}$$

1.6   Zustandsgleichung idealer Gase

Mit Gl. (1.10) und den Beziehungen

$$\left(\frac{\partial v}{\partial n}\right)_{T,p} = \frac{v}{n} = V \quad \text{(Molvolumen)}, \tag{1.13}$$

$$\left(\frac{\partial V}{\partial T}\right)_p = \frac{V}{T} \qquad \text{(Gesetz von } \textit{Gay-Lussac}), \tag{1.14}$$

$$\left(\frac{\partial V}{\partial p}\right)_T = -\frac{V}{p} \qquad \text{(Gesetz von } \textit{Boyle-Mariotte}) \tag{1.15}$$

erhält man

$$\mathrm{d}V = \frac{V}{T}\,\mathrm{d}T - \frac{V}{p}\,\mathrm{d}p \tag{1.16}$$

oder umgeformt

$$\mathrm{d}\ln p + \mathrm{d}\ln V = \mathrm{d}\ln T \,. \tag{1.17}$$

Die Integration liefert

$$\ln p + \ln V = \ln T + I \tag{1.18}$$

mit I als Integrationskonstante. Gl. (1.18) ergibt entlogarithmiert

$$pV = T\,\mathrm{e}^I \,. \tag{1.19}$$

Die Konstante e^I wird einheitlich mit R gekennzeichnet und als *Gaskonstante* bezeichnet. Damit erhält man das ideale Gasgesetz:

$$pV = RT \,. \tag{1.20}$$

Aus dem Satz von *Avogadro* folgt, daß die Konstante R unabhängig von der Art des Gases ist.

Aus der Feststellung, daß 1 kmol eines idealen Gases bei 273,15 K und beim Normdruck von 1 atm ein Volumen von 22,414 m^3 einnimmt, folgt für R ein Wert von 8,314 J mol^{-1} K^{-1}. Die Zustandsgleichung definiert einen Grenzzustand der Gase, der bei genügend hoher Temperatur und/oder niedrigem Druck hinreichend gegeben ist.

1.7   Zustandsgleichung realer Gase

Um das *nichtideale* Verhalten von Gasen zu beschreiben, werden mindestens zwei individuelle Konstanten benötigt. Mit der einen Konstanten werden die Anziehungskräfte und mit der anderen die Eigenvolumina der Teilchen berücksichtigt. Das älteste und bekannteste Beispiel eines entsprechenden Ausdrucks ist die Zustandsgleichung von *van der Waals* (1873). Sie gilt sowohl für den gasförmigen als auch für den flüssigen Aggregatzustand:

$$\left(p + \frac{a}{V^2} \right) (V - b) = RT. \tag{1.21}$$

Hierin ist a/V^2 der *Binnen- oder Kohäsionsdruck,* der die Anziehungskräfte zwischen den Teilchen berücksichtigt, die sich im Sinne einer Druckerhöhung auswirken. b als *Kovolumen* ist eine negative Volumenkorrektur, die zum Ausdruck bringt, daß den Teilchen nicht der gesamte Raum zur Verfügung steht. Die p-V-Abhängigkeiten realer Gase lassen sich genauer durch Potenzreihen von n/V darstellen, den sogenannten Virialgleichungen:

$$\frac{pV}{nRT} = 1 + \frac{nB(T)}{V} + \frac{n^2 C(T)}{V^2} + \frac{n^3 D(T)}{V^3} + \dots \tag{1.22}$$

deren temperaturabhängige Koeffizienten ($B(T)$, $C(T)$, usw.) stoffeigene Größen sind, die als *Virialkoeffizienten* bezeichnet werden.

Interessant auch für spätere Überlegungen ist das p-V-Verhalten eines realen Gases (vgl. Abb. 3) bei niedrigen Drücken und Temperaturen. Unterhalb eines kritischen Punktes weisen die Kurven Wendepunkte auf mit einem Kurvenast, der steigenden Drücken steigende Volumina zuordnet. Dieses Verhalten ist physikalisch nicht real. Vielmehr setzt bei der Kompression des Gases bei einem bestimmten Druck eine Verflüssigung ein, die (bei konstantem Druck) so lange fortschreitet, bis die Gasphase völlig verschwunden ist. Der Gleichgewichtsdruck zwischen der flüssigen und der gasförmigen Phase wird durch jene Gerade angezeigt, die die Isotherme flächengleich als Zeichen einer wegunabhängigen reversiblen Volumenarbeit schneidet.

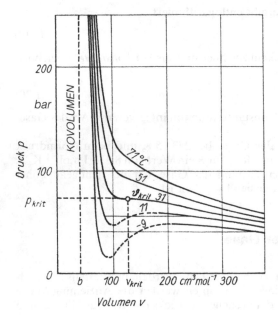

Abb. 3. Aus der *van-der-Waals*schen Gleichung für CO_2 errechnete Isothermen
b Kovolumen, $v_{krit} = 3b$, $p_{krit} = 73$ bar, $\vartheta_{krit} = 31\ °C$

Beispiel

• Berechnen Sie den Druck von 20 g CO_2 bei der Temperatur $T = 333$ K, wenn dieses sich in einem Behälter von fünf Litern Inhalt befindet:

— als ideales und
— als reales Gas.

gegeben: $a = 5{,}6 \cdot 10^5$ Pa l^2 mol^{-2}, $b = 0{,}0427$ l mol^{-1}.

Lösung

ideal:

$$pV = nRT$$

$$p = \frac{20 \cdot 8{,}314 \cdot 10^3 \cdot 333}{44 \cdot 5} \, \text{Pa}$$

$$p = 2{,}51687 \cdot 10^5 \, [\text{Pa}]$$

real:

$$\left(p + \frac{an^2}{V^2}\right)\left(\frac{V}{n} - b\right) = RT$$

$$p = \frac{8{,}314 \cdot 10^3 \cdot 333}{\dfrac{5 \cdot 44}{20} - 0{,}0427} - \frac{5{,}6 \cdot 10^5 \cdot 20^2}{44^2 \cdot 5^2} \, \text{Pa}$$

$$p = 2{,}4804 \cdot 10^5 \, \text{Pa} .$$

Das Ergebnis unterstreicht, daß das reale Gas CO_2 wegen der Wechselwirkung seiner Moleküle verglichen zum idealen Verhalten einen geringeren Druck ausübt.

1.8 Erster Hauptsatz der Thermodynamik

1.8.1 Formulierung des ersten Hauptsatzes

Der 1. Hauptsatz der Thermodynamik ist der mathematische Ausdruck für den *Satz von der Erhaltung und Umwandlung der Energie*. Er wurde aufgestellt, nachdem *Mayer* und *Joule* das Äquivalenzprinzip von Wärme und Arbeit entdeckt hatten. Anders ausgedrückt besagt er, daß die *innere Energie* eines Systems eine eindeutige Funktion seines Zustandes ist; sie ändert sich nur durch Einwirkung äußerer Einflüsse. In integraler Form lautet der 1. Hauptsatz:

$$u_2 - u_1 = q + w. \tag{1.23}$$

$u_2 - u_1$ ist die Änderung der inneren Energie des Systems beim Übergang aus dem Zustand 1 in den Zustand 2. In das System eingebrachte Energiebeträge werden positiv, vom System abgegebene Energiebeträge negativ gerechnet. Somit ist q diejenige Wärmemenge, die das System bei der Zustandsänderung aufnimmt und w die am System geleistete Arbeit. Während q und w wegabhängig sein können, ist ihre Summe stets unabhängig vom Weg; damit ist die innere Energie u eine Zustandsfunktion. Für einen infinitesimalen Prozeß wird der 1. Hauptsatz der Thermodynamik durch die Gleichung

$$\mathrm{d}u = \delta q + \delta w \tag{1.24}$$

wiedergegeben. Die δ-Symbole als Zeichen der Differentiale sollen darauf hinweisen, daß q und w keine Zustandsfunktionen sind. Mit Einführung der *Volumenarbeit*

$$\delta w = -p \, dv \tag{1.25}$$

nimmt der 1. Hauptsatz (1.23) die spezielle Form

$$q = du + p \, dv \tag{1.26}$$

an. Diese Gleichung vermag eine Vielzahl thermodynamischer Vorgänge zu beschreiben.

1.8.2   Wärmekapazitäten

Zwischen der Änderung der Wärmemenge q und einer Temperaturänderung $T_2 - T_1$, die ein Körper von der Masse m erfährt, besteht ein proportionaler Zusammenhang:

$$\delta q \sim m(T_2 - T_1)$$

oder in differentieller Form

$$\delta q \sim m \, dT \,. \tag{1.27}$$

Der aus dem Experiment bestimmbare stoffeigene Proportionalitätsfaktor c

$$\delta q = mc \, dT \tag{1.28}$$

wird *spezifische Wärmekapazität* (früher: spezifische Wärme) genannt. Die spezifische Wärmekapazität ist temperaturabhängig und überdies eine Funktion anderer Zustandsgrößen. Wird die Masse m des betrachteten Körpers durch seine relative Molekül- oder Atommasse M (früher: Molekular- oder Atomgewicht) ausgedrückt, so stellt

$$C = Mc \tag{1.29}$$

die *molare Wärmekapazität* dar.
Um die Temperatur T eines Körpers der Masse m und dT zu erhöhen, muß bei *konstantem Volumen* des Körpers ($dv = 0$) die Wärmemenge

$$\delta q = mc_v \, dT \tag{1.30}$$

zugeführt werden. c_v ist die *isobare spezifische Wärmekapazität*.
Erfolgt die Temperaturerhöhung des Systems bei *konstantem Druck* ($dp = 0$), so benötigt man die Wärmemenge

$$\delta q = mc_p \, dT \tag{1.31}$$

c_p ist die *isobare spezifische Wärmekapazität*.

1.8.3 Enthalpie

Bei metallurgischen Prozessen spielt der Wärmeaustausch eine bedeutende Rolle. Die in der allgemeinen Fassung des 1. Hauptsatzes auftretende Wärme q besitzt jedoch zunächst nicht die fundamentale Eigenschaft einer wegunabhängigen Zustandsfunktion. Durch geeignete Randbedingungen kann sie jedoch wegunabhängige Eigenschaften annehmen.
Wird z. B. bei einem Prozeß keine Arbeit umgesetzt ($\delta w = 0$), so entspricht die ausgetauschte Wärme der Änderung der inneren Energie:

$$du = dq_v \,. \tag{1.32}$$

Diese Voraussetzung ist dann gegeben, wenn das Volumen des Systems konstant bleibt, d. h. eine isochore Arbeitsweise stattfindet, die durch den Index v bei q gekennzeichnet ist. Metallurgische Vorgänge verlaufen jedoch vielfach unter konstantem Druck; der Wärmeaustausch ist nunmehr von einer isobaren Volumenarbeit begleitet. Es wird sich im folgenden zeigen, daß durch eine geeignete Definition auch der unter konstantem Druck ablaufende Wärmeaustausch einer Zustandsfunktion entsprechen kann.

Für die isobar ausgetauschte Wärme ergibt sich aus Gl. (1.26) für den Übergang von Zustand 1 und Zustand 2

$$\Delta q_q = (u_2 + p v_2) - (u_1 + p v_1).\tag{1.33}$$

Die neue Zustandsgröße *Enthalpie* wird als

$$h \equiv u + pv\tag{1.34}$$

definiert. Mit der Einführung der Enthalpie wird nun

$$\Delta q_p = h_2 - h_1 = \Delta h\tag{1.35}$$

oder in Analogie zu Gl. (1.32)

$$dh = dq_p.\tag{1.36}$$

Für das totale Differential der Enthalpie ergibt sich aus Gl. (1.34)

$$dh = du + p\,dv + v\,dp\tag{1.37}$$

und in Verbindung mit dem 1. Hauptsatz [Gl. (1.26)]

$$dh = \delta q + v\,dp.\tag{1.38}$$

1.8.4   Kalorische Zustandsgleichungen

1.8.4.1   Temperatur- und Volumen- bzw. Druckkoeffizienten der inneren Energie und Enthalpie

Die kalorischen Zustandsgleichungen beschreiben die Abhängigkeit der inneren Energie bzw. Enthalpie von anderen Zustandsvariablen. Zweckmäßigerweise wird die Beschreibung in der Form

$$u = u(T, v, n)\tag{1.39}$$

$$h = h(T, p, n)\tag{1.40}$$

gewählt. Damit ergibt sich für die totalen Differentiale du und dh bei konstanter Molzahl $(dn = 0)$

$$du = -p\,dv + \delta q = \left(\frac{\partial u}{\partial T}\right)_v dT + \left(\frac{\partial u}{\partial v}\right)_T dv\tag{1.41}$$

$$dh = v\,dp + \delta q = \left(\frac{\partial h}{\partial T}\right)_p dT + \left(\frac{\partial h}{\partial p}\right)_T dp.\tag{1.42}$$

Aus den vorstehenden Gleichungen läßt sich unmittelbar die Temperaturabhängigkeit der inneren Energie bei konstantem Volumen (dv = 0) und die der Enthalpie bei konstantem Druck (dp = 0) angeben:

$$\left(\frac{\partial u}{\partial T}\right)_v = \frac{dq_v}{dT} = c_v = nC_v \tag{1.43}$$

$$\left(\frac{\partial h}{\partial T}\right)_p = \frac{dq_p}{dT} = c_p = nC_p . \tag{1.44}$$

Teilt man die beiden letzten Gleichungen durch die Objektmenge (Molzahl) n, so erhält man die *molaren* Wärmekapazitäten (Molwärmen) bei konstantem Volumen

$$C_v = \left(\frac{\partial U}{\partial T}\right)_v \tag{1.45}$$

und bei konstantem Druck

$$C_p = \left(\frac{\partial H}{\partial T}\right)_p . \tag{1.46}$$

Eine Verknüpfung der Gln. (1.41) bis (1.44) liefert für den Wärmeaustausch bei Änderung der Temperatur und des Volumens bzw. Drucks

$$\delta q = nC_v\, dT + \left[\left(\frac{\partial u}{\partial v}\right)_T + p\right] dv \tag{1.47}$$

und

$$\delta q = nC_p\, dT + \left[\left(\frac{\partial h}{\partial p}\right)_T - v\right] dp . \tag{1.48}$$

Im zweiten Term der vorstehenden Gleichungen stehen als partielle Differentialquotienten der Volumenkoeffizient der inneren Energie $(\partial u/\partial v)_T$ mit der Größenart Druck und der Druckkoeffizient der Enthalpie $(\partial h/\partial p)_T$ mit der Größenart Volumen. *Gay-Lussac* konnte durch seinen Expansionsversuch zeigen, daß der »innere Druck« bei idealen Gasen gleich Null ist $((\partial u/\partial v)_T = 0)$. *Joule* sowie *Thomson* wiesen durch ihren Drosselversuch nach, daß bei idealen Gasen auch kein »isothermer Drosseleffekt« auftritt, d. h. $(\partial h/\partial p)_T = 0$.

1.8.4.2 Zusammenhang zwischen den Molwärmen C_p und C_v

Bei isochoren Vorgängen schlägt sich die gesamte zugeführte Wärme in einer Temperaturerhöhung des Systems nieder, während bei isobaren Vorgängen die Temperaturerhöhung um jenen Betrag reduziert wird, der das System bei konstantem Druck expandieren läßt. Bezieht man diese Expansionsarbeit auf die Temperatur, so ergibt sich für *ideale* Gase die Differenz

$$C_p - C_v = p\left(\frac{\partial V}{\partial T}\right)_p . \tag{1.49}$$

Die allgemeine Herleitung liefert jedoch

$$C_p - C_v = \left(\frac{\partial V}{\partial T}\right)_p \left[p + \left(\frac{\partial U}{\partial V}\right)_T\right] . \tag{1.50}$$

Es wurde bereits darauf hingewiesen, daß der innere Druck bei idealen Gasen gleich Null ist, womit Gl. (1.49) mit Gl. (1.50) identisch wird. Mit der Zustandsgleichung für ideale Gase ergibt sich der bekannte Zusammenhang

$$C_p - C_v = R \, .$$
(1.51)

1.8.5   Arbeitsleistung idealer Gase

1.8.5.1   Isotherme und isobare Volumenänderungen

Der Arbeitsaustausch bei *isothermen Volumenänderungen* wird von einem gleichzeitigen Wärmeaustausch begleitet. Mit $dT = 0$ geht Gl. (1.47) über in

$$\delta q = \left[\left(\frac{\partial u}{\partial v} \right)_T + p \right] dv \, .$$
(1.52)

Bei gleichbleibender Temperatur tritt auch keine Veränderung der inneren Energie eines idealen Gases ein, d. h., $(du)_T = 0$. Damit wird − als Folge des 1. Hauptsatzes − die gesamte ausgetauschte Wärme in Arbeit umgesetzt. Für ideale Gase ergeben sich die einfachen Zusammenhänge

$$\delta w = -\delta q = -p \, dv = -\frac{nRT}{v} \, dv$$
(1.53)

$$\delta w = -nRT \, d \ln v \, .$$
(1.54)

Die Integration zwischen zwei Zuständen liefert

$$w = -nRT \ln \frac{v_2}{v_1} = -nRT \ln \frac{p_1}{p_2} \, .$$
(1.55)

Bei einer *isobaren Volumenänderung* besitzt p einen konstanten Wert. Damit ergibt sich für den isobaren Arbeitsaustausch

$$w = -p \int_{v_1}^{v_2} dv = -p(v_2 - v_1) \, .$$
(1.56)

1.8.5.2   Adiabatische Volumenänderungen

Vorgänge, bei denen keine Wärme ausgetauscht wird ($\delta q = 0$), werden *adiabatisch* genannt. Damit bewirkt ein am System vorgenommener Arbeitsaustausch ausschließlich eine Änderung der inneren Energie, die sich in einer Temperaturänderung niederschlägt. Mit den Gln. (1.25) und (1.47) erhält man für diesen Fall

$$-p \, dv = \delta w = nC_v \, dT + \left(\frac{\partial u}{\partial v} \right)_T dv \, .$$
(1.57)

Der letzte Term ist für ideale Gase gleich Null. Somit erhält man als adiabatische Arbeitsleistung eines Systems, dessen Temperatur sich von T_1 nach T_2 ändert,

$$w = n \int_{T_1}^{T_2} C_v \, dT = nC_v(T_2 - T_1) \, .$$
(1.58)

Da sich die Molwärme meist mit der Temperatur ändert, muß ein Mittelwert gebildet werden.

Beispiel

• Ein Gebläse soll einen Luftstrom von $6 \cdot 10^5$ Norm-m^3/h bei einem Druck von 400 kPa fördern. Wieviel Leistung erfordert die als verlustlos anzunehmende Kompression, wenn die Luft als ideales zweiatomiges Gas betrachtet und bei 298 K und 100 kPa angesaugt wird? Die Kompression soll

a) isotherm und
b) adiabatisch ($\varkappa_{Luft} = 1{,}4$)

vorgenommen werden. Welche Wärme muß abgeführt werden bzw. welche Endtemperatur hat die Luft?
Vergleichen Sie die aufzuwendenden Leistungen und berechnen Sie, bei welchem Druckverhältnis sie sich entsprechen.

Lösung

a) Unter Normbedingungen (273K; 101,3 kPa) besitzt die Luft ein Molvolumen von $V_{Luft} = 22{,}4138$ [l/mol]. Der Stoffstrom ergibt sich somit zu:

$$\frac{dn}{dt} = \dot{n} = \frac{\dot{V}}{V_{Luft}} = \frac{6 \cdot 10^5}{22{,}4138 \cdot 10^{-3}} = 26{,}77 \cdot 10^6 \ \text{mol h}^{-1}\,.$$

Die isotherm aufzuwendende Leistung ($P_{is.}$) folgt aus Gleichung (1.55) zu:

$$P_{is.} = \frac{w}{t} = -\dot{n}RT \ln\left(\frac{p_1}{p_2}\right)$$

$$P_{is.} = -26{,}77 \cdot 10^6 \frac{1}{3600} 8{,}314 \cdot 298 \cdot \ln\left(\frac{100}{400}\right)$$

$$P_{is.} = 25{,}54 \ \text{MW}\,.$$

Als Folge des 1. Hauptsatzes muß bei isothermer Volumenänderung die gesamte zur Verdichtung erforderliche Leistung als Wärmestrom abgeführt werden:

$$\dot{q} = -P_{is.} = -25{,}54 \ \text{MW}\,.$$

b) Die adiabatisch aufzubringende Leistung ergibt sich mit Hilfe der Gleichung (1.58) zu:

$$P_{ad.} = \dot{n}c_v(T_2 - T_1)\,.$$

Mit Einführung des *Poisson*schen Koeffizienten, $\varkappa = c_p/c_v$, und der für ideale Gase gültigen Zusammenhänge: $pV^\varkappa = $ const und $TV^{\varkappa-1} = $ const, läßt sich die letzte Gleichung als

$$P_{ad.} = \frac{\dot{n}RT_1}{\varkappa - 1}\left[\left(\frac{p_2}{p_1}\right)^{(\varkappa-1)/\varkappa} - 1\right]$$

formulieren. Eingesetzt ergibt sich:

$$P_{ad.} = \frac{1}{0{,}4} 26{,}77 \cdot 10^6 \cdot 8{,}314 \cdot \frac{1}{3600} \cdot 298 \cdot \left[\left(\frac{400}{100}\right)^{0{,}4/1{,}4} - 1\right]$$

$$P_{ad.} = 22{,}4 \ [\text{MW}]\,.$$

Bei der adiabatischen Volumenänderung wird keine Wärme abgeführt,

$$\dot{q} = 0\,.$$

Jedoch folgt daraus eine Erwärmung der Luft auf

$$T_2 = T_1 \left(\frac{p_2}{p_1}\right)^{(\varkappa - 1)/\varkappa} = 442{,}83 \text{ K} .$$

Aus den vorgestellten Gleichungen für $P_{\text{ad.}}$ und $P_{\text{is.}}$ läßt sich die Ungleichung

$$P_{\text{is.}} < P_{\text{ad.}}$$

$$0 < \left(\frac{p_2}{p_1}\right)^{0{,}4/1{,}4} - 1 - 0{,}4 \cdot \ln\left(\frac{p_2}{p_1}\right)$$

herleiten. Die iterative Lösung ergibt, daß ab $p_2 = 9{,}362 p_1$, d. h. dem 9,362fachen des Anfangsdruckes, die adiabatische Leistung größer als die isotherme ist.

1.8.6   Molare Wärmekapazitäten

1.8.6.1   Gase

Einatomige Gase, wie z. B. metallische Dämpfe, besitzen einen konstanten Wert von

$$C_p = C_v + R = \tfrac{3}{2} R + R \approx 21 \text{ J mol}^{-1} \text{K}^{-1}, \tag{1.59}$$

der sich daraus berechnet, daß ideale einatomige Gase ausschließlich Translationsenergie besitzen. Mit den drei Freiheitsgraden der Translation und dem statistisch zu berechnenden Wert der Energie für einen Freiheitsgrad von $RT/2$ ergibt sich nach dem Gleichverteilungsgesetz der Energie der oben angegebene Wert (durch Ableitung nach der Temperatur).
Zweiatomige Gase besitzen zwei weitere Freiheitsgrade, die auf die Rotationsenergie entfallen. Somit wird

$$C_p = C_v + R = \tfrac{5}{2} R + R \approx 29 \text{ J mol}^{-1} \text{K}^{-1} . \tag{1.60}$$

Dieser Wert entspricht dem Zustand bei Raumtemperatur. Durch einsetzende Oszillation der Atome mit steigender Temperatur läßt sich ein Grenzwert von $\approx 75 \text{ J mol}^{-1} \text{K}^{-1}$ theoretisch vorhersagen. Moleküle bis zur relativen Masse 40 lassen sich im Temperaturbereich zwischen 300 und 2300 K hinreichend durch die Gleichung

$$C_p = (28 + 4{,}2 \cdot 10^{-3} T) \text{ J mol}^{-1} \text{K}^{-1}$$

beschreiben.

1.8.6.2   Feste Stoffe

Einen ersten Anhalt liefert die Regel von *Dulong* und *Petit*. Hiernach liegt unter Berücksichtigung der geringen Kompressibilität fester Stoffe die Wärmekapazität vieler Elemente für Raumtemperatur bei einem Wert von 26 bis 27 J mol^{-1} K^{-1}.
Nach einem Vorschlag von *Kellog* kann die Wärmekapazität von vorzugsweise *polaren Verbindungen* durch einfache Addition ihrer kationischen und anionischen Anteile (für 298 K) berechnet werden. Hierzu sei auf die Tabellen 2 und 3 verwiesen

$$C_p(298) = \sum \varXi . \tag{1.61}$$

Tabelle 2. Kationische Beiträge zur Wärmekapazität bei 298 K
(aus *Kubaschewski* und *Alcock*: Metallurgical Thermochemistry, 1979)

Metall	Ξ Kat. $J K^{-1}$	Metall	Ξ Kat. $J K^{-1}$
Ag	25,73	Mg	19,66
Al	19,66	Mn	23,43
As	25,10	Na	25,94
Ba	26,36	Nb	23,01
Be	(9,62)	Nd	24,27
Bi	26,78	Ni	(27,61)
Ca	24,69	P	14,23
Cd	23,01	Pb	26,78
Ce	23,43	Pr	24,27
Co	28,03	Rb	26,36
Cr	23,01	Sb	23,85
Cs	26,36	Se	21,34
Cu	25,10	Si	–
Fe	25,94	Sm	25,10
Ga	(20,92)	Sn	23,43
Gd	23,43	Sr	25,52
Ge	20,08	Ta	23,01
Hf	25,52	Th	25,52
In	24,27	U	26,78
Ho	23,01	Tl	27,61
Hg	25,10	Ti	21,76
Ir	(23,85)	V	22,18
K	25,94	Y	(25,10)
La	(25,52)	Zn	21,76
Li	19,66	Zr	23,85

So errechnet sich z. B. mit Hilfe der Tabellen der C_p-Wert von Ag_2CrO_4 zu 142 $J(mol\ K)^{-1}$, ein Wert, der mit den experimentellen Ergebnissen übereinstimmt.

Liegen zu einer *chemischen Verbindung* keinerlei Angaben vor, so kann man auf die Regel von *Kopp* und *Neumann* zurückgreifen, die besagt, daß die molare Wärmekapazität fester Verbindungen bei Raumtemperatur näherungsweise additiv aus den molaren Wärmekapazitäten der Elemente berechnet werden kann.

Tabelle 3. Anionische Beiträge zur Wärmekapazität bei 298 K
(aus *Kubaschewski* und *Alcock*: Metallurgical Thermochemistry, 1979)

Anion	Ξ An. $J K^{-1}$	Anion	Ξ An. $J K^{-1}$
H	8,79	SO_4	76,57
F	22,80	NO_3	64,43
Cl	24,69	P	(23,43)
Br	25,94	Co_3	58,58
J	26,36	Si	(24,69)
O	18,41	CrO_4	90,79
S	24,48	MoO_4	90,37
Se	26,78	WO_4	97,49
Te	27,20	UO_4	107,11
OH	30,96		

Die *Temperaturabhängigkeit* der Wärmekapazität wird heute meistens in der Form einer Potenzreihe des Typs

$$C_p = a + b \cdot 10^{-3} T + c \cdot 10^5 T^{-2} \tag{1.62}$$

wiedergegeben. Die Konstanten a, b und c finden sich in den Standardwerken tabelliert (z. B. *Kubaschewski* und *Alcock*, »Metallurgical Thermochemistry«, 5. Aufl., 1979).

1.8.6.3   Flüssigkeiten

Die Wärmekapazitäten flüssiger anorganischer Stoffe unterscheiden sich nicht wesentlich von denen des festen Zustands, da zwischen den beiden Zuständen eine enge Beziehung besteht. Die Temperaturabhängigkeit ist so geringfügig, daß meist mit einem konstanten C_p-Wert für den flüssigen Zustand gerechnet werden kann.

1.8.7   Thermochemie

Die *Thermochemie* befaßt sich mit den *Wärmeeffekten von Stoffwandlungsvorgängen*, die sich allein mit Hilfe des 1. Hauptsatzes beschreiben lassen. Die aus Messungen gewonnenen thermochemischen Daten der molaren inneren Energie ΔU und der molaren Enthalpie ΔH sind tabellarisch zusammengefaßt und können zur Berechnung von Energien und Enthalpien anderer Stoffwandlungsvorgänge herangezogen werden.
Man unterscheidet in der Thermochemie folgende Stoffwandlungsvorgänge:

– chemische Reaktionen,
– Umwandlungsvorgänge,
– Mischungsvorgänge.

1.8.7.1   Thermochemische Reaktionsgleichung

Werden chemische Gleichungen durch thermochemische Angaben ergänzt, so erhält man thermochemische Gleichungen.
Die *thermochemische Reaktionsgleichung* bezieht sich immer auf 1 Mol der betrachteten Substanz, im Gegensatz zur chemischen Reaktionsgleichung, bei der die Bedingung einzuhalten ist, daß nur ganzzahlige Koeffizienten auftreten.

Beispiel
chemische Reaktionsgleichung:
$$2\,H_2 + O_2 \rightleftharpoons 2\,H_2O$$

thermochemische Reaktionsgleichung (betrachtete Substanz: Wasser):
$$H_2 + \tfrac{1}{2}O_2 \rightleftharpoons H_2O \qquad \Delta H = -285830 \,\text{J}\,\text{mol}^{-1}.$$

Der Wert $\Delta H = -285830 \,\text{J}\,\text{mol}^{-1}$ ist die Bildungswärme von 1 Mol Wasser.
Um zu kennzeichnen, welche Aggregatzustände die einzelnen Reaktionsteilnehmer besitzen, wird die thermochemische Reaktionsgleichung durch Kurzzeichen oder (nach *Kubaschewski* und *Alcock*) durch Anwendung verschiedener Klammerformen in der folgenden Weise indiziert:

gasförmig:	(g)	oder auch ( )
flüssig:	(l)	oder auch { }
fest:	(s)	oder auch ⟨ ⟩
gelöst:	(diss)	oder auch [ ]

Beispiel

$$H_2(g) + \tfrac{1}{2}O_2(g) \rightleftharpoons H_2O(l) \qquad \Delta H = -285\,830 \text{ J mol}^{-1}$$

oder

$$(H_2) + \tfrac{1}{2}(O_2) \rightleftharpoons \{H_2O\} \qquad \Delta H = -285\,830 \text{ J mol}^{-1}.$$

1.8.7.2   Standardzustand

Will man Reaktionsenergien oder -enthalpien miteinander vergleichen und in Berechnungen verwenden, so müssen allen Größen vergleichbare Zustände zugrunde liegen. Solche Zustände nennt man *Standardzustände*. Sie legen die Bedingungen fest, unter denen eine Reaktionsgröße ermittelt bzw. tabellarisch aufgeführt wird.

In diesem Sinne sind Druck, Temperatur und Aggregatzustand durch den *Standardzustand* festgelegt:

Druck: $p = 1$ bar
                  gekennzeichnet durch »^{0}«, z. B. ΔH^0
Temperatur: $T = 298$ K ($\hat{=} 25\,^\circ$C)
                  ausgedrückt durch »(298)«, z. B. ΔH (298)
Aggregatzustand: Vereinbarungsgemäß beziehen sich die Angaben stets auf den bei der betrachteten Temperatur T thermodynamisch *stabilen Zustand*. Eine zusätzliche Kennzeichnung erfolgt nicht.

Beispiel

$$C(\text{Graphit}) + O_2(g) \rightleftharpoons CO_2(g) \qquad \Delta H^0(298) = -393\,505 \text{ J mol}^{-1}.$$

$\Delta H^0(298)$ ist die *Standardreaktionsenthalpie* der Reaktion (bei $T = 298$ K) als Differenz der Standardenthalpie von CO_2 und der Summe der Standardenthalpien des (gegenüber Diamant) stabilen Graphits und O_2.

Nach internationaler Konvention wird den Elementen im Standardzustand der Wert Null für die Enthalpie zugeordnet. Damit wird die Standardreaktionsenthalpie der vorstehenden Reaktion identisch mit der Standardenthalpie von CO_2. Dies gilt nur, wenn das Reaktionsprodukt unmittelbar aus den Elementen gebildet wird. So ist für die Reaktion

$$CO(g) + \tfrac{1}{2}O_2(g) \rightleftharpoons CO_2(g)$$

die Standardreaktionsenthalpie $\Delta H^0(298) \neq H^0(298, CO_2)$, da $H^0(298, CO) \neq 0$ ist.

Standardreaktionsenthalpien nennt man vielfach dann *Standardbildungsenthalpien (Bildungswärmen)*, wenn die Verbindung unmittelbar aus den Elementen entsteht. Für derartige Reaktionen sind Standardenthalpie, Standardreaktionsenthalpie und Standardbildungsenthalpie numerisch gleich.

Wird die Reaktionsenthalpie bei der Temperatur T betrachtet und sind außer der Temperatur die anderen Bedingungen des Standardzustands verwirklicht, so erhält man die Reaktionsenthalpie $\Delta H^0(T)$ bei der Temperatur T. $\Delta H^0(T)$ bezieht sich auf $\Delta H^0(298)$ als Ausgangszustand.

1.8.7.3   Chemische Reaktionen

1.8.7.3.1   Reaktionsenthalpien

Für isobar-isotherme Prozesse erhält man die mit einer Reaktion verbundene Enthalpieänderung (Reaktionswärme) unmittelbar aus dem 1. Hauptsatz:

$$\Delta H = \Delta U + p\,\Delta V = \Delta U + \Delta n(g)\,RT. \tag{1.63}$$

Hierbei ist ein ideales Verhalten der Gasphase vorausgesetzt. Die molaren Volumina der nichtgasförmigen Partner werden vernachlässigt. Zu jeder Reaktionsenthalpie gehört die entsprechende thermochemische Reaktionsgleichung (siehe oben).

Zwischen der Enthalpie ΔH der Reaktionsteilnehmer und der Reaktionsenthalpie ΔH besteht der Zusammenhang

$$\Delta H = \sum_{\text{rechts}} \Delta H - \sum_{\text{links}} \Delta H, \tag{1.64}$$

wobei für »rechts« die Reaktionsprodukte und für »links« die Reaktanten stehen.

Die Änderung der Molzahl der gasförmigen Reaktionspartner ergibt sich aus der Beziehung

$$\Delta n(\text{g}) = \sum_{\text{rechts}} n(\text{g}) - \sum_{\text{links}} n(\text{g}). \tag{1.65}$$

Beispiele

● Berechnen Sie den Wert von $\Delta U^0(298)$ für die Bildung von flüssigem H_2O aus gasförmigem H_2 und gasförmigem O_2 bei 25 °C!

thermochemische Reaktionsgleichung:

$$H_2(\text{g}) + \tfrac{1}{2} O_2(\text{g}) \rightleftharpoons H_2O(1) \qquad \Delta H^0(298) = -285\,830 \text{ J mol}^{-1}$$

$$\Delta U^0(298) = \Delta H^0(298) - \Delta n(\text{g})\, RT$$

$$\Delta U^0(298) = -285\,830 \text{ J mol}^{-1} + \tfrac{3}{2}\, 8{,}3 \text{ J mol}^{-1}\,K^{-1} \cdot 298 \text{ K}$$

$$\Delta U^0(298) = -282\,120 \text{ J mol}^{-1}.$$

● Berechnen Sie den Wert von $\Delta U^0(298)$ für die Verbrennung von Graphit zu Kohlendioxid!

thermochemische Reaktionsgleichung:

$$C(\text{Graphit}) + O_2(\text{g}) \rightleftharpoons CO_2(\text{g}) \qquad \Delta H^0(298) = -393\,505 \text{ J mol}^{-1}$$

$$\Delta U^0(298) = \Delta H^0(298) - \Delta n(\text{g})\, RT$$

$$\Delta U^0(298) = -393\,505 \text{ J mol}^{-1} + 0 \cdot 8{,}3 \text{ J mol}^{-1}\,K^{-1} \cdot 298 \text{ K}$$

$$\Delta U^0(298) = -393\,505 \text{ J mol}^{-1}$$

$$\Delta U^0(298) = \Delta H^0(298).$$

1.8.7.3.2   Thermochemische Gesetze

Die innere Energie und die Enthalpie eines Systems sind Zustandsgrößen und hängen damit nicht von der Art der Überführung eines Systems aus dem Anfangs- in den Endzustand ab. Die beiden folgenden thermochemischen Gesetze leiten sich aus diesem Prinzip ab, wurden aber bereits vor der Formulierung des 1. Hauptsatzes empirisch aufgestellt.

Erstes thermochemisches Gesetz (Lavoisier und Laplace, 1780):

Die molare Reaktionsenergie bzw. -enthalpie bei der Zerlegung einer chemischen Verbindung in die Elemente ist der betreffenden Größe bei der Bildung dieser Verbindung aus den Elementen entgegengesetzt gleich.

Dieses Gesetz läßt sich auf alle chemischen Reaktionen erweitern.

Beispiel

$$CO(g) + H_2O(g) \rightleftharpoons CO_2(g) + H_2(g) \qquad \Delta H^0(298) = -41150 \text{ J mol}^{-1}$$
$$CO_2(g) + H_2(g) \rightleftharpoons CO_2(g) + H_2O(g) \qquad \Delta H^0(298) = +41150 \text{ J mol}^{-1}.$$

*Zweites thermochemisches Gesetz (Hess*sches *Gesetz, G. Hess, 1840):*

Energie- und Enthalpiedifferenzen zwischen zwei gleichen Zuständen des Systems sind unabhängig vom Reaktionsweg.
(Gesetz der konstanten Wärmesummen)

Dieser Satz ermöglicht die indirekte Bestimmung von Reaktionswärmen.

Beispiele

• Berechnen Sie die Reaktionsenthalpie für den Übergang C(Graphit) → C(Diamant)!

Diese Reaktion ist für direkte kalorimetrische Messung der Reaktionswärme ungeeignet. Die Verbrennung von Graphit und Diamant kann hingegen sehr leicht kalorimetrisch untersucht werden. Die Messung der Reaktionsenthalpie liefert

$$C(\text{Graphit}) + O_2(g) \rightleftharpoons CO_2(g) \qquad \Delta H^0(298) = -393505 \text{ J mol}^{-1}$$
$$C(\text{Diamant}) + O_2(g) \rightleftharpoons CO_2(g) \qquad \Delta H^0(298) = -395333 \text{ J mol}^{-1}.$$

Gliedert man $\Delta H^0(298)$ in die molaren Enthalpien der Reaktanten und Produkte auf, so erhält man

$$H^0(298, CO_2) - H^0(298, \text{Graphit}) - H^0(298, O_2) = -393505 \text{ J mol}^{-1}$$
$$H^0(298, CO_2) - H^0(298, \text{Diamant}) - H^0(298, O_2) = -395333 \text{ J mol}^{-1}$$

$$H^0(298, \text{Diamant}) - H^0(298, \text{Graphit}) = 1828 \text{ J mol}^{-1}$$

$$\Delta H^0(298) = 1828 \text{ J mol}^{-1}$$

Die Reaktionsenthalpie von 1828 J mol^{-1} ist die gesuchte Umwandlungswärme von Graphit in Diamant.
Das gleiche Resultat hätte man auch durch eine einfache Subtraktion der obigen Reaktionsgleichungen gewonnen. Thermochemische Reaktionsgleichungen können somit wie algebraische Gleichungen behandelt werden.
Die Methode der indirekten Bestimmung von Reaktionsenthalpien läßt sich übersichtlich in Form eines Kreisprozesses darstellen:

$(\oint dH = 0$ bzw. $\sum \Delta H(i) = 0)$

$$\begin{array}{ccc} & CO_2 & \\ \Delta H^0(298) = 393505 \text{ J mol}^{-1} & & \Delta H^0(298) = -395333 \text{ J mol}^{-1} \\ \downarrow & & \uparrow \\ C(\text{Graphit}) + O_2 & \longrightarrow & C(\text{Diamant}) + O_2 \\ & \Delta H^0(298) = 1828 \text{ J mol}^{-1} & \end{array}$$

• Im Kupferkonverter findet u. a. folgende Reaktion statt:

$$Cu_2S + 2\,Cu_2O \rightleftharpoons 6\,Cu + SO_2$$

Berechnen Sie die Wärmetönung der Reaktion bei 25 °C!
gegeben: Aus Tabellenwerken erhält man die in der Tabelle I zusammengestellten Werte.

Tabelle I

Substanz	$\Delta H^0(298)$ kJ mol^{-1}		Fehlerangabe kJ mol^{-1}
Cu$_2$S	$-82,0$		$\pm 1,67$
Cu$_2$O	$-167,4$		$\pm 2,93$
Cu		0 (Element)	
SO$_2$	$-296,9$		$\pm 0,42$

Lösung

$$\Delta H^0(298) = [0 + (-296,9)] - [(-82,0) + 2(-167,4)] \text{ kJ mol}^{-1}$$

$$\Delta H^0(298) = 120 \text{ kJ mol}^{-1}.$$

Fehlerbetrachtung

Besonders zu beachten bei derartigen Berechnungen ist die Größe des Fehlers. Er ergibt sich hier zu

$$1,67 + 2 \cdot 2,93 + 0,42 = 7,95 \text{ kJ mol}^{-1} \approx \pm 7\%!$$

1.8.7.3.3   Enthalpie bei Ionenreaktionen in wäßriger Lösung

Neben den chemischen Reaktionen undissoziierter Reaktionsteilnehmer spielen Ionenreaktionen eine große Rolle. Sie laufen vorwiegend in wäßriger Lösung ab.
Die Standardbildungsenthalpien für Ionen werden auf den Zustand der unendlich verdünnten Lösung bezogen. Da bei konzentrierten Lösungen Wechselwirkungen zwischen den Ionen auftreten, ist diese Einschränkung notwendig.
Löst man z. B. 1 Mol HCl(g) in einer großen Menge Wasser auf, so läuft folgende Reaktion ab:

$$\text{HCl(g)} \rightleftharpoons \text{H}^+(\text{aq}) + \text{Cl}^-(\text{aq}) \qquad \Delta H^0[298, (\text{Lös})] = -75178 \text{ J mol}^{-1}.$$

In wäßriger Lösung (Index »aq«) liegen H$^+$- bzw. Cl$^-$-Ionen vollständig dissoziiert vor. Ist der Wert der Standardbildungsenthalpie von gasförmigem HCl $\Delta H^0[298, \text{HCl(g)}]$ bekannt, so ist man in der Lage, die Ionenbildungsenthalpie des Ionenpaares H$^+$/Cl$^-$ zu berechnen:

$$\begin{aligned}\Delta H^0[298, \text{H}^+(\text{aq}) + \text{Cl}^-(\text{aq})] &= \Delta H^0[298, (\text{Lös})] + \Delta H^0[298, \text{HCl(g)}] \\ &= -75178 \text{ J mol}^{-1} - 92088 \text{ J mol}^{-1} \\ &= -167266 \text{ J mol}^{-1}.\end{aligned}$$

Dieser Wert entspräche formal der Reaktion

$$\tfrac{1}{2}\text{H}_2 + \tfrac{1}{2}\text{Cl}_2 = \text{H}^+(\text{aq}) + \text{Cl}^-(\text{aq}).$$

Eine experimentelle Bestimmung der Standardenthalpien einzelner Ionen ist nicht möglich, da sie in elektrisch neutraler Lösung vorliegen. Wird jedoch *einem* Ion willkürlich eine Standardenthalpie zugeordnet, so sind damit die Standardenthalpien der anderen Ionen festgelegt. Man definiert nach Übereinkunft:

$$H^0[298, \text{H}^+(\text{aq})] \equiv 0. \tag{1.66}$$

3*

Tabelle 4. Standardbildungsenthalpien $\Delta H^0(298)$
von Ionen in verdünnten wäßrigen Lösungen

Ion	$\Delta H^0(298)$ $kJ \, mol^{-1}$	Ion	$\Delta H^0(298)$ $kJ \, mol^{-1}$
H^+	0	NH_4^+	$-132,80$
OH^-	$-229,95$	NO_2^-	$-106,27$
F^-	$-329,11$	NO_3^-	$-206,56$
Cl^-	$-167,26$	CN^-	$151,04$
Br^-	$-120,92$	Ag^+	$105,90$
J^-	$-55,94$	$Ag(NH_3)^+$	$-111,80$
S^{2-}	$32,64$	$Ag(CN)_2^-$	$269,87$
HS^-	$-17,15$	Ca^{2+}	$-542,96$
HSO_4^-	$-885,75$	Fe^{2+}	$-87,86$
SO_4^{2-}	$-907,51$	Fe^{3+}	$-47,70$
CH^2COO^-	$-486,77$	Na^+	$-239,66$
CO_3^{2-}	$-676,26$	K^+	$-251,24$

Mit dieser Festlegung ergibt sich für die Standardbildungsenthalpie des Cl^--Ions

$$H^0[298, Cl^-(aq)] = \Delta H^0[298, H^+(aq) + Cl^-(aq)] - H^0[298, H^+(aq)]$$

$$= -167266 \, J \, mol^{-1} - 0 \, J \, mol^{-1}$$

$$= -167266 \, J \, mol^{-1}.$$

In Tabelle 4 sind die Standardbildungsenthalpien der wichtigsten Ionen in verdünnten wäßrigen Lösungen wiedergegeben.

Beispiel

- Bestimmen Sie die Standardreaktionsenthalpie, die bei der Fällung von $CaCO_3$ durch Einleiten von CO_2 in eine verdünnte Ca^{++}-Lösung nach der Reaktionsgleichung

$$Ca^{++}(aq) + CO_2(g) + H_2O(l) \rightleftharpoons CaCO_3(s) + 2 \, H^+(aq)$$

auftritt!

Aus den Tabellen ergeben sich folgende Werte für $\Delta H^0(298)$:

Stoff	$Ca^{++}(aq)$	$CO_2(g)$	$H_2O(l)$	$CaCO_3(s)$	$H^+(aq)$
$\Delta H^0(298) \, kJ \, mol^{-1}$	$-542,96$	$-393,51$	$-285,83$	$-1206,87$	0

$$\Delta H^0(298) = 2 \, \Delta H^0[298, H^+(aq)] + \Delta H^0(298, CaCO_3) - \Delta H^0[298, Ca^{++}(aq)]$$

$$- \Delta H^0(298, CO_2) - \Delta H^0(298, H_2O)$$

$$= (0 - 1206,87 + 542,96 + 393,51 + 285,83) \, kJ \, mol^{-1}$$

$$= 15,43 \, kJ \, mol^{-1}.$$

1.8.7.3.4   Temperaturabhängigkeit der Reaktionsenergie und Reaktionsenthalpie

In den wenigsten Fällen werden Reaktionen bei Standardtemperatur ablaufen, für die ihre Reaktionsenthalpien tabelliert sind. Es erhebt sich nun die Frage, wie Reaktionsenthalpien für von 25 °C abweichende Temperaturen berechnet werden können. Dieser Ansatz geht auf *Kirchhoff* (1858) zurück.

Schreibt man für die *Reaktionsenthalpie*

$$\Delta H = \sum_{\text{rechts}} \Delta H - \sum_{\text{links}} \Delta H \tag{1.67}$$

und differenziert nach T, so ergibt sich

$$\left(\frac{\partial \Delta H}{\partial T}\right)_p = \sum_{\text{rechts}} \left(\frac{\partial \Delta H}{\partial T}\right)_p - \sum_{\text{links}} \left(\frac{\partial \Delta H}{\partial T}\right)_p . \tag{1.68}$$

Da $\left(\dfrac{\partial H}{\partial T}\right)_p$ durch Definition C_p ist, erhält man

$$\left(\frac{\partial \Delta H}{\partial T}\right)_p = \sum_{\text{rechts}} C_p - \sum_{\text{links}} C_p = \Delta C_p . \tag{1.69}$$

ΔC_p ist die Differenz der stöchiometrischen Summen der spezifischen Wärmekapazitäten bei konstantem Druck des Systems nach und vor der Reaktion. Je größer ΔC_p ist, desto größer ist die Temperaturabhängigkeit von ΔH.
Für die *Reaktionsenergie* ergibt sich entsprechend

$$\left(\frac{\partial \Delta U}{\partial T}\right)_p = \Delta C_v . \tag{1.70}$$

Diese beiden Beziehungen werden zusammenfassend als *Kirchhoffsches Gesetz* bezeichnet. Die Integration der obigen Gleichungen liefert

$$\Delta H^0(T_1 \to T_2) = \Delta H^0(T_2) - \Delta H^0(T_1) = \int_{T_1}^{T_2} \Delta C_p \, dT \tag{1.71}$$

$$\Delta U^0(T_1 \to T_2) = \Delta U^0(T_2) - \Delta U^0(T_1) = \int_{T_1}^{T_2} \Delta C_v \, dT . \tag{1.72}$$

Setzt man $T_2 = T$ und $T_1 = 298$ K (Standardtemperatur), so erhält man

$$\Delta H^0(T) = \Delta H^0(298) + \int_{298}^{T} \Delta C_p \, dT \tag{1.73}$$

$$\Delta U^0(T) = \Delta U^0(298) + \int_{298}^{T} \Delta C_v \, dT \tag{1.74}$$

Treten im Temperaturintervall von 298 K bis T Umwandlungen auf, so müssen diese in den Gln. (1.73) und (1.74) berücksichtigt werden, z. B.:

$$\Delta H^0(T) = \Delta H^0(298) + \int_{298}^{T_u} \Delta C_p(\text{I}) \, dT + H(\text{Umw.}) + \int_{T_u}^{T} \Delta C_p(\text{II}) \, dT . \tag{1.75}$$

Zur Berechnung von $\Delta H^0(T)$ bzw. $\Delta U^0(T)$ muß somit die Temperaturabhängigkeit von C_p bzw. C_v bekannt sein.
Am Beispiel der Reaktion

$$CO + \tfrac{1}{2} O_2 \rightleftharpoons CO_2$$

soll anschaulich gezeigt werden, wie die Reaktionsenthalpie $\Delta H^0(T)$ bestimmt wird. Alle Reaktionsschritte sollen bei einem Druck von 1 bar stattfinden.

Schritt 1

$$CO + \tfrac{1}{2}O_2 \rightleftharpoons CO_2 \qquad \Delta H^0(298) = H^0(298, CO_2) - H^0(298, CO).$$

Schritt 2

Erwärmen der Reaktanten (R) CO und O_2 von 298 K bis T

$$\Delta H_R^0(298 \to T) = \int_{298}^{T} \sum C_p(R)\, \mathrm{d}T.$$

Schritt 3

Ermitteln der gesuchten Reaktionsenthalpie $\Delta H^0(T)$

Schritt 4

Abkühlen des Produktes (P) CO_2 von T auf 298 K

$$\Delta H_P^0(T \to 298) = \int_{T}^{298} \sum C_p(P)\, \mathrm{d}T.$$

Da H eine Zustandsgröße ist, folgt nach Abb. 4 unter Berücksichtigung der Vorzeichen

$$\Delta H^0(298) = \Delta H_R^0(298 \to T) + \Delta H^0(T) + \Delta H_P^0(T \to 298)$$

$$\Delta H^0(T) = \Delta H^0(298) - \Delta H_R^0(298 \to T) - \Delta H_P^0(T \to 298).$$

Mit

$$\Delta C_p = \sum C_p(P) - \sum C_p(R)$$

erhält man aus obigen Gleichungen

$$\Delta H^0(T) = \Delta H^0(298) + \int_{298}^{T} \sum C_p(P)\, \mathrm{d}T - \int_{298}^{T} \sum C_p(R)\, \mathrm{d}T$$

$$\Delta H^0(T) = \Delta H^0(298) + \int_{298}^{T} \Delta C_p\, \mathrm{d}T.$$

Abbildung 4 zeigt in einem H-T-Diagramm schematisch den Verlauf der vier Teilschritte.

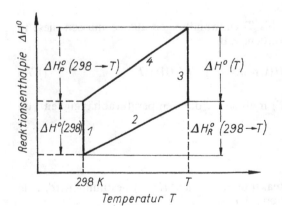

Abb. 4. Zur Erläuterung des *Kirchhoff*schen Satzes

1.8.7.4   Umwandlungsvorgänge

1.8.7.4.1   Phasenumwandlungen

Wird einem homogenen Stoff Energie in Form von Wärme zugeführt, so steigt seine Temperatur. Wird ein Phasenumwandlungspunkt (T_u) ereicht, so wird die zugeführte Wärme H(Umw.) für die Phasenumwandlung verbraucht. Als Folge davon bleibt die Temperatur des Zweiphasensystems so lange konstant, bis die Umwandlung abgelaufen ist (Abb. 5). Danach steigt die Temperatur wieder an, wobei die Wärmekapazität der neuen Phase den Temperaturverlauf bestimmt.

Zur Erfassung einer Phasenumwandlung ist die Aufnahme von T-t-Kurven in der Form von *Abkühlungskurven* gebräuchlich (Abb. 6). Mit ihrer Hilfe wurden viele Zustandsdiagramme aufgestellt *(Tammann, thermische Analyse)*.

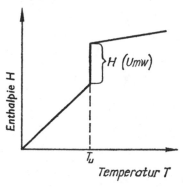

Abb. 5. Temperatur-Enthalpie-Verlauf einer Phasenumwandlung (schematisch)

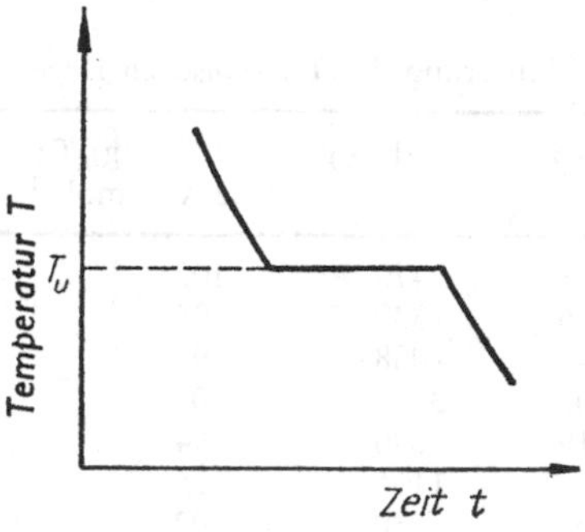

Abb. 6. Temperatur-Zeit-Velauf eines Erstarrungsvorgangs (schematisch)

1.8.7.4.2   Schmelz- und Erstarrungsenthalpien

Die *Schmelzenthalpie* ist derjenige Energiebetrag, der benötigt wird, um einen festen Körper bei konstantem Druck in den flüssigen Zustand zu überführen. Sie ist stoffabhängig und der Masse des Körpers proportional.

Die Schmelzenthalpie ist gleich der Differenz zwischen der Enthalpie der Flüssigkeit und der des Festkörpers. Bezogen auf 1 Mol des Stoffes A gilt für die molare Schmelzenthalpie

$$A(s) \rightarrow A(l)$$

$$H(s \rightarrow l) = H(l) - H(s) = U(l) - U(s) + pV(l) - pV(s). \tag{1.76}$$

Die *Erstarrungsenthalpie* gemäß

$$A(l) \rightarrow A(s)$$

entspricht dem negativen Wert der Schmelzenthalpie, d. h.,

$$H(l \rightarrow s) = -H(s \rightarrow l). \tag{1.77}$$

Nach *Richards* ist die Schmelzenthalpie einatomiger Elemente annähernd der absoluten Schmelztemperatur $T(s \rightarrow l)$ proportional:

$$H(s \rightarrow l) \approx 8.4\,T(s \rightarrow l)\,\mathrm{J\,mol^{-1}}. \tag{1.78}$$

1.8.7.4.3   Verdampfungs- und Kondensationsenthalpien

Die Verdampfungsenthalpie ist die Wärmemenge, die einer Flüssigkeit zugeführt werden muß, um sie in den gasförmigen Zustand zu überführen:

$$A(l) \rightarrow A(g)$$

$$H(l \rightarrow g) = H(g) - H(l) = U(g) - U(l) + pV(g) - pV(l). \tag{1.79}$$

Die Verdampfungsenthalpien sind größer als die Schmelzenthalpien. Nach *Pictet* und *Trouton* findet man

$$H(l \rightarrow g) \approx 92T (l \rightarrow g) \, \text{J mol}^{-1}. \tag{1.80}$$

Große Abweichungen von der *Trouton*schen Regel zeigen Stoffe, die im flüssigen oder gasförmigen Zustand assoziiert vorliegen. Tabelle 5 enthält Beispiele, bei denen die *Trouton*sche Regel in grober Näherung zutrifft.

Tabelle 5. Zur Erläuterung der *Trouton*schen Regel

Metall	$H(l \rightarrow g)$ J mol^{-1}	$T (l \rightarrow g)$ K	$H(l \rightarrow g)/T (l \rightarrow g)$ J K^{-1} mol^{-1}
As	251148	2470	102
Bi	172036	1830	94
Cd	100040	1038	96
Fe	340305	3343	102
Hg	59019	630	94
Na	99203	1155	86
Zn	120551	1180	102

Bei höheren Temperaturen und entsprechend höheren Drücken wird die Verdampfungsenthalpie kleiner, um beim kritischen Punkt, an dem kein Unterschied zwischen Flüssigkeit und Gas besteht, Null zu werden.

1.8.7.4.4   Sublimationsenthalpien

Geht ein Körper aus dem festen unmittelbar in den gasförmigen Zustand über, so wird dieser Vorgang als Sublimation bezeichnet:

$$A(s) \rightarrow A(g)$$

$$H(s \rightarrow g) = H(g) - H(s). \tag{1.81}$$

Nimmt man vereinfachend an, daß die Umwandlungsenthalpien temperatur- und druckunabhängig sind, so ergibt sich die Sublimationsenthalpie als Summe der Schmelz- und Verdampfungsenthalpie:

$$H(s \rightarrow g) = H(s \rightarrow l) + H(l \rightarrow g). \tag{1.82}$$

1.8.7.4.5   Weitere Umwandlungsenthalpien

Umwandlungsenthalpien treten auch dann auf, wenn ein Festkörper seine Modifikation ändert. Eine derartige Umwandlung ist dadurch gekennzeichnet, daß die Molwärme im Bereich der Umwandlungstemperatur beträchtlich ansteigt.

Beispiel

• Berechnen Sie die Reaktionsenthalpie der Reaktion

$$\beta - \langle Ca_2SiO_4 \rangle \rightleftharpoons 2 \langle CaO \rangle + \langle SiO_2 \rangle \text{ (Quarz)}$$

bei 800 °C!

gegeben: Die für die Lösung der Aufgabe benötigten Angaben (vgl. Tabelle) sind — wie die meisten Daten — der 5. Aufl. des Buches von *Kubaschewski* u. *Alcock* »Metallurgical Thermochemistry« entnommen. Energiegrößen sind in diesem Werk ausschließlich in der alten Einheit »Kalorie« angegeben. Sie wurden jedoch vor ihrer Verwendung in unserer Rechnung in Joule umgerechnet und in dieser Form in der folgenden Tabelle zusammengestellt.

Element/ Verbindung	$\Delta H^0(298)$	C_p	Temp. Bereich	H^0 (Umw.)
	J mol^{-1}	J(mol K)$^{-1}$	K	J mol^{-1}
$\beta - \langle Ca_2SiO_4 \rangle$	-136817	$151,67 + 36,94 \cdot 10^{-3}T - 30,29 \cdot 10^5 T^{-2}$	$298 \dots 1200$	
$\alpha - \langle SiO_2 \rangle$		$43,89 + 1,00 \cdot 10^{-3}T - 6,02 \cdot 10^5 T^{-2}$	$298 \dots 847$	$\Big\}732$
$\beta - \langle SiO_2 \rangle$		$58,91 + 10,04 \cdot 10^{-3}T$	$847 \dots 1079$	
$\langle CaO \rangle$		$49,62 + 4,52 \cdot 10^{-3}T - 6,95 \cdot 10^5 T^{-2}$	$298 \dots 1177$	

Lösung

Zum Verständnis der Berechnung sei eine schematische Zeichnung vorangestellt, bei der gegenüber Abb. 4 aus didaktischen Gründen die Achsen vertauscht sind.

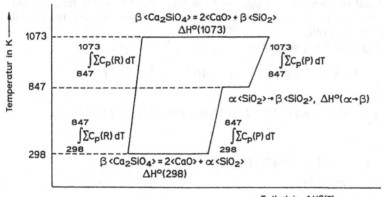

Das Reaktionsschema zeigt, daß die Reaktionsenthalpie, $\Delta H^0(1073)$, zu berechnen ist mit:

$$\int_{298}^{847} \sum C_p(R)\, dT + \int_{847}^{1073} \sum C_p(R)\, dT + \Delta H^0(1073) = \Delta H^0(298) + \int_{298}^{847} \sum C_p(P)\, dT$$

$$+ \Delta H^0(\alpha \to \beta) + \int_{847}^{1073} \sum C_p(P)\, dT.$$

Die Zusammenfassung der Teilintegrale entsprechend dem *Kirchhoff*schen Satz liefert:

$$\Delta H^0(1073) = \Delta H^0(298) + \int_{298}^{847} \Delta C_p(I)\, dT + \Delta H^0(\alpha \to \beta) + \int_{847}^{1073} \Delta C_p(II)\, dT.$$

Es gibt Standardreaktionsenthalpien $\Delta H^0(298)$ bei 298 K für die Bildung der Verbindung aus den Elementen und Standardreaktionsenthalpien für die Bildung der Verbindung aus den Oxiden. Für $\beta - \langle Ca_2SiO_4 \rangle$ ist hier $\Delta H^0(298)$ auf die Bildung aus den Oxiden bezogen.

$$\Delta H^0(298) = -\Delta H^0(298, Ca_2SiO_4)$$

$$= 136817 \, J \, mol^{-1}.$$

Das positive Vorzeichen ergibt sich aus der Tatsache, daß Ca_2SiO_4 auf der linken Seite der Reaktionsgleichung in der Aufgabenstellung steht (siehe Reaktionsschema).

$$\Delta C_p(I) \qquad = 2C_p(CaO) + C_p(\alpha - SiO_2) - C_p(Ca_2SiO_4)$$

$$2C_p(CaO) \qquad = (99{,}24 + 9{,}03 \cdot 10^{-3}T - 13{,}89 \cdot 10^5 T^{-2}) \, J(mol \, K)^{-1}$$

$$C_p(\alpha - SiO_2) \qquad = (43{,}89 + 0{,}99 \cdot 10^{-3}T - 6{,}03 \cdot 10^5 T^{-2}) \, J(mol \, K)^{-1}$$

$$C_p(Ca_2SiO_4) \qquad = (151{,}67 + 36{,}94 \cdot 10^{-3}T - 30{,}29 \cdot 10^5 T^{-2}) \, J(mol \, K)^{-1}$$

$$\Delta C_p(I) \qquad = (-8{,}54 - 26{,}92 \cdot 10^{-3}T + 10{,}37 \cdot 10^5 T^{-2}) \, J(mol \, K)^{-1}$$

$$\Delta C_p(II) \qquad = 2C_p(CaO) + C_p(\beta - SiO_2) - C_p(Ca_2SiO_4)$$

$$2C_p(CaO) \qquad = (99{,}24 + 9{,}03 \cdot 10^{-3}T - 13{,}89 \cdot 10^5 T^{-2}) \, J(mol \, K)^{-1}$$

$$C_p(\beta - SiO_2) \qquad = (58{,}91 + 10{,}04 \cdot 10^{-3}T) \, J(mol \, K)^{-1}$$

$$C_p(Ca_2SiO_4) \qquad = (151{,}67 + 36{,}94 \cdot 10^{-3}T - 30{,}29 \cdot 10^5 T^{-2}) \, J(mol \, K)^{-1}$$

$$\Delta C_p(II) \qquad = (6{,}48 - 17{,}89 \cdot 10^{-3}T + 16{,}40 \cdot 10^5 T^{-2}) \, J(mol \, K)^{-1}$$

$$H^0(\alpha \to \beta) \qquad = 732 \, J \, mol^{-1}$$

$H^0(Umw)$ wird mit positivem oder negativem Vorzeichen eingesetzt, je nachdem, ob es sich um eine Umwandlung auf der Seite der Ausgangsstoffe oder der Endstoffe handelt. Das Vorzeichen von $H^0(Umw)$ ist positiv für Umwandlungen der Endstoffe und negativ für Umwandlungen der Ausgangsstoffe.

Nun wird in die Ausgangsgleichung eingesetzt:

$$\Delta H^0(T) = 136817 + \int_{298}^{847} (-8{,}54 - 26{,}92 \cdot 10^{-3}T + 10{,}37 \cdot 10^5 T^{-2}) \, dT$$

$$+ 732 + \int_{847}^{298} (6{,}48 - 17{,}89 \cdot 10^{-3}T + 16{,}40 \cdot 10^5 T^{-2}) \, dT \, J \, mol^{-1}.$$

Die Integration liefert

$$\Delta H^0(T) = (136817 - 10894 + 732 - 1857) \, J \, mol^{-1}$$

$$= 125 \, kJ \, je \, Mol \, Ca_2SiO_4.$$

1.9   Zweiter Hauptsatz der Thermodynamik

1.9.1   Reversible und irreversible Prozesse

Alle Naturvorgänge verlaufen ohne äußeren Eingriff nur in eine Richtung: Sie sind irreversibel; Beispiele sind:

- Gase nehmen unter Ausdehnung stets das ihnen zur Verfügung stehende Volumen ein.
- Stoffe lösen sich in Flüssigkeiten.
- Wärme überträgt sich nur vom wärmeren auf den kälteren Körper.

Läßt sich eine Zustandsänderung irdendwie so rückgängig machen, daß nach dem Erreichen des Ausgangszustandes in der Natur keine Änderungen zurückbleiben, dann ist der Vorgang ein reversibler Prozeß. Für den Fall, daß nach Wiedererreichen des Ausgangszustandes in der Natur Änderungen eingetreten sind, liegt ein irreversibler Prozeß vor.

Man ist zwar in der Lage, einen irreversiblen Prozeß eines Systems wieder rückgängig zu machen. Die gelingt jedoch nur durch Veränderungen außerhalb des Systems. Aus der Fülle des Erfahrungsmaterials läßt sich der 2. Hauptsatz der Thermodynamik auf vielfältige Weise formulieren, so z. B. nach *Clausius* (1850):

Es ist unmöglich, daß Wärme von selbst (d. h. in einem abgeschlossenen System) von einem kälteren auf einen heißeren Körper übergeht.

Oder nach *Thomson* (1851) und später *Planck* (1897) formuliert:

Es ist unmöglich, eine periodisch arbeitende Maschine zu konstruieren, die weiter nichts bewirkt als die Hebung einer Last und die Abkühlung eines Wärmereservoires (Prinzip der Unmöglichkeit eines Perpetuum mobile II. Art).

In der letzten Formulierung bedeutet »periodisch« daß die Maschine eine Folge von Kreisprozessen durchläuft und sie sich nach jedem Zyklus wieder im Anfangszustand befinden muß. »Weiter nichts« besagt, daß außer dem Arbeits- und Wärmeaustausch kein weiterer Vorgang (also auch kein Stoffumsatz mit der Umgebung) stattfinden darf.

1.9.2   Entropie

Am Beispiel des Wärmeübergangs zwischen zwei Körpern unterschiedlicher Temperatur soll eine Zustandsgröße hergeleitet werden, die quantitative Aussagen über die Richtung aller Prozesse zuläßt.

Nach dem 1. Hauptsatz muß die von einem Körper abgegebene Wärmemenge gleich der vom anderen Körper aufgenommenen Wärmemenge sein:

$$|q_1| = |q_2|.$$
(1.83)

Teilt man diese Wärmemengen durch die Temperaturen T_1 und T_2 der zugehörigen Körper, so erhält man sogenannte »reduzierte Wärmen«, die in folgendem Zusammenhang stehen müssen. Solange $T_2 < T_1$ ist, d. h.,

$$\frac{|q_1|}{T_1} < \frac{|q_2|}{T_2},$$
(1.84)

läuft der Prozeß des irreversiblen Wärmeaustausches noch ab.

Damit ist die Richtung des Prozesses festgelegt, denn es gilt

$$\frac{|q_2|}{T_2} - \frac{|q_1|}{T_1} > 0.$$ (Der Prozeß läuft ab.)

Befindet sich das System im thermischen Gleichgewicht ($T_1 = T_2 = T$), so verläuft der Wärmeübergang reversibel; d. h., differentielle Temperaturänderungen lassen die Wärme in die eine wie auch in die andere Richtung übergehen. Für das Gesamtsystem gilt dann

$$\int \frac{\mathrm{d}q_{\mathrm{rev}}}{T} = 0.$$
(1.85)

Clausius (1854) erkannte als erster, daß der Quotient dq_{rev}/T eine neue Zustandsgröße darstellt, die er *Entropie* nannte, d. h.,

$$\frac{dq_{rev}}{T} \equiv ds . \tag{1.86}$$

Die Entropie erlaubt es, den Gleichgewichtszustand für ein abgeschlossenes System wie folgt festzulegen:

Ein abgeschlossenes Gesamtsystem befindet sich dann im Gleichgewicht, wenn die Änderung seiner Entropie gleich Null ist.

$$ds = 0 . \tag{1.87}$$

Demnach bleibt bei *reversibel* verlaufenden Vorgängen die Entropie in einem abgeschlossenen Gesamtsystem (geschlossenes System + Umgebung) stets konstant; die Entropien der geschlossenen Teilsysteme (s_{Syst} bzw. s_{Umg}) werden sich jedoch nach Ablauf des Vorgangs verändert haben.

Bei *irreversibel* verlaufenden Vorgängen wächst die Entropie eines Gesamtsystems, bis sie im Gleichgewichtszustand ihren Maximalwert erreicht hat. Das heißt, für die in *eine* Richtung verlaufenden Naturvorgänge gilt die Ungleichung

$$ds > 0 . \tag{1.88}$$

Wichtig zu betonen ist der Umstand, daß bei der Berechnung der Entropieänderung *stets* die reversible Zustandsänderung des Systems zugrunde gelegt werden muß, da dq_{rev}/T $\neq dq_{irrev}/T$ ist. Dies erscheint zunächst widersprüchlich, da die Entropie als Zustandsgröße unabhängig vom Weg der Zustandsänderung ist. Man sollte sich jedoch vergegenwärtigen, daß nur dann $\int dq/T$ die Entropie darstellt, wenn der Prozeß reversibel ausgeführt wird. Die Situation ist hier ähnlich wie bei der Enthalpie *h*. Diese ist zwar als Zustandsgröße unabhängig vom Weg, der Wärmemenge *q* jedoch nur dann gleich, wenn der Prozeß bei konstantem Druck verläuft.

Der Begriff des »*Gesamtsystems*« sei anhand der Entropieberechnung einer reversiblen und irreversiblen isothermen Expansion erläutert. Die Entropie muß derart berechnet werden, daß der Endzustand 2 auf *reversiblem* Weg vom Ausgangszustand 1 aus erreicht wird.

Die Entropieänderung des Gases erhält man unter Benutzung von Gl. (1.55),

$$w_{Syst} = -q_{rev} = -nRT \ln \frac{V_2}{V_1} ,$$

zu

$$s_{Syst} = \frac{q_{rev}}{T} = -nR \ln \frac{V_2}{V_1} .$$

Beachte, daß grundsätzlich die Entropie eines Systems mit einer Volumenvergrößerung zunimmt! Stellt man sich die Umgebung des Systems als Thermostaten gedacht vor (isotherme Prozeßführung!), so gibt bei reversibler Arbeitsweise die Umgebung gerade jenen Wärmebetrag an das System ab (negatives Vorzeichen!), für das dieses Arbeit an der Umgebung geleistet hat. Das heißt

$$s_{Umg} = -\frac{q_{rev}}{T} .$$

Die Bilanz der Entropieänderung des Gesamtsystems, bestehend aus dem des (Teil-)Systems und der Umgebung, liefert

$$s = s_{Syst} + s_{Umg} \tag{1.89}$$

$$s = \frac{q_{rev}}{T} - \frac{q_{rev}}{T} = 0 \, .$$

Dieses Ergebnis zeigt den Gleichgewichtszustand an.

Wird die Expansion *irreversibel* durchgeführt, so wird der Arbeitsbetrag des Systems wiederum durch die reversibel gedachte Volumenarbeit wiedergegeben, womit sich die gleiche Entropievergrößerung wie im ersten Fall ergibt. Unterschiedlich ist jedoch die Größe der mit der Umgebung ausgetauschten Wärme. Im irreversiblen Extremfall besteht nämlich keine Wärmenachlieferung, d. h.,

$$q_{irr} = -w_{irr} = 0 \, .$$

Damit beträgt die Entropieänderung der Umgebung

$$s_{Umg} = \frac{0}{T} = 0 \, .$$

Für das Gesamtsystem ergibt sich nach der Bilanz

$$s = s_{Syst} + s_{Umg}$$

$$= nR \ln \frac{V_2}{V_1} + 0 \, .$$

Da $V_2 > V_1$ ist, besitzt hier die Entropiezunahme einen Wert größer Null als Zeichen des irreversibel ablaufenden Vorgangs.

Mit den vorstehenden Überlegungen läßt sich leicht zeigen, daß $w_{irr} < w_{rev}$ und $q_{rev} > q_{irr}$ ist. Das heißt, daß bei irreversibler Arbeitsweise die vom System geleistete Arbeit und die von der Umgebung an das System nachgelieferte Wärme stets kleiner sind als bei reversibler Prozeßführung. Damit ergeben sich für die Entropie

$$s = \frac{q_{rev}}{T} - \frac{q_{irrev}}{T} > 0 \qquad \text{(irreversibel)}$$

und

$$s = \frac{q_{rev}}{T} - \frac{q_{irrev}}{T} = 0 \qquad \text{(reversibel)}.$$

Entropie als Zustandsfunktion

Die Entropie besitzt die Eigenschaft einer Zustandsfunktion und liefert mit

$$S = S(p, T) \tag{1.90}$$

das vollständige Differential

$$dS = \left(\frac{\partial S}{\partial p} \right)_T dp + \left(\frac{\partial S}{\partial T} \right)_p dT \, . \tag{1.91}$$

Mit der Definitionsgleichung der Entropie (1.86) und dem 1. Hauptsatz ergibt sich für *isochore* Vorgänge

$$dS_v = \frac{dU}{T} \tag{1.92}$$

und für *isobare* Vorgänge

$$dS_p = \frac{dH}{T}. \tag{1.93}$$

Führt man in die beiden letzten Gleichungen die Wärmekapazitäten nach den Gln. (1.45) und (1.46) ein, so erhält man

$$dS_v = \frac{C_v}{T}\, dT = C_v\, d\ln T \tag{1.94}$$

$$dS_p = \frac{C_p}{T}\, dT = C_p\, d\ln T. \tag{1.95}$$

Die Integration dieser Gleichungen liefert

$$S_v = S(T = 0, V) + \int_0^T C_v\, d\ln T. \tag{1.96}$$

und

$$S_p = S(T = 0, p) + \int_0^T C_p\, d\ln T. \tag{1.97}$$

Somit ist man, ähnlich wie bei der inneren Energie bzw. Enthalpie, in der Lage, aus den Wärmekapazitäten die Entropien zu berechnen, vorausgesetzt, der Verlauf der Wärmekapazitäten ist bis zum absoluten Nullpunkt angegeben und die Integrationskonstante $S(T = 0)$ bekannt. Der letztgenannte Punkt ist Gegenstand des späteren zu besprechenden 3. Haupsatzes der Thermodynamik.

Für reine homogene Stoffe läßt sich das totale Differential der Entropie (1.91) mit Hilfe der *Maxwell*schen Relationen (vgl. Abschn. 1.9.4) in eine Form bringen, bei der Entropieänderungen aus leicht zugänglichen thermischen Größen bestimmbar sind. Aus Gl. (1.91) folgt

$$\frac{dS}{dT} = \left(\frac{\partial S}{\partial p}\right)_T \frac{dp}{dT} + \left(\frac{\partial S}{\partial T}\right)_p. \tag{1.98}$$

Mit

$$-\left(\frac{\partial S}{\partial p}\right)_T = \left(\frac{\partial V}{\partial T}\right)_p \tag{1.99}$$

und

$$\left(\frac{\partial S}{\partial T}\right)_p = \frac{C_p}{T} \tag{1.100}$$

ergibt sich die Endgleichung

$$dS = C_p\, d\ln T - \left(\frac{\partial V}{\partial T}\right)_p dp. \tag{1.101}$$

Analog erhält man

$$dS = C_v\, d\ln T + \left(\frac{\partial p}{\partial T}\right)_v dV. \tag{1.102}$$

Die vorstehenden Gln. (1.101) und (1.102) berücksichtigen im Gegensatz zu den Gln. (1.94) und (1.95) die Änderung der Entropie bei *gleichzeitiger* Änderung der Temperatur mit dem Druck bzw. dem Volumen.

Beispiel

Berechnen Sie die gesamte Entropieänderung, wenn eine Eisenschmelze von 95 g bei einer Unterkühlung von 200 K erstarrt. Die Temperatur der Umgebung soll sich während dieser Reaktion nicht ändern.

gegeben:

Thermodynamische Daten des Eisens

Temperatur (-Bereich) K	Art der Umwandlung	ΔH^0(Umw) J mol^{-1}	ΔS^0(Umw) J(mol K)$^{-1}$	C_p J(mol K)$^{-1}$
1184/1665				$23{,}987 + 8{,}36 \cdot 10^{-3}T$
1665	$\gamma_{Fe} \leftrightarrow \delta_{Fe}$	836	0,503	
1665/1809				$24{,}64 + 9{,}899 \cdot 10^{-3}T$
1809	$s \leftrightarrow l$	13807	7,633	
1809/3100				46,024

Die Molmasse des Eisens beträgt $55{,}847 \, \text{g mol}^{-1}$

Lösung

Die Entropieänderung des Eisens, ΔS^0_{Fe}, bei der unterkühlten Erstarrung kann mit Hilfe des Kirchhoffschen Satzes berechnet werden. Mit der bekannten Entropieänderung des Eisens am thermodynamischen Schmelzpunkt ($T_m = 1809$ K) gestaltet sich die Rechnung nach folgendem Gedankengang: das *flüssige* unterkühlte Eisen ist bis zu seinem Schmelzpunkt zu erhitzen. Dort erstarrt es unter Abgabe der Schmelzwärme. Das nunmehr *feste* Eisen ist wiederum auf die ursprüngliche Temperatur der unterkühlten Schmelze abzukühlen, wobei es bei 1665 K die δ-γ-Umwandung durchläuft. Es wird:

$$\Delta S^0_{Fe} = n \left[\int_{1609}^{1809} \frac{C_p(l)}{T} \, dT + \frac{\Delta H^0(l \to s)}{T_m} + \int_{1809}^{1665} \frac{C_p(s, \delta)}{T} \, dT \right.$$

$$\left. + \frac{\Delta H^0(\delta \to \gamma)}{T(\delta \to \gamma)} \int_{1665}^{1609} \frac{C_p(s, \gamma)}{T} dT \right]$$

$$\Delta S^0_{Fe} = \frac{95}{55{,}847} \left[46{,}024 \cdot \ln \frac{1809}{1609} + \frac{-13807}{1809} \right.$$

$$+ 24{,}640 \cdot \ln \frac{1655}{1809} + 9{,}899 \cdot 10^{-3} (1665 - 1809) + \frac{-836}{1665}$$

$$\left. + 23{,}987 \cdot \ln \frac{1609}{1665} + 8{,}36 \cdot 10^{-3} (1609 - 1665) \right]$$

$$\Delta S^0_{Fe} = \frac{95}{55{,}847} [5{,}39 - 7{,}633 - 2{,}044 - 1{,}425 - 0{,}503 - 0{,}821 - 0{,}468]$$

$$\Delta S^0_{Fe} = -12{,}765 \, \text{J K}^{-1} \quad \text{(für 95g Fe)}.$$

Die Entropieänderung der Umgebung, ΔS_U^0, berechnet sich aus der an die Umgebung abgegebenen reversiblen Wärmemenge, ΔH_{Fe}^0, dividiert durch die Umgebungstemperatur, T_U, die der Temperatur der unterkühlten Schmelze entspricht. ΔH_{Fe}^0 wird wiederum mit dem Kirchhoffschen Satz bestimmt. Das oben vorgestellte Gedankenmodell wird beibehalten. Es folgt:

$$\Delta H_{Fe}^0 = n \left[\int\limits_{1609}^{1809} C_p(l)\, dT + \Delta H^0(l \to s) + \int\limits_{1809}^{1665} C_p(s, \delta)\, dT + \Delta H^0(\delta \to \gamma) + \int\limits_{1665}^{1609} C_p(s, \gamma)\, dT \right]$$

$$\Delta H_0^{Fe} = \frac{95}{55{,}847} \left[9204{,}8 - 13807 - 3548{,}16 - 2476{,}017 - 836 - 1343{,}27 - 766{,}38 \right]$$

$$\Delta H_{Fe}^0 = -23087{,}05$$

$$\Delta S_U^0 = \frac{\Delta H_{Fe}^0}{T_U} = \frac{23087{,}05}{1609}$$

$$\Delta S_U^0 = 14{,}35 \text{ J K}^{-1} \quad \text{(für 95 g Fe)}.$$

Bei der Berechnung der Entropieänderung der Umgebung ist zu berücksichtigen, daß die reversible Wärme des Erstarrungsvorganges vom Eisen abgegeben und von der Umgebung aufgenommen wird. Das Vorzeichen kehrt sich daher um: die Entropieänderung der Umgebung ist positiv.

Die gesamte Entropieänderung ergibt sich als Summe der Teilentropien:

$$\Delta S_{ges}^0 = \Delta S_{Fe}^0 + \Delta S_U^0$$

$$= -12{,}765 + 14{,}35$$

$$= 1{,}585 \text{ J K}^{-1} \quad \text{(für 95 g Fe)}.$$

Das positive Vorzeichen im Ergebnis deutet an, daß es sich um einen irreversiblen Vorgang handelt; d. h. die Erstarrung des unterkühlten Eisens setzt (Keimbildung vorausgesetzt) spontan ein.

1.9.3 Thermodynamische Potentiale

1.9.3.1 Gleichbleibende Teilchenzahl

Durch Verknüpfung des 1. und 2. Hauptsatzes erhält man die Grundgleichungen der Thermodynamik für reversible Prozesse,

$$\delta q = T\, ds = du + p\, dv. \tag{1.103}$$

Daraus folgt

$$du = T\, ds - p\, dv. \tag{1.104}$$

Stellt man die innere Energie u als Funktions der Entropie s und des Volumens v des betrachteten Systems dar,

$$u = u(s, v), \tag{1.105}$$

so ergibt sich aus Gl. (1.104)

$$\left(\frac{\partial u}{\partial s} \right)_v = T \tag{1.106}$$

$$\left(\frac{\partial u}{\partial v} \right)_s = -p. \tag{1.107}$$

Die innere Energie u und andere gleichartige »charakteristische« Funktionen werden als *thermodynamische Potentiale* bezeichnet. Man erhält sie, indem man Gl. (1.103) so umformt, daß sich anstelle von du andere totale Differentiale ergeben. Mit Einführung der Enthalpie liefert Gl. (1.103)

$$\delta q = T\,ds = dh - v\,dp \tag{1.108}$$

oder

$$dh = T\,ds + v\,dp\,. \tag{1.109}$$

Wenn man von den Identitäten

$$T\,ds = d(Ts) - s\,dT \tag{1.110}$$

$$p\,dv = d(pv) - v\,dp \tag{1.111}$$

ausgeht, so ergeben sich zwei weitere wichtige thermodynamische Potentiale. Setzt man Gl. (1.110) in Gl. (1.104) ein, so ergibt sich

$$du = d(Ts) - s\,dT - p\,dv \tag{1.112}$$

oder

$$d(u - Ts) = -s\,dT - p\,dv\,.$$

Man definiert nun als neue Größe die Funktion

$$f \equiv u - Ts\,, \tag{1.113}$$

also

$$df = -s\,dT - p\,dv\,. \tag{1.114}$$

Die Funktion f ist ein thermodynamisches Potential und wird als *freie Energie* (auch *Helmholtz-Funktion*) bezeichnet,

$$f = f(T, v)\,. \tag{1.115}$$

Die *freie Energie* f stellt bei einem isothermen reversiblen Vorgang den frei zur Verfügung stehenden Energiebetrag der inneren Energie u dar.
Zu dem vierten thermodynamischen Potential gelangt man, indem die Gln. (1.110) und (1.111) in Gl. (1.104) eingesetzt werden,

$$du = d(Ts) - s\,dT - d(pv) + v\,dp$$

oder

$$d(u + pv - Ts) = -s\,dT + v\,dp\,. \tag{1.116}$$

Man definiert wiederum als neue Größe die Funktion

$$g \equiv u + pv - Ts = h - Ts\,. \tag{1.117}$$

Damit wird aus Gl. (1.116)

$$dg = -s\,dT + v\,dp\,. \tag{1.118}$$

In Analogie zu Gl. (1.113) wird g als *freie Enthalpie* (auch *Gibbs-Funktion*) bezeichnet.
Die thermodynamischen Potentiale sind mit ihren abhängigen Variablen nach dem folgenden Schema verknüpft:

$$
\begin{array}{ccc}
s & \leftarrow u \rightarrow & v \\
\uparrow & & \uparrow \\
h & & f \\
\downarrow & & \downarrow \\
p & \leftarrow g \rightarrow & T
\end{array}
$$

Mit Hilfe eines einzigen thermodynamischen Potentials können alle thermodynamischen Eigenschaften eines Systems berechnet werden. Tabelle 6 gibt eine Übersicht über die thermodynamischen Potentiale und ihre Ableitungen.

Tabelle 6. Übersicht über die thermodynamischen Potentiale und ihre Ableitungen

Zustandsfunktion	Zustandsvariable	Differentialquotient
$u = u(v, s)$	v, s	$\left(\dfrac{\partial u}{\partial v}\right)_s = -p$
$du = T\,ds - p\,dv$	s, v	$\left(\dfrac{\partial u}{\partial s}\right)_v = T$
$h = h(p, s)$	p, s	$\left(\dfrac{\partial h}{\partial p}\right)_s = v$
$dh = T\,ds + v\,dp$	s, p	$\left(\dfrac{\partial h}{\partial s}\right)_p = T$
$f = f(T, v)$	T, v	$\left(\dfrac{\partial f}{\partial T}\right)_v = -s$
$df = -s\,dT - p\,dv$	v, T	$\left(\dfrac{\partial f}{\partial v}\right)_T = -p$
$g = g(T, p)$	T, p	$\left(\dfrac{\partial g}{\partial T}\right)_p = -s$
$dg = -s\,dT + v\,dp$	p, T	$\left(\dfrac{\partial g}{\partial p}\right)_T = v$

Beispiel

● Bestimmen Sie mit Hilfe des thermodynamischen Potentials $G = G(p, T)$ die thermodynamischen Größen: U, H und C_p.

Lösung

Ausgangspunkt ist das totale Differential der freien Enthalpie

$$dG = \left(\frac{\partial G}{\partial T}\right)_p dT + \left(\frac{\partial G}{\partial p}\right)_T dp\,,$$

für das nach Gl. (1.116) auch

$$dG = -S\,dT + V\,dp$$

gilt. Die Definition der Enthalpie (Gl. (1.34)) und der freien Enthalpie (Gl. (1.117)) liefern den Zusammenhang

$$U = G + TS - pV\,.$$

Aufgrund des Koeffizientenvergleichs der ersten beiden Gleichungen für das totale Differential, dG, kann die innere Energie somit als alleinige Funktion des Potentials $G(p, T)$ geschrieben werden:

$$U = G - T \left(\frac{\partial G}{\partial T}\right)_p - p \left(\frac{\partial G}{\partial p}\right)_T .$$

Weiterhin ergibt sich für die Enthalpie

$$H = G - T \left(\frac{\partial G}{\partial T}\right)_p .$$

Die Definition der Wärmekapazität bei konstantem Druck (Gl. (1.46)) erklärt diese als partielle Ableitung der Enthalpie nach der Temperatur. Es wird

$$C_p = \left(\frac{\partial H}{\partial T}\right)_p = \left(\frac{\partial G}{\partial T}\right)_p - \left(\frac{\partial G}{\partial T}\right)_p - T \left(\frac{\partial^2 G}{\partial T^2}\right)_p$$

bzw.

$$C_p = - T \left(\frac{\partial^2 G}{\partial T^2}\right)_p .$$

Wird für C_p auf der linken Seite der Gleichung die Definition $(\partial H/\partial T)_p$ geschrieben, so ist dieses bereits eine Form der im folgenden hergeleiteten *Gibbs-Helmholtz*-Gleichung (siehe Abschnitt 1.9.5).

1.9.3.2   Veränderliche Teilchenzahl

Die innere Energie eines Systems bei veränderlicher Teilchenzahl ändert sich nicht allein dadurch, daß das System Wärme aufnimmt und Arbeit leistet, sondern auch infolge einer *Änderung der Teilchenzahl*, z. B. bei einer chemischen Reaktion. Damit ist die Grundgleichung der Thermodynamik (1.104) wie folgt zu erweitern:

$$du = T \, ds - p \, dv + \sum_i \mu_i \, dn_i , \tag{1.119}$$

wobei

$$\mu_i = \left(\frac{\partial u}{\partial n_i}\right)_{s, v, n_k} \quad k \neq i \tag{1.120}$$

das *chemische Potential* darstellt. Die Gl. (1.119) wird als *Gibbssche Fundamentalgleichung* bezeichnet.
Aus der Grundgleichung (1.119) kann man die Differentiale aller thermodynamischen Potentiale für Systeme mit veränderlicher Teilchenzahl bestimmen. Man erhält

$$du = T \, ds - p \, dv + \sum \mu_i \, dn_i \tag{1.121}$$

$$dh = T \, ds + v \, dp + \sum \mu_i \, dn_i \tag{1.122}$$

$$df = -s \, dT - p \, dv + \sum \mu_i \, dn_i \tag{1.123}$$

$$dg = -s \, dT + v \, dp + \sum \mu_i \, dn_i . \tag{1.124}$$

Das chemische Potential ergibt sich aus den Ausdrücken zu

$$\mu_i = \left(\frac{\partial u}{\partial n_i}\right)_{s,\,v} = \left(\frac{\partial h}{\partial n_i}\right)_{s,\,p} = \left(\frac{\partial f}{\partial n_i}\right)_{T,\,v} = \left(\frac{\partial g}{\partial n_i}\right)_{T,\,p} \tag{1.125}$$

und ist identisch mit der später abzuhandelnden partiellen freien Enthalpie.

1.9.4 *Maxwell*sche Relationen

Aus der Anwendung des *Schwarz*schen Satzes [Gl. (1.7)] auf die thermodynamischen Potentiale ergeben sich die *Beziehungen zwischen den zweiten Ableitungen* (*Maxwell*sche Relationen). Sie sind für unveränderliche Teilchenzahlen in Tabelle 7 angegeben.

Tabelle 7. *Maxwell*sche Relationen

Zustandsfunktion	Zustandsvariable	*Maxwell*sche Relationen
$u = u(v, s)$	v, s	$-\left(\dfrac{\partial p}{\partial s}\right)_v = \left(\dfrac{\partial T}{\partial v}\right)_s$
$h = h(p, s)$	p, s	$\left(\dfrac{\partial v}{\partial s}\right)_p = \left(\dfrac{\partial T}{\partial p}\right)_s$
$f = f(T, v)$	T, v	$\left(\dfrac{\partial s}{\partial v}\right)_T = \left(\dfrac{\partial p}{\partial T}\right)_v$
$g = g(T, p)$	T, p	$-\left(\dfrac{\partial s}{\partial p}\right)_T = \left(\dfrac{\partial v}{\partial T}\right)_p$

Die *Maxwell*schen Relationen ermöglichen es, die partiellen Differentiale, in denen die Entropie enthalten ist, in Ableitungen zu überführen, die unmittelbar einer experimentellen Bestimmung zugänglich sind.

1.9.5 *Gibbs-Helmholtz*-Gleichung

Ersetzt man in der Definitionsgleichung der freien Enthalpie,

$$g \equiv h - Ts, \tag{1.126}$$

die Entropie durch die entsprechenden Differentialquotienten aus Tabelle 6, so ergibt sich die Gleichung

$$g - h = T\left(\frac{\partial g}{\partial T}\right)_p \tag{1.127}$$

oder durch Einführung von Differenzbeträgen bei den thermodynamischen Potentialen g und h

$$\Delta g - \Delta h = T\left(\frac{\partial \Delta g}{\partial T}\right)_p. \tag{1.128}$$

Man bezeichnet Gl. (1.128) allgemein als *Gibbs-Helmholtz*-Gleichung. Sie liefert einen unmittelbaren Zusammenhang zwischen der (kalorimetrisch) meßbaren Enthalpie und der auf anderem Wege bestimmbaren freien Enthalpie.

Für $p = $ const erhält man aus Gl. (1.128)

$$\mathrm{d}\,\Delta g = \left(\frac{\Delta g - \Delta h}{T}\right)\mathrm{d}T .$$ (1.129)

Durch Umstellung und Division durch T^2 ergibt sich

$$\frac{T\,\mathrm{d}\,\Delta g}{T^2} - \frac{\Delta g\,\mathrm{d}T}{T^2} = -\frac{\Delta h\,\mathrm{d}T}{T^2}$$ (1.130)

oder mit der Identität $\mathrm{d}\left(\dfrac{x}{y}\right) = \dfrac{y\,\mathrm{d}x - x\,\mathrm{d}y}{y^2}$

$$\mathrm{d}\left(\frac{\Delta g}{T}\right) = \Delta h\,\mathrm{d}\left(\frac{1}{T}\right).$$ (1.131)

Damit ist

$$\left[\frac{\partial(\Delta g/T)}{\partial(1/T)}\right]_p = \Delta h .$$ (1.132)

Trägt man $\Delta g/T$ gegen $1/T$ auf, so erhält man als Steigung der Kurve den Wert von Δh.

Beispiel

Bestimmen Sie die bei der Siliciumnitridherstellung nach der Reaktion

$3\,\langle\mathrm{Si}\rangle + 2\,(\mathrm{N_2}) = \langle\mathrm{Si_3N_4}\rangle$

auftretende molare freie Enthalpie, wenn die Reaktion bei 1673 K ablaufen soll. Die folgende Tabelle gibt die thermodynamischen Daten der Reaktionspartner wieder.

gegeben:

Thermodynamischen Daten der Reaktionspartner

Stoff	$\Delta H^0(298)$ J mol^{-1}	$\Delta S^0(298)$ J(mol K)$^{-1}$	C_p J(mol K)$^{-1}$
$\langle\mathrm{Si_3N_4}\rangle$	-744752	112,968	$76,337 + 109,035\cdot10^{-3}T - 0,653\cdot10^6 T^{-2} - 27,083\cdot10^{-6}T^2$
$\langle\mathrm{Si}\rangle$	0	18,828	$22,811 + 3,87\cdot10^{-3}T - 0,356\cdot10^6 T^{-2}$
$(\mathrm{N_2})$	0	191,610	$30,418 + 2,544\cdot10^{-3}T - 0,238\cdot10^6 T^{-2}$

Lösung

Mit der modifizierten Form der Gl. (1.130), erhält man den Ausdruck

$$\mathrm{d}\left(\frac{\Delta G}{T}\right) = -\frac{\Delta H}{T^2}\,\mathrm{d}T .$$

Die Integration zwischen 298 K und 1673 K liefert

$$\Delta G(1673) = 1673\left\{\frac{\Delta G(298)}{298} - \int\limits_{298}^{1673}\left[\frac{\Delta H(298) + \int \Delta C_p\,\mathrm{d}T}{T^2}\right]\mathrm{d}T\right\}.$$

Um diese Gleichung zu lösen, müssen die Größen: $\Delta G(298)$, $\Delta H(298)$ und ΔC_p für die Reaktion bestimmt werden.

Entsprechend der Definitionsgleichung der freien Enthalpie (Gl. (1.126)) ist

$$\Delta G(298) = \Delta H(298) - 298\,\Delta S(298)\,.$$

Die Reaktionsenthalpie und -entropie ergeben sich nach Gl. (1.67) zu

$$\Delta H(298) = -744\,752 - 0$$
$$= -744\,752 \text{ J mol}^{-1}$$

$$\Delta S(298) = 112{,}968 - (3 \cdot 18{,}828 + 2 \cdot 191{,}61)$$
$$= -326{,}736 \text{ J(mol K)}^{-1}\,.$$

Die freie Reaktionsenthalpie ist somit

$$\Delta G(298) = -744\,752 - 298 \cdot (-326{,}736)$$
$$= -647\,384{,}672 \text{ J mol}^{-1}\,.$$

Die Änderung der Wärmekapazität ergibt sich nach dem *Kirchhoff*schen Satz zu (siehe Gl. (1.69))

$$\Delta C_p = C_p(Si_3N_4) - [3C_p(Si) + 2C_p(N)]\,.$$

Si_3N_4: $76{,}337 + 109{,}035 \cdot 10^{-3}T - 0{,}653 \cdot 10^6 T^{-2} - 27{,}083 \cdot 10^{-6}T^2$

$- 3\,Si$: $-68{,}433 - \quad 11{,}61 \cdot 10^{-3}T + 1{,}068 \cdot 10^6 T^{-2}$

$- 2\,N_2$: $-60{,}836 - \quad 5{,}088 \cdot 10^{-3}T + 0{,}476 \cdot 10^6 T^{-2}$

$\Delta C_p = \quad -52{,}892 + \quad 92{,}377 \cdot 10^{-3}T + 0{,}891 \cdot 10^6 T^{-2} - 27{,}083 \cdot 10^{-6}T^2$

$\Delta C_p = \qquad a \quad + \quad b \quad 10^{-3}T + \quad c \quad 10^6 T^{-2} - \quad d \quad 10^{-6}T^2\,.$

Das Integral $\displaystyle\int_{298}^{1673} \left[\frac{\Delta H(298) + \int \Delta C_p\,dT}{T^2}\right] dT$ wird somit zu

$$\int_{298}^{1673} \left[\frac{\Delta H(298) + \int (a + b\,10^{-3}T + c\,10^6 T^{-2} - d\,10^{-6}T^2)\,dT}{T^2}\right] dT\,.$$

Löst man das Integral im Zähler des Quotienten ($\int \Delta C_p\,dT$) allgemein und integriert erneut, so erhält man

$$\left[-\frac{\Delta H(298)}{T} + a \ln T + \frac{b}{2}T + \frac{c}{2}\frac{1}{T^2} - \frac{d}{6}T^2\right]_{298}^{1673}\,.$$

Die freie Reaktionsenthalpie $\Delta G(1673)$ ist somit:

$$\Delta G(1673) = 1673 \left\{ -\frac{647\,384{,}672}{298} - 744\,752\left(\frac{1}{1673} - \frac{1}{298}\right) - 52{,}892 \ln\frac{1673}{298}\right.$$
$$- \frac{92{,}377 \cdot 10^{-3}}{2}(1673 - 298) - \frac{0{,}891 \cdot 10^{-6}}{2}\left(\frac{1}{1673^2} - \frac{1}{298^2}\right)$$
$$\left. + \frac{27{,}083 \cdot 10^{-6}}{6}(1673^2 - 298^2)\right\}\,,$$

$$\Delta G(1673) = -436\,574{,}786 \text{ J mol}^{-1}\,.$$

Da $\Delta G(298) < \Delta G(1673)$ ist, erscheint die Reaktion bei 298 K vom thermodynamischen Standpunkt günstiger. Die Herstellung des Si_3N_4 wird allerdings in der Praxis bei 1673 K durchgeführt, da die Diffusion des Stickstoffs in die Siliciumkristalle der geschwindigkeitsbestimmende Schritt ist. Somit muß — wie oft bei verfahrenstechnischen Prozessen — ein Kompromiß zwischen Thermodynamik und Kinetik eingegangen werden: werden Siliciumkristalle mit einer Korngröße von < 75 μm 10 bis 20 Stunden mit Stickstoff bei 1673 K beaufschlagt, ist mit vollständigem Umsatz zu rechnen.

1.9.6 Bedingungen für das thermodynamische Gleichgewicht

Aus der Verknüpfung des 1. und des 2. Hauptsatzes ergeben sich die Gleichgewichtsbedingungen für thermodynamische Systeme. *Gibbs* behandelte das thermodynamische Gleichgewicht nach dem mechanischen Prinzip der virtuellen Verschiebungen.
Mit der Grundgleichung der Thermodynamik für natürlich ablaufende (irreversible) Vorgänge,

$$T\,dS > du + p\,dv\,, \tag{1.133}$$

folgt mit $u = $ const und $v = $ const die Beziehung

$$ds > 0\,. \tag{1.134}$$

Bei Prozessen in abgeschlossenen Systemen nimmt also die Entropie so lange zu, bis das Gleichgewicht erreicht ist, d. h.,

$$(ds)_{Gl.} = 0\,. \tag{1.135}$$

Ausgehend von Gl. (1.135), sollen im folgenden die Bedingungen für den Gleichgewichtszustand eines heterogenen Einstoffsystems (z. B. Schmelze/Dampf) hergeleitet werden. Ist N_1 bzw. N_2 die Teilchenzahl und S_1 bzw. S_2 die Entropie je Teilchen in Phase 1 bzw. Phase 2, so gelten folgende Gleichungen für das Gesamtsystem:

Teilchenzahl: $\quad N_1 \quad + N_2 \quad = N = $ const $\tag{1.136}$

Volumen: $\quad N_1V_1 + N_2V_2 = v \quad = $ const $\tag{1.137}$

innere Energie: $\quad N_1U_1 + N_2U_2 = u = $ const $\tag{1.138}$

Entropie: $\quad N_1S_1 + N_2S_2 = s \quad = $ const $.\tag{1.139}$

N_1, V_1, U_1 seien die unabhängigen, N_2, V_2, U_2 die abhängigen Parameter des Systems. Gesucht wird die simultane Lösung der Gleichgewichtsbedingung

$$\delta s = 0 \tag{1.140}$$

und der Gleichungen

$$\delta N = 0\,, \qquad \delta u = 0\,, \qquad \delta v = 0\,, \tag{1.141}$$

die für die virtuellen Änderungen δ der Parameter gelten. Aus den Gln. (1.136) bis (1.139) folgt

$$\delta N = \delta N_1 \quad + \delta N_2 = 0 \tag{1.142}$$

$$\delta v = N_1\delta V_1 + N_2\delta V_2 + V_1\delta N_1 + V_2\delta N_2 = 0 \tag{1.143}$$

$$\delta u = N_1\delta U_1 + N_2\delta U_2 + U_1\delta N_1 + U_2\delta N_2 = 0 \tag{1.144}$$

$$\delta s = N_1\delta S_1 + N_2\delta S_2 + S_1\delta N_1 + S_2\delta N_2 = 0\,. \tag{1.145}$$

Die letzte Gleichung kann auch in der Form geschrieben werden:

$$N_1 \frac{\delta U_1 + p_1 \delta V_1}{T_1} + N_2 \frac{\delta U_2 + p_2 \delta V_2}{T_2} + S_1 \delta N_1 + S_2 \delta N_2 = 0. \tag{1.146}$$

Mit den Bedingungen der Gln. (1.142) bis (1.144) erhält man nach Umstellung

$$N_1 \left(\frac{1}{T_1} - \frac{1}{T_2} \right) \delta U_1 + N_1 \left(\frac{p_1}{T_1} - \frac{p_2}{T_2} \right) \delta V_1$$

$$+ \left[\left(S_1 - \frac{U_1 + p_1 V_1}{T_1} \right) - \left(S_2 - \frac{U_2 + p_2 V_2}{T_2} \right) \right] \delta N_1 = 0. \tag{1.147}$$

Berücksichtigt man, daß die virtuellen Änderungen δN_1, δV_1 und δU_1 in Gl. (1.147) unabhängig voneinander sind, so erhält man für das Gleichgewicht zweier koexistierender Phasen eines Stoffes folgende Gleichgewichtsbedingungen:

— *thermisches Gleichgewicht*

$$\frac{1}{T_1} - \frac{1}{T_2} = 0 \quad \text{oder} \quad T_1 = T_2 = T \tag{1.148}$$

(Gleichheit der Temperaturen),

— *mechanisches Gleichgewicht*

$$\frac{p_1}{T_1} - \frac{p_2}{T_2} = 0 \quad \text{oder} \quad p_1 = p_2 = p \tag{1.149}$$

(Gleichheit der Drücke in den Phasen),

— *chemisches Gleichgewicht*

$$U_1 - T_1 S_1 + p_1 V_1 = U_2 - T_2 S_2 + p_2 V_2 \quad \text{oder} \quad G_1 = G_2 \tag{1.150}$$

(Gleichheit der freien Enthalpie beider Phasen).
Für ein isotherm-isochores System (T = const, V = const) nimmt die freie Energie f im Gleichgewichtszustand ein Minimum ein mit der Bedingung

$$df = 0. \tag{1.151}$$

Ähnliches gilt für ein isotherm-isobares System (T = const, p = const) hinsichtlich der freien Enthalpie

$$dg = 0. \tag{1.152}$$

1.10   Dritter Hauptsatz der Thermodynamik

Hinsichtlich der Triebkraft chemischer Reaktionen postulierte *Berthelot* (1868), daß »jede chemische Veränderung, die ohne die Mitwirkung äußerer Energie abläuft, zur Bildung des Stoffes oder des Systems von Stoffen neigt, das mit der stärksten Wärmeentwicklung verknüpft ist«. Wird somit an einem System keine äußere Arbeit geleistet und ihm auch keine Wärme zugeführt, so wird nach dem 1. Hauptsatz die exotherme Wärmetönung allein die innere Energie verändern:

$$U_2 - U_1 = \Delta U < 0. \tag{1.153}$$

Mit der Erkenntnis, daß die Gesamtentropie beim Ablauf von Reaktionen zunimmt, wurde dieses Prinzip nicht länger haltbar. *Van't Hoff* (1883) berichtigte das *Berthelot*sche Prinzip dahingehend, daß er als Triebkraft der Reaktion die freie Energie in Form der Ungleichung

$$F_2 - F_1 = \Delta F < 0 \tag{1.154}$$

einführte. Durch umfangreiche Messungen an Reaktionen im Tieftemperaturbereich stellte *Nernst* (1906) fest, daß dort die *Berthelot*sche Aussage mit der von *van't Hoff* zusammenfällt, d. h.,

$$\lim_{T \to 0} \Delta U \to \lim_{T \to 0} \Delta F$$

oder

$$\lim_{T \to 0} (\Delta U - \Delta F) \to 0 . \tag{1.155}$$

Eine ähnliche Beziehung gilt für die Enthalpie und die freie Enthalpie:

$$\lim_{T \to 0} (\Delta H - \Delta G) \to 0 . \tag{1.156}$$

Nach diesem Befund muß der Verlauf von ΔU und ΔF bei niedrigen Temperaturen ineinander übergehen, wie es Abb. 7 zeigt.
In dem Bereich, in dem die Steigung von ΔU und ΔF übereinstimmt, gilt mathematisch auch

$$\lim_{T \to 0} \frac{\Delta U - \Delta F}{T} \to 0 . \tag{1.157}$$

Die vorstehende Gleichung kann als Aussage des von *Nernst* vorgeschlagenen »Neuen Wärmesatzes« angesehen werden. *Planck* (1906) erweiterte das *Nernst*sche »Wärmetheorem« (»3. Hauptsatz«) durch die weitergehende Aussage, daß die Gln. (1.155) bis (1.157) nicht nur für die Differenzen der thermodynamischen Potentiale, sondern auch für U und F bzw. H und G gelten, z. B.

$$\lim_{T \to 0} (U - F) \to 0 \tag{1.158}$$

und

$$\lim_{T \to 0} \frac{U - F}{T} \to 0 . \tag{1.159}$$

Diese *Planck*sche Formulierung des 3. Hauptsatzes ist zwar zunächst willkürlich; sie hat sich jedoch als widerspruchsfrei erwiesen und beinhaltet eine Reihe von Folgerungen, deren wichtigste nachstehend aufgeführt sind.

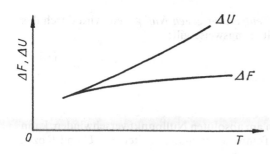

Abb. 7. Verlauf von ΔU bzw. ΔF im Bereich niedriger Temperaturen (schematisch)

Erste Folgerung

Mit der Definitionsgleichung der freien Energie [Gl. (1.113)]

$$F = U - TS$$

erhält man

$$\lim_{T \to 0} \frac{U - F}{T} = \lim_{T \to 0} \left(\frac{U - (U - TS)}{T} \right) = \lim_{T \to 0} S \to 0 . \tag{1.160}$$

Diese (*Planck*sche) Folgerung besagt, daß die *Nullpunktsentropie eines Stoffes verschwindet.* Mit der Aussage entfällt die Integrationskonstante $S(T = 0)$ in den Gln. (1.96) und (1.97), und man erhält

$$\int_{T=0}^{T} dS = S(T) - S(T = 0) = S(T) . \tag{1.161}$$

Damit kann die Entropie als einzige thermodynamische Größe in ihren Absolutwerten angegeben werden.

Zweite Folgerung

Mit der *Planck*schen Aussage des 3. Hauptsatzes gehen die Gln. (1.96) und (1.97) über in

$$S(T, V) = \int_{0}^{T} \frac{C_v}{T} \, dT \tag{1.162}$$

und

$$S(T, p) = \int_{0}^{T} \frac{C_p}{T} \, dT . \tag{1.163}$$

Mit

$$\lim_{T \to 0} S \to 0$$

muß weiterhin gelten

$$\lim_{T \to 0} C_v \to 0 \tag{1.164}$$

und

$$\lim_{T \to 0} C_p \to 0 . \tag{1.165}$$

Daß die *Wärmekapazitäten mit abnehmender Temperatur gegen Null* gehen, wird durch das *Debye*-T^3-Gesetz (1912) bestätigt, wonach näherungsweise gilt:

$$C_v = \alpha T^3 , \tag{1.166}$$

mit α als einer charakteristischen Stoffkonstanten.

Dritte Folgerung

Mit der Forderung, daß die Wärmekapazitäten am absoluten Nullpunkt verschwinden, kann nunmehr die bisher unbekannte Steigung der Temperaturabhängigkeiten von U und F bzw.

H und G am absoluten Nullpunkt angegeben werden. Mit den Gln. (1.45) und (1.46) gilt für den Übergang $T \to 0$

$$\lim_{T \to 0} C_v = \lim_{T \to 0} \left(\frac{\partial U}{\partial T}\right)_v \to 0 \qquad (1.167)$$

und

$$\lim_{T \to 0} C_p = \lim_{T \to 0} \left(\frac{\partial H}{\partial T}\right)_p \to 0. \qquad (1.168)$$

Damit besitzen U und H bei $T = 0$ die Steigung Null.
Nach den vorher besprochenen Gln. (1.155) und (1.156) muß sich am absoluten Nullpunkt F an U und G an H anschmiegen. Damit wird auch

$$\lim_{T \to 0} \left(\frac{\partial F}{\partial T}\right)_v \to 0 \qquad (1.169)$$

und

$$\lim_{T \to 0} \left(\frac{\partial G}{\partial T}\right)_p \to 0 \qquad (1.170)$$

Da nun die Steigungen von U und F am absoluten Nullpunkt gleich Null sind, ergibt sich der in Abb. 8 dargestellte Verlauf in Abhängigkeit von der Temperatur.
Mit der *Gibbs-Helmholtz*-Gleichung (1.127), die in analoger Form auch für die Größen U und F gilt, ergibt sich, daß *am absoluten Nullpunkt F und U bzw. G und H identisch werden.*

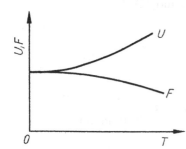

Abb. 8. Verlauf von U und F bis zum absoluten Nullpunkt (schematisch)

Vierte Folgerung

Wenn nach der *Planck*schen Formulierung des 3. Hauptsatzes die Entropie am absoluten Nullpunkt gleich Null gesetzt werden kann, müssen alle Isochoren im Entropie-Temperatur-Diagramm durch den Koordinatenursprung gehen (Abb. 9). Das Bild macht deutlich, daß es nicht möglich ist, durch einen endlichen Zyklus aufeinanderfolgender isothermer und adiabatischer Prozeßschritte (isotherme Kompression + adiabatische Expansion) den Koordinatenursprung, d. h. den absoluten Nullpunkt, zu erreichen. $\Big($ Die Unerreichbarkeit des absoluten Nullpunkts läßt sich auch nachweisen, wenn im T-S-Diagramm anstelle von Isochoren Isobaren eingetragen werden, da $\left(\dfrac{dS}{dT}\right)_p - \left(\dfrac{\partial S}{\partial T}\right)_v = \dfrac{C_p}{T} - \dfrac{C_v}{T} = \dfrac{R}{T}$ ist. $\Big)$ Damit ist der 3. Hauptsatz gleichbedeutend mit der Aussage: *Es ist unmöglich, den absoluten Nullpunkt der Temperatur zu erreichen.*

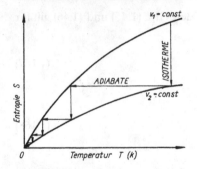

Abb. 9. Verlauf zweier Isochoren im Entropie-Temperatur-Diagramm bis zum absoluten Nullpunkt (schematisch)

Standardentropien

Obgleich sich mit dem *Planck*schen Postulat *Absolutwerte der Entropie* berechnen lassen, macht man bei thermodynamischen Berechnungen meist von den *Standardentropien* Gebrauch, deren Standardzustand mit dem der Enthalpie übereinstimmt. Damit gilt

$$S(T) = S^0(298) + \int_{298}^{T} C_p \, d\ln T \,. \tag{1.171}$$

Standardentropien $S^0(298)$ der Elemente und zahlreicher Verbindungen findet man in den einschlägigen Tabellenwerken.

Beispiele

● Berechnen Sie die Entropie von 1 Mol O_2-Gas bei 150 °C und 150 bar!

gegeben: $S^0(298) = 205 \, \text{J mol}^{-1} \, \text{K}^{-1}$

$\qquad C_p \quad = (29{,}96 + 4{,}18 \cdot 10^{-3} T - 1{,}7 \cdot 10^5 T^{-2}) \, \text{J(mol K)}^{-1} \,.$

Lösung

$$S(T) = S^0(298) + \int_{298}^{T} C_p \frac{dT}{T}$$

$$S(423, p = 1) = 205 + \int_{298}^{423} \frac{29{,}96 + 4{,}18 \cdot 10^{-3} T - 1{,}7 \cdot 10^5 T^{-2}}{T} \, dT \, \text{J(mol K)}^{-1}$$

$$= 215{,}56 \, \text{J(mol K)}^{-1} \,.$$

Wird das Gas auch nach der Verdichtung als ideal angesehen, dann ist

$$V = \frac{RT}{p} \quad \text{und} \quad \left(\frac{\partial V}{\partial T}\right)_p = \frac{R}{p}$$

$$S(423, p = 150) - S(423, p = 1) = -\int_{1}^{150} \left(\frac{\partial V}{\partial T}\right)_p dp = -\int_{1}^{150} \frac{R}{p} \, dp$$

$$S(423, p = 150) = S(423, p = 1) - R \int_{1}^{150} \frac{dp}{p}$$

$$= 215{,}56 \, \text{J(mol K)}^{-1} - (8{,}314 \, \text{J(mol K)}^{-1}) \ln 150$$

$$= 174 \, \text{J(mol}^{-1} \, \text{K)}^{-1} \,.$$

- Berechnen Sie die Änderung der Gesamtentropie bei dem (reversiblen) Schmelzvorgang des Eisens bei Atmosphärendruck!

gegeben: Schmelzpunkt $T(s \rightarrow l)$ $= 1809$ K

Schmelzenthalpie $H(s \rightarrow l) = 13765$ J mol^{-1}.

Lösung

Bei der Lösung derartiger Aufgaben muß man sich vergegenwärtigen, daß neben dem eigentlichen System aufgrund des Austauschens von Wärme und Arbeit die *Umgebung* mit in Rechnung gestellt werden muß. Erst diese Bilanz liefert den aussagekräftigen Wert der Änderung der Entropie, d. h.,

$$dS_{ges} = dS_{Umg} + dS_{Syst} \, .$$

Bei der obigen Aufgabenstellung muß die Umgebung den zum Schmelzen notwendigen Wärmebetrag liefern (Wärme verläßt die Umgebung: negatives Vorzeichen!). Damit wird die Entropieänderung der Umgebung

$$\Delta S_{Umg} = - \frac{Q_{rev}}{T} = - \frac{H(s \rightarrow l)}{T(s \rightarrow l)}$$

$$= - \frac{13765 \text{ J mol}^{-1}}{1809 \text{ K}} = -7{,}61 \text{ J(mol K)}^{-1} \, .$$

Da der Vorgang reversibel abläuft, wird die gesamte von der Umgebung gelieferte Wärme ohne Abzug in das System (positives Vorzeichen!) eingebracht, d. h.,

$$\Delta S_{Syst} = \frac{H(s \rightarrow l)}{T(s \rightarrow l)} = 7{,}61 \text{ J(mol K)}^{-1} \, .$$

Damit ergibt sich für die Änderung der Gesamtentropie ein Wert von $\Delta S_{ges} = 0$, der nach den Kriterien des 2. Hauptsatzes Ausdruck für das Gleichgewicht der koexistierenden Phasen fest/flüssig ist.

- Berechnen Sie die Änderung der Gesamtentropie, wenn 100 g flüssiges Eisen bei einer Unterkühlung von 100 K spontan erstarren!

gegeben: M_{Fe} $= 56$ g mol^{-1}

m $= 100$ g

$C_p(s)$ $= (37{,}125 + 6{,}167 \cdot 10^{-3}T - 238{,}15 T^{-1/2})$ J(mol K)$^{-1}$

$C_p(l)$ $= 41{,}8$ J(mol K)$^{-1}$

$T(s \rightarrow l)$ $= 1809$ K

$H(s \rightarrow l)$ $= 13765$ J mol^{-1}.

Lösung

Die Entropiezunahme des nunmehr irreversiblen Erstarrungsvorgangs ergibt sich wiederum aus der Summe der Entropieänderungen des Systems und der Umgebung ($T_{Umg} = 1709$ K):

$$\Delta S_{ges} = \Delta S_{Syst} + \Delta S_{Umg} \, .$$

Dies erfolgt aus den gegebenen Daten mit Hilfe des *Kirchhoff*schen Satzes nach folgendem Schema:

$$
\begin{array}{ccc}
\text{Fe(l)} & \text{Fe(s)} & \\
\downarrow & \downarrow & \\
1809 \rightarrow \text{b} \rightarrow & - \text{c} & \\
\updownarrow & \downarrow & \\
\uparrow & \downarrow & \\
1709 \rightarrow \text{a} \rightarrow & - \text{d} &
\end{array}
$$

$$\Delta S(\text{a} \rightarrow \text{b}) + \Delta S(\text{b} \rightarrow \text{c}) + \Delta S(\text{c} \rightarrow \text{d}) = \Delta S_{\text{Syst}} = \Delta S(\text{a} \rightarrow \text{d})$$

$$n = \frac{m_{\text{Fe}}}{M_{\text{Fe}}} = \frac{100 \text{ g}}{56 \text{ g mol}^{-1}} = 1,79 \text{ mol}$$

$$\Delta S(\text{a} \rightarrow \text{d}) = 1,79 \left[\int_{1709}^{1809} \frac{C_p(\text{l})}{T} \, \mathrm{d}T + \frac{H(\text{l} \rightarrow \text{s})}{T(\text{l} \rightarrow \text{s})} + \int_{1809}^{1709} \frac{C_p(\text{s})}{T} \, \mathrm{d}T \right]$$

$$\Delta S(\text{a} \rightarrow \text{b}) = n \int_{1709}^{1809} \frac{C_p(\text{l})}{T} \, \mathrm{d}T$$

$$= 1,79 \text{ mol} \cdot 41,8 \text{ J(mol K)}^{-1} (\ln 1809 - \ln 1709)$$

$$= 4,2589 \text{ J K}^{-1}$$

$$\Delta S(\text{b} \rightarrow \text{c}) = -n \frac{H(\text{s} \rightarrow \text{l})}{T(\text{s} \rightarrow \text{l})}$$

$$= -1,79 \text{ mol} \frac{13765 \text{ J mol}^{-1}}{1809 \text{ K}}$$

$$= -13,6204 \text{ J K}^{-1}$$

$$\Delta S(\text{c} \rightarrow \text{d}) = n \int_{1809}^{1709} \frac{C_p(\text{s})}{T} \, \mathrm{d}T$$

$$= 1,79 \text{ mol} \int_{1809}^{1709} \frac{1}{T} (37,125 + 6,167 \cdot 10^{-3} T - 238,15 T^{-1/2}) \, \mathrm{d}T \text{ J(mol K)}^{-1}$$

$$= 1,79 \text{ mol} \int_{1809}^{1709} \left(37,125 \frac{1}{T} + 6,167 \cdot 10^{-3} - 238,15 T^{-3/2} \right) \mathrm{d}T \text{ J(mol K)}^{-1}$$

$$= 1,79 \text{ mol}(37,125 \ln T|_{1809}^{1709} + 6,167 \cdot 10^{-3} T|_{1809}^{1709}$$
$$+ 238,15 \cdot 2 T^{-1/2}|_{1809}^{1709}) \text{ J(mol K)}^{-1}$$

$$= 1,79 \text{ mol}(-2,1112 - 0,6167 + 0,3230) \text{ J(mol K)}^{-1}$$

$$= -4,3049 \text{ J K}^{-1}$$

$$\Delta S_{\text{Syst}} = (4,2589 - 13,6204 - 4,3049) \text{ J K}^{-1}$$

$$= -13,6664 \text{ J K}^{-1}$$

$$\Delta S_{\text{Umg}} = - \frac{\Delta H(\text{a} \rightarrow \text{d})}{T_{\text{Umg}}}$$

$$\Delta H(a \to d) = \Delta H(a \to b) + \Delta H(b \to c) + \Delta H(c \to d)$$

$$\Delta H(a \to b) = n \int_{1709}^{1809} C_p(l)\, dT$$

$$= 1{,}79 \text{ mol} \cdot 41{,}80 \text{ J(mol K)}^{-1} \cdot 100 \text{ K}$$

$$= 7489 \text{ J}$$

$$\Delta H(b \to c) = nH(l \to s)$$

$$= 1{,}79 \text{ mol } (-13\,765) \text{ J mol}^{-1}$$

$$= -24\,640{,}0 \text{ J}$$

$$\Delta H(c \to d) = n \int_{1809}^{1709} C_p(s)\, dT$$

$$= 1{,}79 \text{ mol} \int_{1809}^{1709} (37{,}125 + 6{,}167 \cdot 10^{-3}T - 238{,}15 T^{-1/2})\, dT \text{ J mol}^{-1}$$

$$= 1{,}79 \text{ mol} \left(37{,}125 T \Big|_{1809}^{1709} + 6{,}167 \cdot 10^{-3} \frac{T^2}{2} \Big|_{1809}^{1709} \right.$$

$$\left. - 238{,}15 \cdot 2 T^{1/2} \Big|_{1809}^{1709} \right) \text{ J mol}^{-1}$$

$$= 1{,}79 \text{ mol } (-3712{,}5 - 1084{,}83 - 567{,}89) \text{ J mol}^{-1}$$

$$= -9603{,}66 \text{ J}$$

$$\Delta H(a \to d) = (7489 - 24\,640{,}0 - 9603{,}66) \text{ J}$$

$$= -26\,754{,}7 \text{ J}$$

$$\Delta S_{\text{Umg}} = - \frac{\Delta H(a \to d)}{T_{\text{Umg}}}$$

$$= - \frac{-26\,754{,}7 \text{ J}}{1709 \text{ K}}$$

$$= 15{,}655 \text{ J K}^{-1}.$$

Mit den beiden Teilergebnissen erhält man die Entropieänderung des Gesamtsystems zu

$$\Delta S_{\text{ges}} = \Delta S_{\text{irr}} = \Delta S_{\text{Syst}} + \Delta S_{\text{Umg}}$$

$$= (-13{,}6664 + 15{,}655) \text{ J K}^{-1}$$

$$= 1{,}989 \text{ J K}^{-1} \text{ (für 100 g Fe)}.$$

Der positive Wert der Entropieänderung zeigt die Irreversibilität des Erstarrungsvorgangs bei einer Unterkühlung an.

- Berechnen Sie die Gesamtentropie bei 800 °C für die von links nach rechts ablaufende Reaktion

$$2\,\text{Al} + 3/2\,\text{O}_2 \rightleftharpoons \text{Al}_2\text{O}_3$$

gegeben: Schmelzpunkt von Aluminium $T(s \to l) = 660\,°\text{C} \cong 933 \text{ K}$ sowie die in der folgenden Tabelle zusammengestellten Daten

Element/ Ver- bindung	$H^0(298)$ kJ mol^{-1}	$S^0(298)$ J(mol K)$^{-1}$	C_p J(mol K)$^{-1}$	Temp.- Bereich K	$H(s \to l, Al)$ J mol^{-1}
Al(s)	0	28,33	$20{,}67 + 1{,}24 \cdot 10^{-2}T$	298 ... m. p. $\left.\right\}$	10462
Al(l)	0		31,8	m. p. ... 2400	
O_2	0	205,0	$29{,}96 + 4{,}18 \cdot 10^{-3}T$ $- 1{,}7 \cdot 10^5 T^{-2}$	298 ... 3000	
Al_2O_3	$-1677{,}4$	51,0	$106{,}61 + 1{,}78 \cdot 10^{-2}T$ $- 2{,}85 \cdot 10^6 T^{-2}$	298 ... 1800	

Lösung

$$\Delta S_{ges} = \Delta S_{Syst} + \Delta S_{Umg}.$$

Bei der vorliegenden exothermen Reaktion nimmt die Umgebung die bei der Reaktionstemperatur vom System abgegebene Wärme auf.
Damit erhält man die Entropieänderung der Umgebung:

$$\Delta S_{Umg} = - \frac{\Delta H(T)}{T_{Umg}}$$

$$\Delta H(T) = \Delta H^0(298) + \int_{298}^{933} \Delta C_p(I)\, dT - 2H(s \to l, Al) + \int_{933}^{1073} \Delta C_p(II)\, dT$$

$$= -1697143 \text{ J mol}^{-1}.$$

$\Delta C_p(I)$ und $\Delta C_p(II)$ unterscheiden sich um die unterschiedlichen C_p-Funktionen des festen und des flüssigen Aluminiums. Mit dem Wert von $\Delta H(T)$ ergibt sich die Entropieänderung der Umgebung zu

$$\Delta S_{Umg} = \frac{1697143 \text{ J mol}^{-1}}{1073 \text{ K}} = 1582 \text{ J(mol K)}^{-1}.$$

Die Entropie des Systems ergibt sich mit

$$\Delta S^0(298) = S^0(298, Al_2O_3) - 2S^0(298, Al) - \tfrac{3}{2} S^0(298, O_2)$$

sowie den integrierten C_p-Reihenfunktionen und der Erstarrungsentropie zu

$$\Delta S_{Syst} = \Delta S^0(298) + \int_{298}^{933} \Delta C_p(I)\, d\ln T - \frac{2H(s \to l, Al)}{T} + \int_{933}^{1073} \Delta C_p(II)\, d\ln T$$

$$= -293{,}3 \text{ J(mol K)}^{-1}.$$

Damit ergibt sich für die Änderung der Gesamtentropie

$$\Delta S_{ges} = \Delta S_{irr} = \Delta S_{Umg} + \Delta S_{Syst}$$
$$= (1582 - 293{,}3) \text{ J(mol K)}^{-1}$$
$$= 1288 \text{ J(mol K)}^{-1}.$$

Der hohe positive Wert von ΔS_{ges} zeigt, daß die Reaktion bei dieser Temperatur stark irreversibel in Richtung der Bildung von Al_2O_3 abzulaufen vermag.

2 Gleichgewichte

Die im Abschnitt 1.9.6 aufgezeigten Gleichgewichtsbedingungen sollen nunmehr auf verschiedene Systeme angewendet werden. Hierzu gehören *Phasengleichgewichte, Gleichgewichte bei chemischen Reaktionen* sowie *Grenzflächengleichgewichte*.

2.1 Phasengleichgewichte in Einkomponenten-Systemen

2.1.1 Gleichgewicht zwischen Flüssigkeit und Gasphase

Für den Gleichgewichtsfall gilt

$$\mathrm{d}g = 0\,.$$

Das bedeutet für 1 Mol Flüssigkeit/Dampf

$$\mathrm{d}G = \mathrm{d}G(\mathrm{g}) - \mathrm{d}G(\mathrm{l}) = 0$$

oder

$$\mathrm{d}G(\mathrm{g}) = \mathrm{d}G(\mathrm{l})\,. \tag{2.1}$$

Eingesetzt in Gl. (1.124), erhält man (mit $n = 1$)

$$[V(\mathrm{g}) - V(\mathrm{l})]\,\mathrm{d}p - [S(\mathrm{g}) - S(\mathrm{l})]\,\mathrm{d}T = 0$$

und bei konstanter Temperatur

$$[V(\mathrm{g}) - V(\mathrm{l})]\,\mathrm{d}p = 0\,.$$

Da der Klammerausdruck stets eine endliche Größe ist, kann nur $\mathrm{d}p = 0$ werden. Die Integration ergibt

$$p(T) = \mathrm{const}\,, \tag{2.2}$$

d. h., jede Flüssigkeit besitzt bei gegebener Temperatur einen ganz bestimmten Dampfdruck. Von der Masse der Flüssigkeit oder ihrem Volumen ist der Dampfdruck unabhängig.

2.1.2 *Clausius-Clapeyron*sche Gleichung

Diese Gleichung ermöglicht u. a. die Berechnung der Druckabhängigkeit des Schmelz-, Verdampfungs- und Umwandlungspunktes von Stoffen. Die *Clausius-Clapeyron*sche Gleichung soll am Beispiel eines Einstoffsystems abgeleitet werden, wobei die feste Phase am Schmelzpunkt mit der Flüssigkeit im Gleichgewicht stehen soll.

Nach dem 2. Hauptsatz gilt

$G(s) > G(l)$: fest → flüssig;   Feststoff schmilzt

$G(s) = G(l)$: fest ⇌ flüssig;   Gleichgewicht $\Delta G = 0$

$G(s) < G(l)$: fest ← flüssig;   Flüssigkeit erstarrt .

Analog Gl. (2.1) gilt für das Gleichgewicht fest/flüssig

$$dG(l) - dG(s) = 0$$

oder

$$d[G(l) - G(s)] = 0 .$$

Hieraus folgt

$$d[G(l) - G(s)] = \left[\frac{\partial[G(l) - G(s)]}{\partial T}\right]_p dT + \left[\frac{\partial[G(l) - G(s)]}{\partial p}\right]_T dp = 0 . \tag{2.3}$$

Stellt man die Gleichung in der Form

$$\frac{dp}{dT} = -\frac{\left[\dfrac{\partial[G(l) - G(s)]}{\partial T}\right]_p}{\left[\dfrac{\partial[G(l) - G(s)]}{\partial p}\right]_T} \tag{2.4}$$

um, so stellt diese eine Tangente an die Dampfdruckkurve dar. Gl. (2.4) läßt sich mit Verwendung von Tabelle 6 umformen in

$$\frac{dp}{dT} = \frac{S(l) - S(s)}{V(l) - V(s)} = \frac{S(s \to l)}{V(s \to l)} . \tag{2.5}$$

Da der Schmelzvorgang bei Gleichgewichtstemperatur ein reversibler Prozeß ist, läßt sich die Entropie ausdrücken durch

$$S(s \to l) = \frac{Q_{rev}}{T(s \to l)} = \frac{H(s \to l)}{T(s \to l)} . \tag{2.6}$$

Damit erhält man

$$\frac{dp}{dT} = \frac{H(s \to l)}{T(s \to l)\,[V(l) - V(s)]} . \tag{2.7}$$

Diese Form der Gleichung wird *Clausius-Clapeyronsche Gleichung* genannt.

In den Gleichungen bedeuten

$S(s \to l)$ molare Schmelzentropie
$H(s \to l)$ molare Schmelzenthalpie
$T(s \to l)$ Temperatur des Schmelzpunktes
$V(l)$ molares Volumen der Flüssigkeit
$V(s)$ molares Volumen des Feststoffes.

Gl. (2.7) kann auf alle Umwandlungsgleichgewichte angewendet werden, vorausgesetzt, die jeweilige Umwandlungsenthalpie zusammen mit der entsprechenden Volumenänderung ist bekannt.

Die bisher vorgestellte Form der *Clausius-Clapeyron*schen Gleichung erlaubt es nicht, absolute Werte von Drücken oder Temperaturen zu berechnen. Hierzu muß die Gleichung integriert werden.

Wir betrachten den Fall, daß sich die Flüssigkeit eines beliebigen Stoffes mit dessen Dampf im Gleichgewicht befindet. Zur Ableitung der Gleichung werden folgende *vereinfachende Annahmen* gemacht:

- $V(g) \gg V(l)$,
- auf die Dampfphase ist das ideale Gasgesetz anwendbar,
- die Umwandlungsenthalpie $H(l \to g)$ soll im Temperatur- und Druckbereich konstant sein.

Mit diesen Annahmen folgt aus Gl. (2.7)

$$\frac{d \ln p}{dT} = \frac{H(l \to g)}{RT^2}.$$
(2.8)

Dieser Ausdruck wird vielfach als *Dampfdruckformel* bezeichnet. Die unbestimmte Integration liefert eine Gleichung der Form

$$\ln p = -\frac{A}{T} + B,$$
(2.9)

wobei A dem Quotienten $H(l \to g)/R$ und B einer Integrationskonstanten entspricht. Hiernach muß sich der Logarithmus des Dampfdruckes linear mit dem reziproken Wert der absoluten Temperatur ändern. Dies ist aus Abb. 10 zu ersehen.
Die bestimmte Integration der Gl. (2.8) zwischen den Grenzen 1 und 2 ergibt

$$\ln \frac{p_2}{p_1} = \frac{H(l \to g)}{R} \left[\frac{1}{T_1} - \frac{1}{T_2} \right].$$
(2.10)

Beispiel

Gleichgewicht fest/fest

- Berechnen Sie die Temperatur der Umwandlung vom grauen zum weißen Zinn

$$\alpha - \langle Sn \rangle \to \beta - \langle Sn \rangle$$

bei 21 bar!

gegeben: $T(\alpha \to \beta)$ = 286 K (bei 1 bar)
$\quad\quad\quad\quad H(\alpha \to \beta)$ = 2092 J mol^{-1}
$\quad\quad\quad\quad \varrho(\alpha)$ $\quad\quad$ = 5,8 g cm^{-3}
$\quad\quad\quad\quad \varrho(\beta)$ $\quad\quad$ = 6,56 g cm^{-3}
$\quad\quad\quad\quad M(Sn)$ $\quad$ = 119 g mol^{-1}
$\quad\quad\quad\quad$ 1 J $\quad\quad\quad \approx$ 10 cm^3 bar

Lösung

$$\frac{dT}{dp} = \frac{T \left(\dfrac{1}{\varrho(\beta)} - \dfrac{1}{\varrho(\alpha)} \right) M(Sn)}{H(\alpha \to \beta)}$$

$$= \frac{286 \text{ K} \left(\dfrac{1}{6,56 \text{ g cm}^{-3}} - \dfrac{1}{5,8 \text{ g cm}^{-3}} \right) \cdot 119 \text{ g mol}^{-1}}{2092 \text{ J mol}^{-1} \cdot 10 \text{ cm}^3 \text{ bar J}^{-1}}$$

$$= -0,032 \text{ K bar}^{-1}$$

$T(\alpha \to \beta, 21 \text{ bar}) = 286 \text{ K} - 20 \text{ bar} \cdot 0,032 \text{ K bar}^{-1} = 285,36 \text{ K}.$

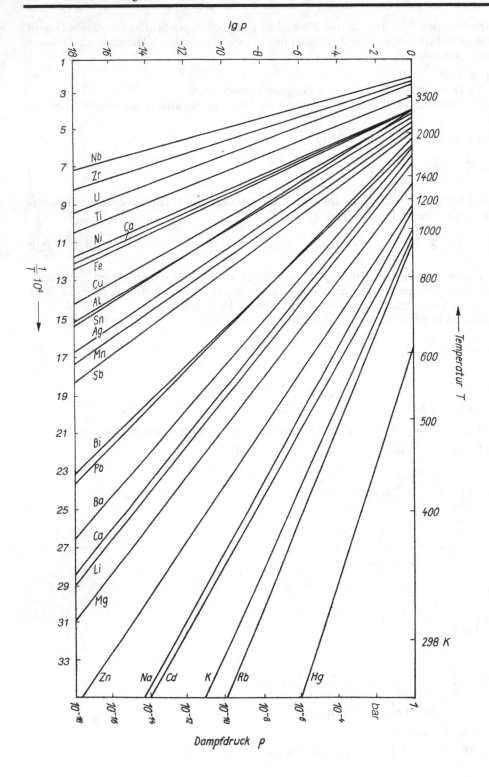

Gleichgewicht fest/flüssig

- Berechnen Sie die Schmelztemperatur von Eisen bei einem Druck von 21 bar!

gegeben: $T(s \to l) = 1809 \text{ K (bei 1 bar)}$
$H(s \to l) = 371 \text{ kJ mol}^{-1}$
$\varrho(l) = 7{,}01 \text{ g cm}^{-3}$
$\varrho(s) = 7{,}87 \text{ g cm}^{-3}$
$M(\text{Fe}) = 55{,}8 \text{ g mol}^{-1}$

Lösung

$$\frac{dT}{dp} = \frac{T(s \to l)\left(\dfrac{1}{\varrho(l)} - \dfrac{1}{\varrho(s)}\right) M(\text{Fe})}{H(s \to l)}$$

$$= \frac{1809 \text{ K} \left(\dfrac{1}{7{,}01 \text{ g cm}} - \dfrac{1}{7{,}87 \text{ g cm}^{-3}}\right) \cdot 55{,}8 \text{ g mol}^{-1}}{371 \text{ J mol}^{-1} \cdot 10^4 \text{ cm}^3 \text{ bar kJ}^{-1}}$$

$$= 4{,}24 \cdot 10^{-4} \text{ K bar}^{-1}$$

$$T(s \to 1{,}21 \text{ bar}) = 1809 \text{ K} + 4{,}24 \cdot 10^{-4} \text{ K bar}^{-1} \cdot 20 \text{ bar}$$

$$= 1809{,}00848 \text{ K} .$$

Aus beiden Beispielen ersieht man, daß bei kondensierten Phasen die Phasengleichgewichte (Zustandsdiagramme) nur geringfügig vom Druck abhängig sind. Bei normalen metallurgischen Prozessen kann diese Druckabhängigkeit vernachlässigt werden. Anders ist es bei Phasengleichgewichten fest/gasförmig oder flüssig/gasförmig, da das Volumen der Gasphase das der flüssigen um mehrere Zehnerpotenzen übersteigt.

Gleichgewicht flüssig/gasförmig

- Berechnen Sie die Verdampfungsenthalpie von Bismut!

gegeben: Dampfdrücke von Bismut bei zwei verschiedenen Temperaturen:

$T_1 = 1500 \text{ K};\quad p_1 = 35 \text{ mbar}$
$T_2 = 1800 \text{ K};\quad p_2 = 394{,}3 \text{ mbar}$
$R = 8{,}314 \text{ J mol}^{-1} \text{ K}^{-1}$

◄

Abb. 10. Temperaturabhängigkeit des Dampfdrucks der Elemente
Der Standarddampfdruck $p = 1$ bar wird bei folgenden Temperaturen (Siedetemperaturen in K) erreicht:

Hg	630	Mg	1376	Sb	2030	Sn	2990	Ti	3570
Rb	976	Li	1600	Mn	2320	Fe	2990	U	4450
K	1031	Ca	1762	Ag	2436	Co	2990	Zr	4600
Cd	1040	Ba	1900	Al	2700	Ni	2990	Nb	6000
Na	1156	Bi	1936	Cu	2843				
Zn	1165	Pb	2021						

Lösung

Gl. (2.10) liefert

$$H(\text{l} \to \text{g}) = \ln\left(\frac{394,3 \text{ mbar}}{35 \text{ mbar}}\right) 8,314 \text{ J mol}^{-1} \text{ K}^{-1} \frac{1}{\dfrac{1}{1500 \text{ K}} - \dfrac{1}{1800 \text{ K}}}$$

$$= 181 \text{ kJ mol}^{-1}.$$

2.1.3   *Dühring*sche Regel zur Abschätzung des Dampfdrucks von Elementen

Nach der *Dühring*schen Regel ist das Verhältnis der absoluten Temperaturen, bei denen der Dampfdruck zweier ähnlicher Substanzen der gleiche ist, eine Konstante:

$$\frac{T(\text{A}, p_\text{A} = 1 \text{ bar})}{T(\text{B}, p_\text{B} = 1 \text{ bar})} = \frac{T(\text{A, bei } p)}{T(\text{B, bei } p)} = \text{const}. \tag{2.11}$$

Betrachtet man z. B. die Elemente Kupfer und Silber, so wird die Temperaturabhängigkeit des Dampfdrucks durch folgende Funktionen beschrieben:

$$\lg p(\text{Cu}) = -\frac{17\,353}{T(\text{Cu})} - 1,41 \lg T(\text{Cu}) + 10,978$$

$$\lg p(\text{Ag}) = -\frac{14\,709}{T(\text{Ag})} - 1,53 \lg T(\text{Ag}) + 11,229.$$

Durch Gleichsetzen erhält man angenähert:

$$\frac{T(\text{Cu})}{T(\text{Ag})} \approx \frac{17\,353}{14\,709} \approx 1,18.$$

Das Verhältnis der Siedetemperaturen liefert:

$$\frac{T(\text{l} \to \text{g}, \text{Cu})}{T(\text{l} \to \text{g}, \text{Ag})} = \frac{2842}{2432} = 1,17.$$

Beide Zahlen stimmen hinreichend überein, womit z. B. hier die Brauchbarkeit der *Dühring*schen Regel erwiesen ist.

2.2   Chemisches Gleichgewicht

Die allgemein gültigen thermodynamischen Beziehungen werden nunmehr auf Systeme ausgedehnt, in denen chemische Reaktionen ablaufen. Dabei wird das System durch die gleichen Zustandsparameter beschrieben. Bei den chemischen Reaktionen ändern sich jedoch — entsprechend den stöchiometrischen Beziehungen — die Molzahlen. Grundaufgabe ist es wiederum, die Werte der Zustandsparameter für den Gleichgewichtszustand zu berechnen.

2.2.1 Massenwirkungsgesetz

2.2.1.1 Kinetische Herleitung des Massenwirkungsgesetzes

Eine chemische Reaktion

$$a\text{A} + b\text{B} \leftrightarrows c\text{C} + d\text{D}$$

läuft sowohl von links nach rechts als auch von rechts nach links ab. Die Geschwindigkeiten dieser Umsätze sind meist jedoch unterschiedlich, so daß sich eine Endlage einstellt, die zugunsten einer Seite verschoben ist. Diese Endlage ist ein *dynamisches Gleichgewicht*, in dem die Geschwindigkeiten der Hin- und Rückreaktionen im Mittel den gleichen Wert besitzen. *Guldberg* und *Waage* (1867) stellten fest, daß »die Geschwindigkeit einer chemischen Reaktion proportional den aktiven Massen der Reaktionsteilnehmer ist«. Die »*aktiven Massen*« sind bei reinen Stoffen deren *Konzentrationen* oder im Falle gasförmiger Reaktionsteilnehmer deren *Partialdrücke*

$$p_\text{A} = P x_\text{A}, \tag{2.12}$$

wobei P der Gesamtdruck und x_A der Molenbruch ist, d. h.,

$$x_\text{A} = \frac{n_\text{A}}{\sum n} = \frac{\text{Anzahl der Mole A}}{\text{Gesamtanzahl aller Mole}}. \tag{2.13}$$

Die Geschwindigkeit der Reaktion von links nach rechts ist

$$v_1 = k_1 [\text{A}]^a [\text{B}]^b$$

und von rechts nach links

$$v_2 = k_2 [\text{C}]^c [\text{D}]^d.$$

Im Gleichgewicht ist die Geschwindigkeit der Hinreaktion gleich der der Rückreaktion, d. h.,

$$v_1 = v_2$$

oder

$$k_1 [\text{A}]^a [\text{B}]^b = k_2 [\text{C}]^c [\text{D}]^d$$

bzw. mit

$$k_1/k_2 = K_c$$

$$K_c = \frac{k_1}{k_2} = \frac{[\text{C}]^c [\text{D}]^d}{[\text{A}]^a [\text{B}]^b} \tag{2.14}$$

K_c Gleichgewichtskonstante der Reaktion.

Vereinbarungsgemäß stehen die Konzentrationen der Reaktionsprodukte im Zähler, die der Ausgangsstoffe im Nenner. Die Gleichgewichtskonstante ist von der Temperatur abhängig. Für Reaktionen mit idealen gasförmigen Reaktionspartnern gilt

$$K_p = \frac{p_C^c\, p_D^d}{p_A^a\, p_B^b}. \tag{2.15}$$

2.2.1.2 Beziehung zwischen den Gleichgewichtskonstanten K_p und K_c

Ist [A] die molare Konzentration für ideale Gase von A (Anzahl Mole je Einheitsvolumen), so kann für eine Gasreaktion

$$a\text{A} + b\text{B} \leftrightarrows c\text{C} + d\text{D}$$

eine Beziehung zwischen K_p und K_c hergestellt werden.

Für ein Mol eines idealen Gases gilt

$$[A] = 1/V$$

und

$$p_A V = RT$$

bzw.

$$p_A = [A]\,RT\,. \tag{2.16}$$

Mit Gl. (2.15) erhält man

$$K_p = \frac{([C]\,RT)^c\,([D]\,RT)^d}{([A]\,RT)^a\,([B])\,RT)^b}$$

oder

$$K_p = K_c (RT)^{\Delta n}\,, \tag{2.17}$$

wobei

$$\Delta n = \quad (c + d) \quad - \quad (a + b)$$

| Anzahl der Mole rechte Seite | Anzahl der Mole linke Seite |

Bei $\Delta n = 0$, d. h. keiner Änderung der Molzahlen, wird $K_p = K_c$.

2.2.1.3   Technisch wichtige Gleichgewichtsreaktionen

Boudouard-Reaktion

Als Beispiel für ein *heterogenes* Gleichgewicht sei die *Boudouard*-Reaktion genannt:

$$C(s) + CO_2(g) \rightleftharpoons 2\,CO(g)\,.$$

Die Gleichgewichtskonstante lautet

$$K_p = \frac{p_{CO}^2}{p_{CO_2}}\,.$$

Der Kohlenstoff als Graphit ist ein reiner kondensierter Stoff. An späterer Stelle wird gezeigt, daß er in diesem Falle mit dem Zahlenwert 1 in das Massenwirkungsgesetz eingeht. Der Zahlenwert der Gleichgewichtskonstanten wird in Abhängigkeit von der Temperatur experimentell bestimmt. Die graphische Auswertung in der Form

$$\lg K_p = f(1/T)$$

liefert eine Gerade

$$\lg K_p = A + B/T$$

A und B Konstanten.

Geläufiger ist die graphische Darstellung des *Boudouard*-Gleichgewichtes in der Form

$$p_{CO}/(p_{CO} + p_{CO_2}) = f(\vartheta)\,.$$

Die Gleichgewichtskonstante K_p ergibt zusammen mit der Beziehung

$$p = p_{CO} + p_{CO_2}$$

die Verknüpfung

$$K_p = (p - p_{CO_2})^2/p_{CO_2}$$

oder

$$p_{CO_2}^2 - p_{CO_2}(K_p + 2p) + p^2 = 0.$$

Durch Auflösung dieser Gleichung lassen sich bei Kenntnis der Gleichgewichtskonstante die in Abb. 11 dargestellten Isobaren berechnen.

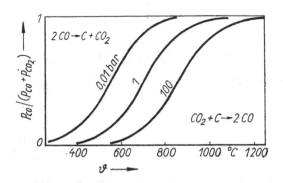

Abb. 11. *Boudouard*-Gleichgewicht in der Form $p_{CO}/(p_{CO} + p_{CO_2}) = f(\vartheta)$

Glühen eines Metalls unter Kontrollatmosphäre

Um die Bedeutung der Gleichgewichtskonstanten zu demonstrieren, betrachten wir Eisen, das bei höheren Temperaturen einer CO/CO_2-Atmosphäre ausgesetzt wird. Hierbei stellt sich das Gleichgewicht folgender Reaktionen ein:

$$CO_2(g) + Fe(s) \rightleftharpoons FeO(s) + CO(g).$$

Die Gleichgewichtskonstante lautet

$$K = \left(\frac{p_{CO}}{p_{CO_2}}\right)_{Gl}.$$

Experimentell bestimmte Werte der Gleichgewichtskonstanten $K = f(T)$ sind

T [°C]	500	700	1000
K	0,83	1,43	2,5

Gibt man ein Gasgemisch des Verhältnisses $p_{CO}/p_{CO_2} = 1,5$ vor, so wäre bei 700 °C CO im Überschuß vorhanden, da

$$\frac{p_{CO}}{p_{CO_2}} > \left(\frac{p_{CO}}{p_{CO_2}}\right)_{Gl}.$$

Festes Eisen würde bei dieser Temperatur durch diese Gasmischung somit nicht oxydiert werden. Vielmehr ließe sich sogar Eisenoxid (FeO) durch das Gasgemisch zu Eisen reduzieren. Bei 1000 °C würde jedoch die gleiche Gasmischung oxydierenden Charakter aufweisen. Das Beispiel verdeutlicht, wie wichtig neben der Angabe der Gaszusammensetzung bei Glühprozessen die Angabe der Temperatur ist.

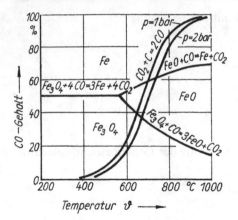

Abb. 12. Existenzgebiete der Eisenoxide in Abhängigkeit von Temperatur und Gaszusammensetzung

Existenzgebiete der Eisenoxide in Abhängigkeit von Temperatur und CO/CO$_2$-Gemisch

Die Kenntnis der Gleichgewichtslage der Reaktionen

$$3\,Fe_2O_3 + \quad CO \rightleftharpoons 2\,Fe_3O_4 + \quad CO_2 \tag{I}$$

$$Fe_3O_4 + \quad CO \rightleftharpoons 3\,FeO \quad + \quad CO_2 \tag{II}$$

$$Fe_3O_4 + 4\,CO \rightleftharpoons 3\,Fe \quad + 4\,CO_2 \tag{III}$$

$$FeO \quad + \quad CO \rightleftharpoons \quad Fe \quad + \quad CO_2 \tag{IV}$$

ist wichtig für alle Reduktionsvorgänge, bei denen CO/CO$_2$-Gasgemische beteiligt sind. Die Gleichgewichtskonstante lautet für alle Reaktionen

$$K_p = p_{CO_2}/p_{CO}\,.$$

Für die Reaktionen (I) und (IV) wird die Konstante K mit steigender Temperatur kleiner, für die Reaktion (II) größer und für die Reaktion (III) bleibt sie konstant (vgl. Abb. 12).

Hochofen-Diagramm

Da im Hochofen das aufsteigende CO/CO$_2$-Gasgemisch mit dem festen Kohlenstoff (Koks) in Berührung kommt, überlagert sich den vorgenannten Gleichgewichten die *Boudouard*-Reaktion. In diesem Falle wird nach Abb. 13 bei Temperaturen oberhalb 1000 °C alles bei

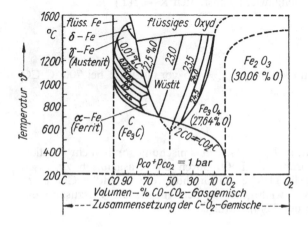

Abb. 13. Hochofendiagramm (*Bauer-Glaessner*-Diagramm)

der Reduktion entstandene CO_2 durch den Kohlenstoff zu CO reduziert. Bei niedrigeren Temperaturen, wie sie im oberen Schacht des Hochofens auftreten, kann jedoch — ohne Anwesenheit von Kohlenstoff — ein CO-Zerfall einsetzen.

Rist-Diagramm
(Darstellung der Reduktion von oxidischen Erzen in Gegenstromreaktoren)

Rist lieferte 1962 eine schematische Darstellung der Reduktion des Eisenerzes im Gegenstromreaktor (Hochofen). Er kombinierte die Reduktion der Eisenoxide mit der Oxidation des Reduktionsmittels, dem Kohlenstoff. Abb. 14 zeigt das graphische Schema, bei dem auf der Abszisse das im Hochofen vorliegende Sauerstoff/Kohlenstoff-Verhältnis (n_O/n_C) und auf der Ordinate das Sauerstoff/Eisen-Verhältnis (n_O/n_{Fe}) aufgetragen ist.
Der positive Ast der Ordinate repräsentiert die vom Erz eingebrachte Sauerstoffmenge. Das n_O/n_{Fe}-Verhältnis läuft bis zum Wert 1,5. Dieser Wert entspricht der maximalen Oxidationsstufe des Eisens, dem Hämatit (Fe_2O_3). Der negative Ast beschreibt den durch andere Sauerstoffträger (Gangart, Wind) eingebrachten Sauerstoff. Nicht nur der eingeblasene »Wind« (Heißwind) liefert Sauerstoff, im Diagramm durch den Ordinatenabschnitt z wiedergegeben, sondern auch die Reduktion verschiedener Gangartbestandteile, z. B. des Silicium (SiO_2)- und des Manganoxids (MnO), beschrieben durch den Ordinatenabschnitt b.

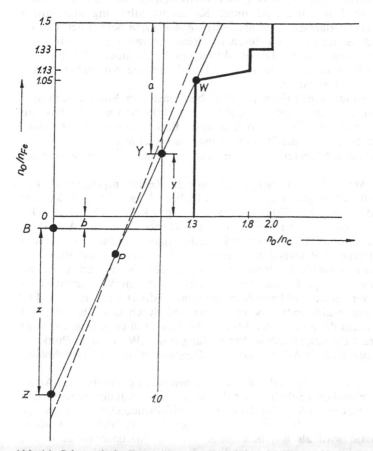

Abb. 14. Schematische Darstellung der Reduktion des Eisenoxids im Gegenstromreaktor (Hochofen); *Rist*-Diagramm

Unter der Voraussetzung, daß im Reduktionsgas (Hochofengas) kein Wasserdampf und kein Wasserstoff enthalten ist, entspricht der Wert $n_O/n_C = 1$ der Abszisse dem vollständigen Umsatz des Kohlenstoffs zu CO; der Wert $n_O/n_C = 2$ einem vollständigen Umsatz zu CO_2.

Der Gleichgewichtssauerstoffgehalt der Eisenoxide für $T = 900\,°C$ ist durch die stark ausgezogene stufenförmige Abbauisotherme dargestellt. Hämatit (Fe_2O_3) wird bereits durch geringste Anteile von CO im Hochofengas reduziert. Der Sauerstoffabbau von $n_O/n_{Fe} = 1,5$ zu $n_O/n_{Fe} = 1,33$, dem Magnetit (Fe_3O_4), erfolgt somit bei einem konstanten n_O/n_C-Verhältnis von 2,0. Dem Hochofendiagramm ist zu entnehmen, daß zur weiteren Reduktion ein CO-Gehalt von 20% im Hochofengas erforderlich ist. Der Sauerstoffabbau des Magnetit zum Wüstit mit $n_O/n_{Fe} = 1,13$ erfolgt daher entlang dem n_O/n_C-Verhältnis von 1,8.

Der Wüstit hat keine feste stöchiometrische Zusammensetzung. Sein Existenzbereich bei $T = 900\,K$ reicht von 53,05 bis 51,2 Atom-% Sauerstoff. Der Existenzbereich liegt somit in den Grenzen von $n_O/n_{Fe} = 1,13$ bis $n_O/n_{Fe} = 1,05$. Die Reduktion zum Eisen erfolgt dann bei $n_O/n_{Fe} = 1,05$, wobei der CO-Gehalt des Reduktionsgases 70% betragen muß, $n_O/n_C = 1,3$.

Zusammen mit dem Punkt Z bestimmt der Punkt W die Hochofenbetriebsweise. Die Verbindungslinie dieser beiden Punkte stellt die Grenzlinie der Eisenreduktion dar. Sollte das n_O/n_C-Verhältnis für $n_O/n_{Fe} \leqq 1,05$ größer als 1,3 sein, wäre das Hochofengas nicht mehr in der Lage, den Wüstit vollständig zu Eisen zu reduzieren. Die Verbindungslinie schneidet im Punkt Y die Vertikale für $n_O/n_C = 1$. Der Vertikalenabschnitt a repräsentiert den nach der Reaktion mit Kohlenmonoxid unter Kohlendioxidbildung abgebauten Sauerstoff. Diese Art des Sauerstoffabbaus wird als *indirekte Reduktion* bezeichnet. Der im Erz dann noch verbleibende Sauerstoff muß durch die Reaktion mit Kohlenstoff unter Kohlenmonoxidbildung abgebaut werden. Die Reaktion des Ersatzsauerstoffs mit dem festen Kohlenstoff wird als *direkte Reduktion* bezeichnet. Den derart abgebauten Sauerstoffanteil beschreibt der Vertikalenabschnitt y.

Bei vorgegebenen Sauerstoffträgern im Möller (b), d. h. bei konstanter Möllerzusammensetzung, ist die mit dem Wind einzublasende Sauerstoffmenge (z) und somit die Position des Punktes Z aus der Wärmebilanz des Unterofens unter Berücksichtigung der Windtemperatur, der Schlackenmenge sowie der Wärmeverluste zu berechnen.

Für eine gegebene (konstante) Möllerzusammensetzung läßt sich die Existenz eines Drehpunktes P herleiten:

Da mit größer werdendem Abstand vom Gleichgewicht sich die Reaktionsgeschwindigkeit erhöht, wird aus Wirtschaftlichkeitsgründen, ein Hochofenbetrieb gewählt, bei dem für $n_O/n_{Fe} = 1,05$ (Punkt W) das n_O/n_C-Verhältnis im Reduktionsgas kleiner als 1,3 ist. Das führt zur Verschiebung des Punktes Y zu größeren n_O/n_{Fe}-Werten, d. h., der Anteil der indirekten Reduktion (Strecke a) wird verringert bei gleichzeitiger Erhöhung des Anteils der direkten Reduktion (Strecke y). Während die indirekte Reduktion exotherm ist, ist die im unteren Hochofenbereich ablaufende direkte Reduktion des Eisen- und Gangartsauerstoffs endotherm. Eine derartige Betriebsweise erhöht somit den Wärmebedarf im Unterofen, der nur durch vermehrte Kohlenstoffverbrennung gedeckt werden kann. Die ursprünglich mit dem Ordinatenabschnitt z beschriebene und durch das Gleichgewicht diktierte Sauerstoffmenge, reicht dazu nicht aus. Wird mehr Sauerstoff eingeblasen (Punkt Z wandert nach unten), dreht die ursprüngliche Verbindungslinie ZW in einem Punkt P. Der sich ergebende Linienzug wird als Arbeitskurve des Gegenstromreaktors (Hochofens) bezeichnet.

Das Reduktionsgas enthält beim Verlassen des Reaktors einen nicht unerheblichen Anteil an Kohlenmonoxid, entsprechend dem Schnittpunkt der Arbeitskurve mit der Horizontalen für $n_O/n_{Fe} = 1,5$. Dieser Anteil, der ein Maß für die im Gas verbleibende chemische Energie ist, ermöglicht dessen weitere Verwendung als Energieträger. Das Verhältnis von Kohlenmonoxid zu Kohlendioxid wird als η_{CO} bezeichnet. Die beschriebene Rotation der Arbeitskurve des Hochofens führt zu einem gegenüber dem Gleichgewicht verringerten n_O/n_C-Verhältnis, d. h. zu einem erhöhten CO-Anteil im Gas.

2.2.2 Beziehung zwischen der freien Enthalpie und der Gleichgewichtskonstante (*van't Hoff*sche Isotherme)

Die Mehrzahl der metallurgischen Reaktionen läuft bei konstanter Temperatur und konstantem Druck ab. Die *van't Hoff*sche *Isotherme* verknüpft für eine gegebene Temperatur die Änderung der freien Enthalpie einer Reaktion mit ihrer Gleichgewichtskonstanten. Hierzu geht man von der Gl. (1.118) aus:

$$dG = V\,dp - S\,dT\,.$$

Für eine isotherme Druckänderung erhält man

$$dG = V\,dp\,. \tag{2.18}$$

Unter Berücksichtigung des idealen Gasgesetzes liefert die Integration

$$\int_{G^0}^{G} dG = \int_{p^0}^{p} V\,dp$$

bzw.

$$G - G^0 = \int_{p^0}^{p} \frac{RT}{p}\,dp = RT \ln \frac{p}{p^0}\,. \tag{2.19}$$

G ist die molare freie Enthalpie eines idealen Gases bei einem beliebigen Druck, G^0 ist die molare freie Standardenthalpie beim Druck $p^0 = 1$ bar. Damit vereinfacht sich die vorstehende Gleichung zu

$$G = G^0 + RT \ln p$$

oder für n Mole

$$nG = nG^0 + nRT \ln p\,. \tag{2.20}$$

Für eine Reaktion des Typs

$$a\mathrm{A} + b\mathrm{B} \rightleftharpoons c\mathrm{C} + d\mathrm{D} \tag{2.21}$$

ergibt sich die Änderung der freien Enthalpie zu

$$\begin{aligned}\Delta G &= \sum G_{\text{(Produkte)}} - \sum G_{\text{(Reaktanden)}} \\ &= cG_{\mathrm{C}} + dG_{\mathrm{D}} - aG_{\mathrm{A}} - bG_{\mathrm{B}}\end{aligned} \tag{2.22}$$

oder eingesetzt zu

$$\begin{aligned}\Delta G = {}& cG_{\mathrm{C}}^0 + dG_{\mathrm{D}}^0 - aG_{\mathrm{A}}^0 - bG_{\mathrm{B}}^0 + cRT \ln p_{\mathrm{C}} \\ &+ dRT \ln p_{\mathrm{D}} - aRT \ln p_{\mathrm{A}} - bRT \ln p_{\mathrm{B}}\,.\end{aligned} \tag{2.23}$$

Die Summe der G^0-Größen wird zu ΔG^0 zusammengefaßt:

$$\Delta G = \Delta G^0 + RT \ln \frac{p_{\mathrm{D}}^c\,p_{\mathrm{D}}^d}{p_{\mathrm{A}}^a\,p_{\mathrm{B}}^b}\,. \tag{2.24}$$

Diese Gleichung *(van't Hoff*sche *Isotherme)* enthält für T = const den Konstantterm ΔG^0 sowie einen veränderlichen Term, der durch die individuellen Partialdrücke der Reaktionsteilnehmer bestimmt ist. Besitzen alle Reaktionsteilnehmer anstelle individueller Partialdrücke den nur von der Temperatur abhängigen Gleichgewichtspartialdruck, so gilt das Gleichgewichtskriterium $\Delta G = 0$ bzw.

$$0 = \Delta G^0 + RT \ln \left[\frac{p_C^c \, p_D^d}{p_A^a \, p_B^b} \right]_{\text{Gleichgewicht}} \tag{2.25}$$

oder ausgedrückt mit Einführung der Gleichgewichtskonstanten

$$\Delta G^0 = -RT \ln K_p . \tag{2.26}$$

Für kondensierte Reaktionsteilnehmer erhält man bei Einführung von Konzentrationen anstelle von Partialdrücken

$$\Delta G = \Delta G^0 + RT \ln \frac{c_C^c \, c_D^D}{c_A^a \, c_B^b} \tag{2.27}$$

und für den Gleichgewichtszustand

$$\Delta G^0 = -RT \ln K_c . \tag{2.28}$$

Standardzustand für kondensierte Reaktionsteilnehmer ist in vielen Fällen der *reine Stoff* in seiner stabilsten Form beim Druck $p = 1$ bar und der Temperatur T (s. Abschn. 4.5.1.8). Die freien Standardenthalpien von Reaktionen, die sich ihrerseits aus den Standard-Reaktionsenthalpien und Standard-Reaktionsentropien zusammensetzen,

$$\Delta G^0 = \Delta H^0 - T \Delta S^0 , \tag{2.29}$$

sind wichtige Größen, da sie die Berechnung der Gleichgewichtskonstanten erlauben. Diese Standardgrößen sind für metallurgische Reaktionen in bereits früher erwähnten Tabellenwerken niedergelegt. Für das Gleichgewicht gilt immer $\Delta G = 0$. Soll darüber hinaus $\Delta G^0 = 0$ sein, so müssen alle an der Reaktion beteiligten Stoffe in ihren Standardzuständen vorliegen. Das soll das folgende Beispiel zeigen.

Beispiel

Für die Änderung der freien Standardreaktionsenthalpie ΔG^0 der Reaktion

$$4 \, Fe_3O_4 + O_2 \rightleftharpoons 6 \, Fe_2O_3$$

wurde durch experimentelle Untersuchungen folgende Funktion gefunden:

$$\Delta G^0 = \underbrace{-498942}_{\Delta H^0} + \underbrace{281{,}37 T}_{-\Delta S^0} \; \text{J mol O}_2 .$$

Für $\Delta G^0 = 0$ erhält man

$$T = \frac{498942 \; \text{J mol}^{-1}}{281{,}37 \; \text{J mol}^{-1} \, \text{K}^{-1}} = 1773 \; \text{K} \cong 1500 \, °\text{C} ,$$

d. h., bei 1500 °C besitzt reines Fe_2O_3 einen Sauerstoffdruck (Dissoziationsdruck) von 1 bar.
Bei $T = 1273$ K besitzt dagegen ΔG^0 einen Gleichgewichtswert von $\Delta G^0 = -141 \; \text{kJ mol}^{-1}$ O_2, der einem Sauerstoffdruck von $p_{O_2} = 1{,}6 \cdot 10^{-6}$ bar entspricht.

2.2.3   Temperaturabhängigkeit der Gleichgewichtskonstanten

In den Gln. (2.26) und (2.28) beziehen sich die Größen K_p und K_c auf eine Temperatur T. Mit

$$\Delta G^0 = -RT \ln K_p$$

lautet das Differential von ΔG^0 nach der Temperatur bei konstantem Druck

$$\left[\frac{\partial(\Delta G^0)}{\partial T}\right]_p = -R \ln K_p - RT \left[\frac{\partial \ln K_p}{\partial T}\right]_p. \tag{2.30}$$

Multiplikation mit T ergibt

$$T \left[\frac{\partial(\Delta G^0)}{\partial T}\right]_p = -RT \ln K_p - RT^2 \left[\frac{\partial \ln K_p}{\partial T}\right]_p. \tag{2.31}$$

Die Verknüpfung der *Gibbs-Helmholtz*-Gleichung

$$\Delta G^0 = \Delta H^0 + T \left[\frac{\partial(\Delta G^0)}{\partial T}\right]_p$$

mit Gl. (2.31) liefert

$$\Delta H^0 = RT^2 \frac{d \ln K_p}{dT} \tag{2.32}$$

oder

$$\frac{d \ln K_p}{dT} = \frac{\Delta H^0}{RT^2}. \tag{2.33}$$

Gl. (2.33) wird als *van't Hoff*sche *Gleichung* bezeichnet (»*van't Hoff*sche Isochore«).
Mit Hilfe von Gl. (2.33) läßt sich entweder ΔH^0 aus der (gemessenen) Temperaturabhängigkeit der Gleichgewichtskonstanten berechnen, oder − bei bekanntem ΔH^0 − aus dem (gemessenen) Wert der Gleichgewichtskonstanten bei *einer* Temperatur der Wert von K_p für *beliebige* Temperaturen bestimmen. Über kleine Temperaturbereiche darf als Näherung angenommen werden, daß ΔH^0 unabhängig von der Temperatur ist. Die Integration der Gl. (2.33) liefert dann

$$\ln \frac{K_{p(T_2)}}{K_{p(T_1)}} = \frac{\Delta H^0}{R} \left(\frac{1}{T_1} - \frac{1}{T_2}\right). \tag{2.34}$$

Wird die Integration über Bereiche $\Delta T > 200$ K ausgeführt, so ist die Annahme, daß ΔH^0 konstant ist, nicht ohne weiteres gegeben.
Die Gl. (2.33) führt unmittelbar zu dem von *Le Chatelier* (1884) aufgestellten *Prinzip vom kleinsten Zwang*:

Wenn auf den Gleichgewichtszustand eines Systems ein äußerer Zwang ausgeübt wird, versucht das System, diesem Zwang auszuweichen.

Wird z. B. die Temperatur bei konstantem Druck erhöht, verschiebt sich das Gleichgewicht in Richtung des Wärmeverbrauchs (in endotherme Richtung). So verschiebt sich z. B. das Gleichgewicht der Reaktion

$$CO + H_2O \rightleftharpoons CO_2 + H_2 + \text{Wärme}$$

bei Temperaturerhöhung nach links.
Aus der *van't Hoff*schen Gleichung

$$\frac{d \ln K_p}{dT} = \frac{\Delta H^0}{RT^2}$$

ergibt sich unmittelbar in Übereinstimmung mit dem *Le-Chatelier*schen Prinzip folgendes (Abb. 15):

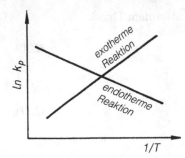

Abb. 15. Abhängigkeit der Gleichgewichtskonstanten von der Temperatur (schematisch)

– *exotherme Reaktion* ($\Delta H^0 < 0$)
   Nimmt T zu, so nimmt K_p ab; das Gleichgewicht verschiebt sich nach links.
– *endotherme Reaktion* ($\Delta H^0 > 0$)
Nimmt T zu, so nimmt K_p zu; das Gleichgewicht verschiebt sich nach rechts.

2.2.4 Druckabhängigkeit der Gleichgewichtskonstanten

Bei Reaktionen in kondensierten Systemen kann die Druckabhängigkeit im allgemeinen vernachlässigt werden. Bei Reaktionen, an denen Gase beteiligt sind, muß sie dann berücksichtigt werden, wenn sich die Molzahlen der gasförmigen Reaktionsteilnehmer beim Umsatz ändern:

$$\frac{\mathrm{d}\ln K_p}{\mathrm{d}p} = \frac{\Delta V}{RT}. \tag{2.35}$$

Das Prinzip vom kleinsten Zwang läßt sich für Druck- oder Volumenänderungen wiederum anhand dieser Gleichung deuten.

Beispiele

Hochofen-Reduktionsgleichgewichte

Es bestehen folgende Hochofen-Reduktionsgleichgewichte:

$$3\,Fe_2O_3 \;+\;\; CO \rightleftharpoons 2\,Fe_3O_4 \;+\;\; CO_2 \tag{I}$$

$$Fe_3O_4 \;+\;\; CO \rightleftharpoons 3\,FeO \;\;\;\; +\;\; CO_2 \tag{II}$$

$$Fe_3O_4 + 4\,CO \rightleftharpoons 3\,Fe \;\;\;\;\;\; +\; 4\,CO_2 \tag{III}$$

$$FeO \;\;\; +\;\; CO \rightleftharpoons\; Fe \;\;\;\; +\;\; CO_2 \tag{IV}$$

gegeben: $\quad 3\,Fe_2O_3 \rightleftharpoons 2\,Fe_3O_4 + \tfrac{1}{2}O_2 \qquad \Delta G^0 = (\;\;\;249471 - 140{,}67T)\,\mathrm{J\,mol^{-1}} \quad$ (V)

$\qquad\qquad\quad Fe_3O_4 \rightleftharpoons 3\,FeO \;\;\; + \tfrac{1}{2}O_2 \qquad \Delta G^0 = (\;\;\;312172 - 125{,}02T)\,\mathrm{J\,mol^{-1}} \quad$ (VI)

$\qquad\qquad\quad Fe_3O_4 \rightleftharpoons 3\,Fe \;\;\;\; + 2\,O_2 \qquad \Delta G^0 = (\;1091062 - 312{,}79T)\,\mathrm{J\,mol^{-1}} \quad$ (VII)

$\qquad\qquad\quad FeO \;\;\rightleftharpoons\; Fe \;\;\; + \tfrac{1}{2}O_2 \qquad \Delta G^0 = (\;\;\;259630 - \;\;62{,}59T)\,\mathrm{J\,mol^{-1}} \quad$ (VIII)

$\qquad\qquad\quad CO \;\; + \tfrac{1}{2}O_2 \rightleftharpoons\;\; CO_2 \qquad \Delta G^0 = (-277106 + \;\;83{,}55T)\,\mathrm{J\,mol^{-1}} \quad$ (IX)

$\qquad\qquad\quad CO_2 + \;\; C \rightleftharpoons 2\,CO \qquad \Delta G^0 = (\;\;\;169452 - 172{,}59T)\,\mathrm{J\,mol^{-1}} \quad$ (X)

Unter FeO ist bei dieser Aufgabe die Wüstit-Phase zu verstehen. Die ΔG^0-Funktionen sind dem Buch von *Kubaschewski* und *Alcock* entnommen, wo sie allerdings in der Maßeinheit cal mol^{-1} angegeben sind.

- Ermitteln Sie mit Hilfe der Gleichgewichte (I) bis (IV) die Existenzgebiete von Hämatit, Magnetit, Wüstit und Eisen ($p_{CO} + p_{CO_2} = 1$ bar)!

Lösung

Gl. (I) setzt sich aus den Gln. (V) und (IX) zusammen gemäß

$$3\,Fe_2O_3 \rightleftharpoons 2\,Fe_3O_4 + \tfrac{1}{2}O_2 \qquad \Delta G^0 = (\quad 249471 - 140{,}76\,T)\,J\,mol^{-1}$$

$$CO + \tfrac{1}{2}O_2 \rightleftharpoons CO_2 \qquad \Delta G^0 = (-277106 + \quad 83{,}61\,T)\,J\,mol^{-1}$$

$$3\,Fe_2O_3 + CO \rightleftharpoons 2\,Fe_3O_4 + CO_2 \qquad \Delta G^0 = (-\,27635 - \quad 57{,}15\,T)\,J\,mol^{-1}$$

Es gilt für das Gleichgewicht

$$\Delta G^0 = -RT \ln K_p = -RT \ln \frac{p_{CO_2}}{p_{CO}}$$

$$= -RT \ln \frac{1 - p_{CO}}{p_{CO}}.$$

Eingesetzt erhält man die p_{CO}-T-Abhängigkeit

$$p_{CO} = \frac{1}{\exp\left(\dfrac{27635}{RT} + \dfrac{57{,}15}{R}\right) + 1}.$$

Auf ähnliche Weise lassen sich die CO-Partialdrücke der Reaktionen (II), (III) und (IV) berechnen. Sie sind in Abhängigkeit von der Temperatur in Tabelle I zusammengestellt.

Tabelle I

ϑ	p_{CO} [bar] für die Reaktionen			
°C	(I)	(II)	(III)	(IV)
400	$7{,}5 \cdot 10^{-6}$	0,78		0,35
600	$2{,}3 \cdot 10^{-5}$	0,46	0,51	0,53
800	$4{,}6 \cdot 10^{-5}$	0,26		0,64
1000	$7{,}6 \cdot 10^{-5}$	0,16		0,70

Aus den Werten geht bemerkenswert hervor, daß Gl. (I) mit sehr niedrigen CO-Partialdrükken verknüpft ist. Das heißt, bereits geringste Gehalte von CO in CO/CO$_2$-Gasgemischen vermögen Hämatit zu Magnetit zu reduzieren. Weiterhin zeigt sich, daß Gl. (III) temperaturunabhängig ist.

Geht man von einem Gesamtdruck $p_{CO} + p_{CO_2} = 1$ bar aus, so ergeben die Partialdruckwerte, multipliziert mit 100, den Volumengehalt in %. Diese Werte sind in Abb. 12 in Abhängigkeit von der Temperatur dargestellt.

- Tragen Sie zusätzlich das *Boudouard*-Gleichgewicht

$$C + CO_2 \rightleftharpoons 2\,CO$$

für $p_{CO} + p_{CO_2} = 1$ bar in das Diagramm mit den Existenzgebieten der Eisenoxide ein und ermitteln Sie graphisch die Grenztemperaturen für die Magnetit- und Wüstit-Reduktion unter Berücksichtigung der *Boudouard*-Reaktion!

Lösung

Aus Gl. (X) ergibt sich unmittelbar die Temperaturabhängigkeit der *Boudouard*-Reaktion:

$$T = \frac{169\,452}{172{,}59 - R \ln K_p}$$

mit

$$K_p = \frac{p_{CO}^2}{p_{CO_2}} = \frac{p_{CO}^2}{1 - p_{CO}}.$$

Es ergeben sich folgende Werte:

p_{CO} [bar]	0,05	0,1	0,2	0,4	0,6	0,8	0,9
ϑ [°C]	490	533	585	650	704	767	818

Diese Abhängigkeit ist gleichzeitig in Abb. 12 eingetragen. Als Grenztemperaturen ergeben sich die Schnittpunkte der *Boudouard*-Reaktion mit den Reaktionen (II) und (IV) zu 650 bzw. 700 °C.

- Um wieviel erhöht sich jeweils die Reduktionstemperatur der Magnetit- und Wüstit-Reduktion, wenn

 − der Druck $p_{CO} + p_{CO_2}$ verdoppelt wird,
 − der Gesamtdruck unter Zuhilfenahme eines Inertgases verdoppelt wird?

Lösung

Mit der Bedingung

$$p_{CO_2} + p_{CO} = 2 \text{ bar}$$

und der Definitionsgleichung des Partialdrucks

$$p_{CO} = x_{CO} P$$

ergibt sich für die Gleichgewichtskonstante der Ausdruck

$$K_p = \frac{2x_{CO}^2}{1 - x_{CO}}.$$

K_p wird in die oben aufgeführte Temperaturabhängigkeit eingesetzt. Man erhält folgende Werte (vgl. Abb. 12):

x_{CO}	0,1	0,2	0,4	0,6	0,8	0,9
ϑ [°C]	557	611	680	738	805	861

Es werden folgende Grenztemperaturen abgelesen:

Magnetit/Wüstit: 675 °C
Wüstit/Eisen: 740 °C .

Die Verdopplung des Gesamtdrucks durch Hinzufügen eines Inertgases (z. B. Stickstoff) gemäß

$$p_{CO_2} + p_{CO} + p_{N_2} = 2 \text{ bar}$$

verändert nicht das in der Gleichgewichtskonstanten der *Boudouard*-Reaktion aufgeführte Partialdruckverhältnis p_{CO}^2/p_{CO_2}. Damit bleibt die Abhängigkeit für 1 bar (vgl. obige Aufgabe) unverändert bestehen.

- Überprüfen Sie rechnerisch die Grenztemperatur für die Magnetit-Reduktion zu Wüstit für $p_{CO} + p_{CO_2} = 1$ bar!

Lösung

Für die Magnetitreduktion mit Kohlenmonoxid zu Wüstit erhält man aus den gegebenen Daten

$$\Delta G^0 = -RT \ln \frac{1 - p_{CO}}{p_{CO}} = (35066 - 41{,}46T) \text{ J mol}^{-1}.$$

Für die *Boudouard*-Reaktion ergibt sich entsprechend

$$\Delta G^0 = -RT \ln \frac{p_{CO}^2}{1 - p_{CO}} = (169452 - 172{,}59T) \text{ J mol}^{-1}.$$

Die Eliminierung des Partialdruckes p_{CO} und sinnvolle Umformung der vorstehenden Gleichungen liefert

$$\left[\frac{1}{\exp\left(-\dfrac{35066}{RT} + \dfrac{41{,}56}{R}\right) + 1} \right]^2 \bigg/ \left[1 - \frac{1}{\exp\left(-\dfrac{35066}{RT} + \dfrac{41{,}46}{R}\right) + 1} \right]$$

$$= \exp\left[-\frac{169452}{RT} + \frac{172{,}59}{R} \right].$$

Die Gleichung kann numerisch durch Iteration gelöst werden.
Die hinreichende Genauigkeit des graphisch bestimmten Wertes von 650 °C kann dadurch überprüft werden, daß diese Temperatur in die Gleichung eingesetzt wird.

- Berechnen Sie die Gleichgewichtszusammensetzung eines $CO_2 - H_2O - CO - H_2$-Gasgemisches bei 400 K und bei 2000 K, wenn sich zu Beginn 6 Mole CO_2 und 4 Mole H_2 in einem geschlossenen Raum bei einem Druck von 1 bar befinden.

gegeben: Die zu betrachtende Reaktion lautet:

$$(CO_2) + (H_2) = (CO) + (H_2O).$$

Die zur Berechnung erforderlichen thermodynamischen Daten sind in der folgenden Tabelle angegeben.

Gas	$\Delta H^0(400)$ J mol^{-1}	$\Delta S^0(400)$ J(mol K)$^{-1}$	$\Delta H^0(2000)$ J mol^{-1}	$\Delta S^0(2000)$ J(mol K)$^{-1}$
CO	-107527	206,294	-53866	259,187
CO$_2$	-389413	225,593	-302158	310,464
H$_2$	2954	139,205	53060	188,521
H$_2$O	-238437	198,668	-169226	265,271

6*

Lösung

Aus den Tabellenwerten folgt für die freie Reaktionsenthalpie bei 400 K und bei 2000 K:

$$\Delta G(400) \quad = 40495 - 40{,}164 \cdot 400 \quad = 24429{,}4 \; \text{J mol}^{-1}$$
$$\Delta G(2000) = 26006 - 25{,}473 \cdot 2000 = -24940 \; \text{J mol}^{-1}\,.$$

Für den allgemeinen Fall einer chemischen Reaktion zwischen den Stoffen A, B, C, D gilt die Reaktionsgleichung:

$$v_A A + v_B B = v_C C + v_D D\,.$$

$v_A \dots v_D$ sind die stöchiometrischen Koeffizienten. Für eine infinitesimale Zunahme der Molzahl n_i beim Ablauf einer chemischen Reaktion in einem geschlossenen System gilt:

$$\mathrm{d}n_i = v_i \, \mathrm{d}\xi\,.$$

ξ ist die Reaktionslaufzahl einer chemischen Reaktion. Sie gibt die Zahl der stöchiometrischen Umsätze bis zur Gleichgewichtseinstellung an.
Die rationale Zahl v_i ist positiv, wenn der Bestandteil gebildet wird und negativ, wenn er verschwindet. Durch Integration der vorstehenden Gleichung ergibt sich:

$$n_i = n_i^0 + v_i \xi\,.$$

n_i^0 sind die im Ausgangszustand vorliegenden Molzahlen der Reaktionspartner. Die Bedingungen der oben angegebenen Reaktion lauten somit

Molzahl	im Ausgangszustand	im Endzustand
n_{CO_2}	6	$6 - \xi$
n_{H_2}	4	$4 - \xi$
n_{CO}	0	ξ
n_{H_2O}	0	ξ

mit den Molenbrüchen $x_i = \dfrac{n_i}{\sum n_i}$

$$x_{CO_2} = \frac{6 - \xi}{10}\,, \qquad x_{H_2} = \frac{4 - \xi}{10}\,, \qquad x_{H_2O} = x_{CO} = \frac{\xi}{10}\,.$$

Die Gleichgewichtskonstante ergibt sich in diesem Fall zu

$$K_p = \frac{p_{CO}\,p_{H_2O}}{p_{CO_2}\,p_{H_2}} = \frac{x_{CO}\,x_{H_2O}}{x_{CO_2}\,x_{H_2}} = \frac{\xi^2}{(6 - \xi)(4 - \xi)} = \frac{\xi^2}{24 - 10\xi + \xi^2}\,.$$

Die Reaktionslaufzahl ist somit

$$\xi_{1/2} = -\frac{10 K_p}{2(1 - K_p)} \pm \sqrt{\left(\frac{10 K_p}{2(1 - K_p)}\right)^2 + \frac{24 K_p}{(1 - K_p)}}\,.$$

Für die unterschiedlichen Temperaturen betragen die Gleichgewichtskonstanten:

$$K_p(400) = 6{,}45 \cdot 10^{-4} \quad \text{und} \quad K_p(2000) = 4{,}48\,.$$

Die sinnvollen Reaktionslaufzahlen ergeben sich somit zu

$\xi(400) = 0,1213$ und $\xi(2000) = 3,1911$,

so daß die Gleichgewichtszusammensetzung in % ($= 100 x_i$) für 400 K bei 58,78% CO_2, 38,78% H_2 sowie je 1,22% CO und H_2O liegt. Für 2000 K beträgt diese 28,09% CO_2, 8,09% H_2 und je 31,91% CO und H_2O.

- Berechnen Sie die Gleichgewichtskonstante der Reaktion

I $\langle C \rangle + \frac{1}{2}(O_2) = (CO)$

    indirekt aus den Gleichungen

II $\langle C \rangle + (CO_2) = 2\,(CO)$

III $(CO_2) + (H_2) = (CO) + (H_2O)$

IV $(H_2) + \frac{1}{2}(O_2) = (H_2O)$.

gegeben: Aus den Tabellenwerken ergeben sich die in der Tabelle I ausgewiesenen thermodynamischen Daten.
Für die C_p-Werte sind die Koeffizienten a, b, c und d der Funktion

$C_p = a + bT + cT^{-2} + dT^2$ $[J(mol\,K)^{-1}]$

angegeben.

Tabelle I

Stoff	a	$b\,10^3$	$c\,10^{-6}$	$d\,10^6$	$\Delta H^0\,[J\,mol^{-1}]$		$\Delta S^0\,[J(mol\,K)^{-1}]$	
					298 K	1200 K	298 K	1200 K
(O_2)	29,154	6,477	−0,184	−1,017			205,146	
(CO)	30,962	2,439	−0,28		−110528	−81664	197,648	241,482
(CO_2)	51,128	4,368	−1,469		−393521	−348162	213,794	281,178
(H_2)	26,882	3,586	0,105				130,679	
(H_2O)	34,376	7,841	−0,423		−241856		188,824	
$\langle C \rangle$						16251		28,56

Lösung

Da thermodynamische Reaktionsgleichungen wie algebraische Gleichungen behandelt werden können gilt:

$\Delta G_I^0 = \Delta G_{II}^0 - \Delta G_{III}^0 + \Delta G_{IV}^0$

$-\ln K_{pI} = -\ln K_{pII} + \ln K_{pIII} - \ln K_{pIV}$

und für die Temperatur 1200 K

$$K_{pI}(1200) = \frac{K_{pII}(1200) \cdot K_{pIV}(1200)}{K_{pIII}(1200)} \cdot$$

Um die Gleichgewichtskonstante der Reaktion **I** bei 1200 K indirekt zu bestimmen, müssen die Gleichgewichtskonstanten der Reaktionen **II**, **III** und **IV** bekannt sein. Die *van't Hoff*sche Isotherme

$\Delta G^0(T) = -RT \ln K_p(T)$

ermöglicht für die Reaktion **II** die unmittelbare Berechnung von K_{pII} mit den in der Tabelle I angegebenen Werten für 1200 K. Es ist:

$$\Delta G(1200) = \Delta H^0(1200) - 1200\,\Delta S^0(1200)$$
$$= 168\,583 - 1200 \cdot 173{,}226$$

$$\Delta G^0(1200) = -39\,288{,}2 \text{ J mol}^{-1}$$

$$K_{pII}(1200) = \exp\left(-\frac{\Delta G^0(1200)}{R\,1200}\right)$$

$$K_{pII}(1200) = 51{,}31 \,.$$

Für die Reaktion **III** läßt sich mittels Anwendung des *Kirchhoff*schen Satzes, durch die Berechnung von

$$\Delta C_{pIII} = C_p(CO) + C_p(H_2O) - C_p(CO_2) - C_p(H_2)$$

$$\Delta C_{pIII} = -12{,}672 + 2{,}326 \cdot 10^{-3}T + 0{,}661 \cdot 10^6 T^{-2} \text{ J(mol K)}^{-1}$$

die Temperaturabhängigkeit der freien Standardreaktionsenthalpie ermitteln:

$$\Delta H^0_{III}(1200) = \Delta H^0_{III}(298) + \int_{298}^{1200} \Delta C_{pIII}\,dT$$

$$= 41\,137 + \left[aT + \frac{b}{2}T^2 - \frac{c}{T}\right]_{298}^{1200}$$

$$\Delta H^0_{III}(1200) = 32\,945{,}58 \text{ J mol}^{-1}$$

$$\Delta S^0_{III}(1200) = \Delta S^0_{III}(298) + \int_{298}^{1200} \frac{\Delta C_{pIII}}{T}\,dT$$

$$= 41{,}999 + \left[a \ln T + bT - \frac{c}{2}T^{-2}\right]_{298}^{1200}$$

$$\Delta S^0_{III}(1200) = 29{,}937 \text{ JK(mol K}^{-1}) \,.$$

Es ist

$$\Delta G^0_{III}(1200) = -2979{,}22 \text{ J mol}^{-1}$$

und somit

$$K_{pIII}(1200) = 1{,}35 \,.$$

Zur Berechnung von $K_{pIV}(1200)$ wird die *van't Hoff*sche Gleichung (Gl. (2.33)) herangezogen. Da die Temperaturdifferenz groß ist (1200 bis 298 K) muß die Temperaturabhängigkeit der Reaktionsenthalpie beachtet werden. Für die Reaktion ergibt sich

$$\Delta C_{pIV} = C_p(H_2O) - C_p(H_2) - \tfrac{1}{2}C_p(O_2)$$

$$\Delta C_{pIV} = -7{,}083 + 1{,}0165 \cdot 10^{-3}T - 0{,}436 \cdot 10^6 T^{-2} + 0{,}5085 \cdot 10^{-6} T^2$$

und das unbestimmte Integral der Standardreaktionsenthalpie zu

$$\Delta H^0(T) = C_0 + aT + \tfrac{1}{2}bT^2 - cT^{-1} + \tfrac{1}{3}dT^3 \,.$$

Die Integrationskonstante, C_0, entspricht der Standardreaktionsenthalpie bei $T = 0$ K, $\Delta H^0(0)$ vielfach auch als ΔH^0_0 bezeichnet, und kann aus dem Wert $\Delta H^0(T)$ einer beliebigen

Temperatur berechnet werden. An dieser Stelle wird die Standardreaktionsenthalpie bei 298 K, $\Delta H^0(298)$ $(= C_0)$, benutzt:

$$\Delta H^0(0) = -241\,201{,}97 \text{ J mol}^{-1}.$$

Dieser Wert entspricht im nachfolgend beschriebenen *Richardson-Ellingham*-Diagramm dem Ordinatenschnittpunkt der betrachteten Reaktion, dort allerdings auf 1 Mol Sauerstoff (O_2) bezogen.

Das unbestimmte Integral der *van't Hoff*schen Gleichung

$$d \ln K_p(T) = \frac{1}{R} \frac{\Delta H^0(T)}{T^2} \, dT$$

ergibt sich mit Berücksichtigung der Temperaturabhängigkeit der Standardreaktionsenthalpie zu

$$\ln K_p(T) = \frac{1}{R}\left[-\frac{\Delta H^0(0)}{T} + a \ln T + \frac{1}{2}bT + \frac{1}{2}cT^{-2} + \frac{1}{6}dT^2 \right] + C_K.$$

Der Wert der Integrationskonstante, C_K, kann mit $\ln K_p(298)$, der sich aus der *van't Hoff*schen Isotherme für 298 K

$$\ln K_p(298) = -\frac{\Delta G^0(298)}{R\,298} = 92{,}268$$

ergibt, bestimmt werden. Es ist

$$C_K = 0{,}043\,534.$$

Die Gleichgewichtskonstante der Reaktion **IV** bei 1200 K ist somit

$$K_{pIV} = 8{,}425 \cdot 10^7.$$

Die gesuchte Gleichgewichtskonstante der Reaktion **I** bei 1200 K ist dann:

$$K_{pI}(1200) = \frac{51{,}35 \cdot 8{,}425 \cdot 10^7}{1{,}35}$$

$$K_{pI}(1200) = 3{,}205 \cdot 10^9.$$

Mit dem berechneten K_{pI}-Wert ergibt sich die freie Standardreaktionsenthalpie zu 436,7 kJ mol^{-1}, ein Wert, der mit der Auftragung im nachfolgenden *Richardson-Ellingham*-Diagramm für die Reaktion $2\langle C\rangle + (O_2) = 2(CO)$ bei 1200 K übereinstimmt.

Um den Vergleich dieses »indirekt berechneten« K_{pI}-Wertes mit »direkt« berechneten zu ermöglichen, sind in der Tabelle II die Enthalpien und Entropien der Reaktionspartner der Reaktion **I** nochmals zusammengestellt:

Tabelle II

Stoff	$\Delta H^0(1200)$ J mol^{-1}	$\Delta S^0(1200)$ J(mol K)$^{-1}$
(CO)	$-81\,664$	241,482
$\langle C\rangle$	16251	28,56
$\frac{1}{2}(O_2)$	14813,5	124,9625
Reaktion:	$\Delta H^0(1200) = -112\,728{,}5$	$\Delta S^0(1200) = 87{,}9595$

Die Gleichgewichtskonstante der Reaktion **I** beträgt somit:

$$K_{pl}(\text{direkt}) = \exp\left(-\frac{\Delta H^0(1200) - T\,\Delta S^0(1200)}{R\,1200}\right)$$

$$K_{pl}(\text{direkt}) = 3{,}176 \cdot 10^9\,.$$

Die Tatsache, daß beide Gleichgewichtskonstanten leicht voneinander abweichen, ist auf die Addition der Rundungsfehler und der immer zu berücksichtigenden Abweichungen der tabellierten Daten (Funktionen) zurückzuführen.

2.2.5   *Richardson-Ellingham*-Diagramm

2.2.5.1   Gleichgewichtskonstante der Heterogenreaktionen

Den *Richardson-Ellingham*-Diagrammen liegen Reaktionen zugrunde, bei denen ein kondensiertes reines Metall mit einer Gasphase zu einer reinen kondensierten Metall/Gas-Verbindung reagiert, z. B.

$$M(s) + \tfrac{1}{2}O_2(g) \rightleftharpoons MO(s)$$

M(s)   festes reines Metall
MO(s)   festes reines Metalloxid
$O_2(g)$ gasförmiger reiner Sauerstoff.

Nimmt man an, daß die Metall- und Metalloxidphase sich nicht ineinander lösen und daß sich auch Sauerstoff nicht in den kondensierten Phasen löst, so müssen nach den allgemeinen Gleichgewichtskriterien die koexistierenden Dampfphasen Gleichgewichtsdrücke annehmen. Damit sind die chemischen Potentiale gleichzusetzen:

$$G_M(g) = G_M(s) \tag{2.37}$$

und

$$G_{MO}(g) = G_{MO}(s)\,. \tag{2.38}$$

Somit stellt sich auch in der homogenen Dampfphase ein Reaktionsgleichgewicht ein:

$$M(g) + \tfrac{1}{2}O_2(g) \rightleftharpoons \text{»}MO(g)\,. \tag{2.39}$$

Unter Anwendung der *van't Hoff*schen Reaktionsisotherme erhält man

$$G_{MO}^0(g) - \tfrac{1}{2}G_{O_2}^0(g) - G_M^0(g) = -RT\ln\frac{p_{MO}(g)}{p_M(g)\,p_{O_2}^{1/2}(g)} = \Delta G^0\,. \tag{2.40}$$

ΔG^0 ist der Differenzbetrag der freien Enthalpie zwischen 1 Mol gasförmigem MO bei 1 bar Druck und der Summe von $\tfrac{1}{2}$ Mol O_2 und 1 Mol M bei dem gleichen Standarddruck und der Temperatur T. In der Gleichgewichtskonstanten stellen p_{MO}, p_M und p_{O_2} die Gleichgewichtsdrücke der bei der Temperatur T koexistierenden Phasen dar.

Unter Einführung der Standardzustände lassen sich die Gln. (2.37) und (2.38) wie folgt schreiben:

$$G_M^0(g) + RT\ln p_M(g) = G_M^0(s) + \int_{p=1}^{p=p_M(g)} V_M(s)\,\mathrm{d}p \tag{2.41}$$

und

$$G_{MO}^0(g) + RT\ln p_{MO}(g) = G_{MO}^0(s) + \int_{p=1}^{p=p_{MO}(g)} V_{MO}(s)\,\mathrm{d}p\,. \tag{2.42}$$

In der Gl. (2.41) ist $G_M^0(s)$ auf der rechten Seite der Gleichung die molare freie Enthalpie von festem M unter einem Druck von 1 bar und der Temperatur T. Ist $V_M(s)$ das molare Volumen des festen Metalls beim Druck p und der Temperatur T, so stellt das Integral $\int_1^p V_M(s)\,dp$ in Form der Volumenarbeit die Änderung der freien Enthalpie dar, wenn das feste Metall bei der Temperatur T eine Druckänderung von $p = 1$ bis $p = p$ erfährt. Es soll nun an dem Beispiel einer kondensierten Phase (hier Kupfer bei 1273 K) geprüft werden, in welcher Größenordnung die G^0-unterschiedlichen Terme in Gl. (2.41) anfallen.

Der Dampfdruck von festem Kupfer beträgt bei 1273 K $6 \cdot 10^{-8}$ bar. Damit errechnet sich der Term $RT \ln p_M(g)$ zu $8{,}314 \cdot 1273 \cdot \ln(6 \cdot 10^{-8}) = -176000$ J mol^{-1}. Das molare Volumen von festem Kupfer beträgt bei 1273 K 10,7 cm^3 mol^{-1}, ein Wert, der über einen größeren Druckbereich nahezu konstant bleibt. Der Wert des Integrals ergibt dann $(10{,}7 \cdot 6 \cdot 10^{-8} - 10{,}7 \cdot 1) \approx -10{,}7$ cm^3 bar mol$^{-1} \stackrel{\wedge}{=} -1{,}1$ J mol^{-1}. Damit ergibt sich aus Gl. (2.41), daß der Wert von $G_{Cu}^0(g)$ bei 1273 K beträchtlich (positiv) größer sein muß als der vergleichbare Wert von $G_{Cu}^0(s)$. Geht man davon aus, daß der Integralwert (bei kondensierten Phasen) vernachlässigt werden kann, so erhält man

$$G_M^0(g) + RT \ln p_M(g) = G_M^0(s) \tag{2.43}$$

und

$$G_{MO}^0(g) + RT \ln p_{MO}(g) = G_{MO}^0(s) \, . \tag{2.44}$$

Führt man diese Ableitungen in die Gl. (2.40) ein, so ergibt sich

$$G_{MO}^0(s) - RT \ln p_{MO}(g) - \tfrac{1}{2} G_{O_2}^0(g) - G_M^0(s) + RT \ln p_M(g)$$
$$= -RT \ln p_{MO}(g) + \tfrac{1}{2} RT \ln p_{O_2}(g) + RT \ln p_M(g)$$

oder

$$\Delta G^0 = RT \ln p_{O_2}^{1/2} = -RT \ln \frac{1}{p_{O_2}^{1/2}} = -RT \ln K \, , \tag{2.45}$$

wobei K die Gleichgewichtskonstante der Reaktion (2.36) ist. Damit erhält man das wichtige Ergebnis, daß bei Heterogenreaktionen *in Gegenwart von Gasphasen* eine reine kondensierte Phase nicht in der Gleichgewichtskonstanten erscheint.

2.2.5.2   Allgemeine Beschreibung des *Richardson-Ellingham*-Diagramms

Für eine Reaktion

$$2 \, Me + O_2 \rightleftharpoons 2 \, MeO$$

gilt nach Gl. (2.45)

$$K = 1/p_{O_2}$$

mit

$$\Delta G^0 = -RT \ln K = RT \ln p_{O_2} \, ,$$

vorausgesetzt, die Metall- und die Oxidphase liegen kondensiert vor.

In den ursprünglich von *Ellingham* 1944 entworfenen Diagrammen[1] ist ΔG^0 gegen die Temperatur T für Reaktionen des Typs Metall/Metalloxid und Metall/Metallsulfid

---

[1] Ein derartiger Diagrammtyp wurde von *W. Lange* in seiner Dissertation 1942, TH Berlin, unabhängig vorgeschlagen.

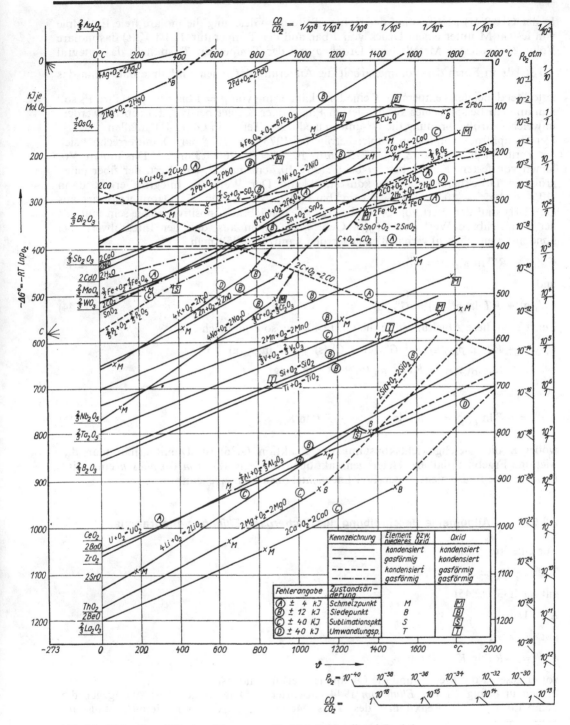

Abb. 16. *Richardson-Ellingham*-Diagramm für Metall-Metalloxid-Reaktionen

aufgetragen. In den früheren Diagrammen war gleichzeitig eine Skala für das reversible elektrochemische Standardpotential E^0 aufgenommen:

$$\Delta G^0 = -zFE^0 \tag{2.46}$$

z Ionenwertigkeit
F *Faraday*-Konstante (96460 Coulomb je Äquivalentmenge).

Weiterhin enthielten die Diagramme ein Druck-Korrekturnomogramm im unteren Teil, das es erlaubt, Standardbedingungen des Druckes auf andere Drücke umzurechnen.
Die *Ellingham*-Diagramme wurden später von *Richardson* (1948) erweitert, der nomographische Skalen anbrachte, die es erlauben, koexistierende Gasgemische bei entsprechender Temperatur zusätzlich abzulesen. So enthält das ΔG^0-T-Diagramm für Oxide Skalen für den Sauerstoffdruck, für ein CO/CO_2- bzw. H_2/H_2O-Hilfsgemisch (Abb. 16). Für Sulfide sind z. B. der Gleichgewichts-Schwefeldruck und das H_2S/H_2-Verhältnis angegeben (s. Abb. 17).

2.2.5.3   Eigenschaften einer einzelnen ΔG^0-T-Linie

Fehlerbetrachtung für lineare Darstellung von ΔG^0 in Abhängigkeit von der Temperatur

Die lineare Darstellung in der Form ΔG^0 gegen T setzt nach

$$\Delta G^0 = \Delta H^0 - T\,\Delta S^0$$

voraus, daß weder ΔH^0 noch ΔS^0 von der Temperatur abhängig sind. Dies ist — strenggenommen — nicht der Fall. Es bestehen jedoch zwei Gründe, die eine geradlinige Darstellung ohne großen Fehler rechtfertigen:

– ΔH^0 und ΔS^0 sind nur schwach temperaturabhängig außer an Umwandlungspunkten,
– die Abhängigkeit von ΔH^0 und ΔS^0 von der Temperatur kompensiert sich.

Anstieg der Geraden

Aus der Gleichung (vgl. Tab. 6)

$$\left[\frac{\partial(\Delta G^0)}{\partial T}\right]_p = -\Delta S^0$$

folgt, daß die Steigung der Geraden den negativen Wert von ΔS^0 liefert. Somit ergibt eine positive Steigung eine negative Entropieänderung und umgekehrt. Alle Geraden für die *Metall/Oxid-Systeme haben einen positiven Anstieg ungefähr gleicher Größenordnung*, da jeweils 1 Mol gasförmigen Sauerstoffs bei der Entstehung der Oxide verbraucht wird und der Beitrag des *gasförmigen* Sauerstoffs zur Gesamtentropieänderung der Reaktion bedeutend größer ist, verglichen mit der Entropieänderung des Festkörperwechsels Metall/Oxid. Man kann daher schreiben (für $2\,Me + O_2 \rightleftharpoons 2\,MeO$):

$$\Delta S^0 = [2S^0(MeO) - 2S^0(Me)] - S^0(O_2)$$

$$\Delta S^0 \approx -S^0(O_2)\,.$$

Nach

$$\Delta G^0 = \Delta H^0 - T\,\Delta S^0$$

muß die Neigung der Geraden daher positiv sein.

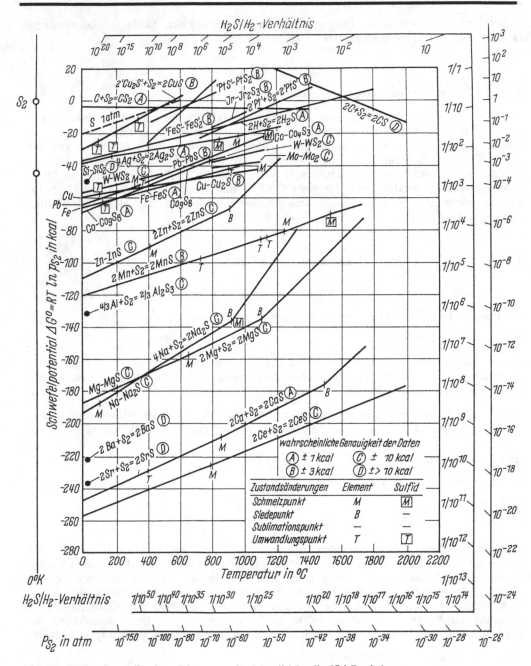

Abb. 17. *Richardson-Ellingham*-Diagramm für Metall-Metallsulfid-Reaktionen

Im Gegensatz hierzu stehen die Temperaturabhängigkeiten für die Reaktionen zwischen Kohlenstoff und Sauerstoff

$$C + O_2 \rightleftharpoons CO_2$$

$$2\,C + O_2 \rightleftharpoons 2\,CO\,.$$

Bei der ersten Reaktion bleibt die Molzahl der gasförmigen Komponenten gleich, daher ist $\Delta S^0 = 0$. Es liegt keine Abhängigkeit von der Temperatur vor. Bei der zweiten Reaktion werden zwei Mole CO aus einem Mol Sauerstoff gebildet; somit ist die Gesamtänderung der Reaktionsentropie positiv und die Neigung der Geraden negativ. Schmilzt ein Metall, so wird seine Entropie um den Betrag der Schmelzentropie $S(s \rightarrow l)$,

$$S(s \rightarrow l) = \frac{H(s \rightarrow l)}{T(s \rightarrow l)}, \qquad (2.47)$$

vergrößert mit dem Ergebnis, daß die Gesamtentropie der Reaktion abnimmt: Der Anstieg der Geraden im *Richardson-Ellingham*-Diagramm wird größer. Der umgekehrte Fall tritt ein, wenn das Reaktionsprodukt (Oxid) aufschmilzt.
Die Entropieänderung beim Übergang flüssig $\rightarrow$ gasförmig ist bedeutend größer als die für den Übergang fest $\rightarrow$ flüssig. Daher ist die Neigungsänderung beim Siedepunkt eines Metalls (z. B. Mg, Zn) sehr ausgeprägt.

Reaktionsenthalpie bei $T = 0$

Aus

$$\Delta G^0 = \Delta H^0 - T \Delta S^0$$

folgt, daß für $T = 0\,K$ $\Delta G^0 = \Delta H^0$ wird. Extrapoliert man somit die Geraden bis $T = 0\,K$, so gibt deren Schnittpunkt mit der Ordinate den Wert der Reaktionsenthalpie $\Delta H^0_{T=0}$ am absoluten Nullpunkt an (Abb. 18).

Dissoziationstemperatur

Aus

$$\Delta G^0 = +RT \ln p_{O_2}$$

folgt, daß bei $\Delta G^0 = 0$ der Druck p_{O_2} gleich dem Standarddruck wird. Der Schnittpunkt einer Linie mit der Horizontalen bei $\Delta G^0 = 0$ gibt somit unmittelbar die Dissoziationstemperatur T_D (Zersetzungstemperatur) der Verbindung wieder.

Stabilitätsbereich der Verbindungen

Nach dem 2. Hauptsatz der Thermodynamik ist die Bildung eines Oxides thermodynamisch möglich, wenn der Wert von ΔG^0 negativ ist. Wird ΔG^0 positiv, so ist der

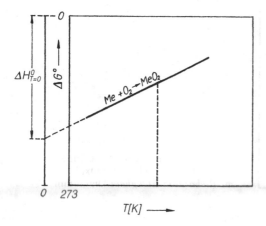

Abb. 18. Schematische Darstellung der Extrapolation zur Bestimmung von $\Delta H^0_{T=0}$

Dissoziationsdruck größer als der Standarddruck, und das Oxid zerfällt. Dies ist oberhalb T_D der Fall.

Einfluß des Druckes auf die Stabilität der Verbindungen

Nach der *van't Hoff*schen Isotherme ist

$$\Delta G = \Delta G^0 + RT \ln \frac{p_{\text{Produkte}}}{p_{\text{Reaktanden}}} .$$

Für die Reaktion

$$2\,\text{Me} + O_2 \rightleftharpoons 2\,\text{MeO}$$

sind normalerweise alle Reaktionsteilnehmer außer Sauerstoff Festkörper. Damit wird

$$\Delta G = \Delta G^0 - RT \ln p_{O_2} .$$

ΔG^0 ist für T = const konstant und aus dem *Richardson-Ellingham*-Diagramm unmittelbar abzulesen. Der zweite Term ist veränderlich und hängt von dem wechselnden Sauerstoffdruck der Außenatmosphäre ab. Für Werte von p_{O_2}, die größer sind als der Standarddruck, wird $\ln p_O$ positiv und damit der Term negativ. Damit wird der Gesamtbetrag ΔG negativer und das Oxid stabiler. Umgekehrt verhält es sich, wenn p_{O_2} kleiner als der Standarddruck ist. Wenn der Sauerstoffdruck im Kontakt mit dem festen Oxid unter den Gleichgewichts-Sauerstoffdruck fällt, wird das Oxid instabil und zersetzt sich.

2.2.5.4   Interpretation von zwei und mehr Linien im Vergleich miteinander

Abbildung 19 zeigt das ΔG^0-T-Diagramm für die Bildung der zwei Oxide MeO_2 und MO. Um die ΔG^0-Werte vergleichen zu können, werden diese jeweils auf 1 Mol Sauerstoff (O_2) bezogen (und nicht auf 1 Mol des Oxids).
Die Anstiege der Geraden in Abb. 19 sind unterschiedlich. Die Geraden schneiden sich im Punkt P (bei entsprechender Temperatur T_p). Unterhalb T_p ist MO gegenüber MeO_2 stabiler. Bei T_p besitzen beide Oxide den gleichen Sauerstoffdruck und können damit koexistieren. Oberhalb T_p wird MeO_2 stabiler. Das bedeutet, daß unterhalb T_p MeO_2 durch M reduziert werden kann, falls keine kinetischen Hemmungen vorliegen:

$$MeO_2 + 2\,M \rightarrow 2\,MO + Me \qquad \text{(unterhalb } T_p\text{)}$$

$$2\,MO + Me \rightarrow MeO_2 + 2\,M \qquad \text{(oberhalb } T_p\text{)} .$$

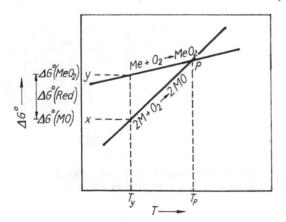

Abb. 19. Schematische Darstellung der relativen Stabilität der Oxide im *Richardson-Ellingham*-Diagramm

2.2.5.4.1 Freie Standardreaktionsenthalpie der Reduktion

Bei gegebener Temperatur kann der ΔG^0-Wert für die oben genannte Reaktion unmittelbar aus dem Schaubild abgelesen werden. Er setzt sich aus den entsprechenden Werten der Teilreaktionen zusammen:

$$2\,M + O_2 \rightleftharpoons 2\,MO \qquad\qquad \Delta G^0(MO)$$

$$Me + O_2 \rightleftharpoons MeO_2 \qquad\qquad \Delta G^0(MeO_2)$$

$$2\,M + MeO_2 \rightleftharpoons 2\,MO + Me \qquad \Delta G^0(\text{Reduktion})$$

$$\Delta G^0(\text{Reduktion}) = \Delta G^0(MO) - \Delta G^0(MeO_2)\,.$$

Bei dieser Berechnungsweise können allerding erhebliche Fehler auftreten. Ist z. B.

$$\Delta G^0(MO) = (-427 \pm 8)\,kJ\,mol^{-1}$$

und

$$\Delta G^0(MeO_2) = (-411 \pm 8)\,kJ\,mol^{-1}\,,$$

so erhält man

$$\Delta G^0(\text{Reduktion}) = -427 - (-411) = (-16 \pm 16)\,kJ\,mol^{-1}\,.$$

Damit wäre die Aussage mit einem Fehler von 100% behaftet.

Man beachte die Wichtigkeit der Geraden für die Reaktion

$$2\,C + O_2 \rightleftharpoons 2\,CO\,,$$

die die Reduktion der Metalloxide durch reinen festen Kohlenstoff darstellt. Oberhalb von 1500 °C können z. B. FeO, Cr_2O_3 und MnO durch festen Kohlenstoff reduziert werden.

2.2.5.4.2 Einfluß des Druckes auf die Richtung des Gleichgewichts bei konstanter Temperatur

Für die Reduktion der Metalloxide mit festem Kohlenstoff ist die zuletzt genannte Reaktion maßgeblich. Wegen der unterschiedlichen Molzahlen auf beiden Seiten der vorstehenden Gleichung ist die Reaktion vom Druck abhängig. Verändert man den Partialdruck des Kohlenmonoxids unter Beibehaltung des Standarddrucks für den Sauerstoff entsprechend

$$2\,C + O_2(p = 1\text{ bar}) \rightleftharpoons 2\,CO(p_{CO} = p_{CO})\,,$$

so ergibt sich mit

$$\Delta G = \Delta G^0 + 2RT \ln p_{CO}\,,$$

daß sich bei steigendem CO-Druck die ursprüngliche Gerade (gültig für $p_{CO} = 1$ bar) im gegenläufigen Uhrzeigersinn um ihren Schnittpunkt mit der Ordinate bei 0 K dreht (Abb. 20).

Ähnlich läßt sich der Einfluß unterschiedlicher p_{CO_2}/p_{CO}-Verhältnisse auf die Reaktion

$$2\,CO + O_2 \rightleftharpoons 2\,CO_2$$

festlegen. Diese ist für die Oxidation von Metallen bzw. für die Reduktion von Metalloxiden verantwortlich:

$$M + CO_2 \rightleftharpoons MO + CO\,.$$

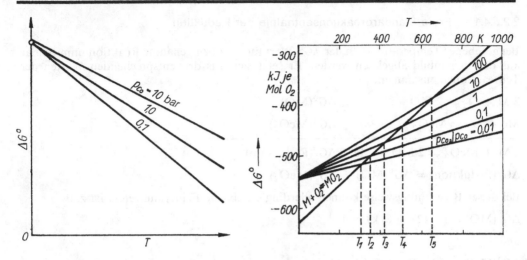

Abb. 20. ΔG^0-T-Verlauf bei verschiedenen Drücken (schematisch)

Abb. 21. Einfluß wechselnder p_{CO_2}-p_{CO}-Verhältnisse auf das Reaktionsverhalten von $CO-CO_2$-Gemischen mit Metallen bzw. Metalloxiden

Für den Einfluß unterschiedlicher Partialdrücke gilt

$$\Delta G = \Delta G^0 + RT \ln \frac{p_{CO_2}^2}{p_{CO_2}^2 p_{O_2}},$$

Abbildung 21 erläutert diesen Sachverhalt.

2.2.5.5   Gebrauch der nomographischen Skalen für Dissoziationsdruck und Hilfsgasgleichgewichte

Dissoziationsdruck

Im Schnittpunkt von zwei Geraden im *Richardson-Ellingham*-Diagramm besteht Gleichgewicht, da dort der ΔG^0-Wert beider Reaktionen gleich wird. Das bedeutet, daß beide Reaktionen den gleichen Sauerstoffdruck besitzen. In vielen Fällen stellt sich daher die Frage nach der Größe des Sauerstoffdrucks in einem Metall/Metalloxid-System. Da dieser über die einfache Gleichung

$$\Delta G^0 = RT \ln p_{O_2}$$

mit ΔG^0 logarithmisch verknüpft ist, bietet sich das Anbringen einer Zweitskala an (vgl. Abb. 16). Diese Zusatzskala ergibt sich aus gedachten Geraden gleichen Sauerstoffdrucks, die das *Richardson-Ellingham*-Diagramm durchlaufen. Bei $T = 0$ K wird ΔG^0 für alle Drücke gleich Null; demnach laufen alle Geraden gleicher p_{O_2}-Drücke von diesem Punkt aus (Bestimmung von p_{O_2} mit Faden oder Lineal).

Hilfsgasgleichgewichte

Hilfsgasgemische sind solche, die einen Sauerstoffdruck indirekt vorgeben, so z. B.

$$2\,CO + O_2 \rightleftharpoons 2\,CO_2$$

$$p_{O_2} = \frac{1}{K_1} \frac{p_{CO_2}^2}{p_{CO_2}^2}$$

oder auch

$$2\,H_2 + O_2 \rightleftharpoons 2\,H_2O$$

$$p_{O_2} = \frac{1}{K_2}\,\frac{p_{H_2O}^2}{p_{H_2}^2}.$$

Gleiche Partialdruckverhältnisse der Hilfsgasgemische ergeben sich durch geradlinige Verbindung des zugehörigen Punktes C (bzw. H) mit dem entsprechenden Wert auf der Zusatzskala.

2.2.5.6 Einschränkungen in der Anwendbarkeit des *Richardson-Ellingham*-Diagramms

Obgleich das *Richardson-Ellingham*-Diagramm für die Metallurgie eine Fülle von Informationen gibt, sollten folgende Einschränkungen berücksichtigt werden:
- die Änderungen der freien Enthalpie sind nur für die Standardzusätze angegeben,
- die Oxide, Sulfide bzw. Verbindungen müssen definierte Zusammensetzung besitzen,
- die Möglichkeit der gegenseitigen Löslichkeit wird vernachlässigt,
- die Möglichkeit der Bildung intermetallischer Verbindungen der Reaktanden und Reaktionsprodukte wird nicht einbezogen,
- das *Richardson-Ellingham-Diagramm* gibt nur die thermodynamische Möglichkeit des Ablaufs einer Reaktion an (es gibt keine Informationen über die Geschwindigkeit einer Reaktion).

Da bei metallurgischen Berechnungen im Rahmen der Prozeßtechnik oft spezielle Reaktionen im ΔG^0-T-Diagramm miteinander verglichen werden müssen, die nicht in den geläufigen Übersichtsdiagrammen aufgeführt sind, soll an dieser Stelle das Ablaufschema zur Erstellung eines Programmes angegeben werden.

2.2.6 *Kellog*-Diagramm − graphische Darstellung des Röstprozesses sulfidischer Erze

Beim sogenannten Rösten (Röstprozeß) wird ein sulfidisches Erz (MeS) in ein Oxid (MeO, Me$_2$O) oder ein Sulfat (MeSO$_4$) überführt. Dazu wird das Erz erhitzt und mit einem sauerstoffhaltigen Gas beaufschlagt. Die an den Reaktionen beteiligte Gasphase kann sich aus SO$_2$ und O$_2$ zusammensetzen, aber auch SO$_3$ oder S$_2$ enthalten. SO$_3$ in der Gasphase tritt bei hohen SO$_2$- und O$_2$-Gehalten auf, S$_2$ bei geringen. Es ergeben sich folgende Gasreaktionen:

$$S_2 + 2\,O_2 = 2\,SO_2 \tag{R1}$$

$$2\,SO_2 + O_2 = 2\,SO_3. \tag{R2}$$

Zwischen den drei Komponenten Metall, Sauerstoff und Schwefel können sich folgende Reaktionen ergeben:

$$MeS + O_2 = MeO + SO_2 \tag{R3}$$

$$2\,Me + O_2 = 2\,MeO \tag{R4}$$

$$2\,MeS + 3\,O_2 = 2\,MeO + 2\,SO_2 \tag{R5}$$

$$2\,MeO + 2\,SO_2 + O_2 = 2\,MeSO_4 \tag{R6}$$

$$MeS + 2\,O_2 = MeSO_4. \tag{R7}$$

Start

Eingabe der C_p-Werte der Reaktionsteilnehmer
unter Berücksichtigung der verschiedenen Modifikationen ($C_p(T)$)

Eingabe der Umwandlungstemperaturen
der Komponenten (T_u)

Berechnung von ΔC_p unter Berücksichtigung
der Umwandlungstemperaturen
$(\Delta C_p(T) = \sum_{\text{rechts}} C_p(T) - \sum_{\text{links}} C_p(T)$, Gl. (1.69))

Berechnung der Reaktionsenthalpie
$(\Delta H^0(T) = \Delta H^0(298) + \int \Delta C_p(T)\, dT$, Gl. (1.73))

Berechnung der Reaktionsentropie
$$\left(\Delta S^0(T) = \Delta S^0(298) + \int \frac{\Delta C_p(T)}{T}\, dT \right)$$

Berechnung der freien Reaktionsenthalpie
$(\Delta G^0(T) = \Delta H^0(T) - T\,\Delta S^0(T))$

graphische Darstellung ($\Delta G^0 = f(T)$) oder
Ausgabe der thermodynamischen Größen,
z. B. in Tabellenform.

Ende

Programm zur Erstellung einer ΔG^0-T-Kurve

Beim Metall können auch andere (höhere) Oxidationsstufen auftreten. In diesen Fällen sind weitere Reaktionen zu berücksichtigen.

Da für Heterogenreaktionen in Gegenwart von Gasphasen kondensierte Phasen als reine Stoffe zu behandeln sind (siehe Abschnitt 2.2.5.1), ergeben sich die Gleichgewichtskonstanten der Reaktionen R3 bis R7 zu:

$$K_{R3} = \frac{p_{SO_2}}{p_{O_2}} \quad \rightarrow \lg p_{SO_2} = \lg p_{O_2} + \lg K_{R3}$$

$$K_{R4} = \frac{1}{p_{O_2}} \quad \rightarrow \text{»Vertikale«} (\lg p_{O_2} = \text{const})$$

$$K_{R5} = \frac{p_{SO_2}^2}{p_{O_2}^3} \quad \rightarrow \lg p_{SO_2} = \frac{3}{2} \lg p_{O_2} + \frac{1}{2} \lg K_{R5}$$

$$K_{R6} = \frac{1}{p_{SO_2}^2 p_{O_2}} \quad \rightarrow \lg p_{SO_2} = -\frac{1}{2} \lg p_{O_2} - \frac{1}{2} \lg K_{R6}$$

$$K_{R7} = \frac{1}{p_{O_2}} \quad \rightarrow \text{»Vertikale«} (\lg p_{SO_2} = \text{const}).$$

Zur Darstellung des Systems wählte *Kellog* ein isothermes Diagramm, bei dem er den $\lg p_{SO_2}$ als Funktion des $\lg p_{O_2}$ beschreibt. Die Gleichungen für die Gleichgewichtskonstanten sind daher explizit nach $\lg p_{SO_2}$ umgestellt worden. Die Steigung der Graphen der Reaktionen (die Phasengrenzen) können bei dieser Schreibweise unmittelbar abgelesen werden.

Abbildung 22 zeigt das nach ihm benannte Diagramm, das die Existenzbereiche der Phasen, gegeben durch die Reaktionen R3 (3) bis R7 (7), für $T = $ const schematisch beschreibt. Die Reaktionen R4 und R7 laufen bei konstantem Sauerstoffdruck ab, so daß die Phasengrenzen vertikal verlaufen. Reagieren SO_2 und O_2 zusammen, d. h., stehen sie gemeinsam auf einer Seite der Reaktionsgleichung, so ergibt sich eine negative Steigung der Phasengrenze (R6), andernfalls eine positive (R3) und (R5).

Wird das Rösten unter Luftatmosphäre (etwa 20% O_2) mit 1 bar Gesamtdruck durchgeführt, so liegt der Partialdruck des O_2/SO_2-Gemisches bei 0,2 bar. Diese Röstbedingungen ($p_{SO_2} + p_{O_2} = 0,2$ bar) sind in das *Kellog*-Diagramm aufgenommen worden. Für die angenommene Temperatur T wird zu Röstbeginn vorliegendes MeS zunächst in MeO

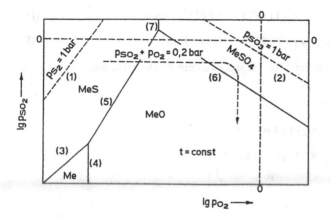

Abb. 22. Schematische Darstellung des Röstens von sulfidischem Erz nach *Kellog*, $T = $ const

überführt, das bei Erhöhung des SO_2-Partialdruckes zu Sulfat reagiert (R6). Ein weiteres Rösten des Sulfats unter Luftatmosphäre mit geringerem p_{SO_2} überführt dieses wiederum in das Oxid.

Beispiele

Gleichgewicht Eisen/Eisensulfid

Berechnen Sie die Gleichgewichtstemperatur für die Reaktion

$$2\langle Fe\rangle_\alpha + (S_2) \rightleftharpoons 2\langle FeS\rangle_\beta$$

wenn der Gleichgewichtspartialdruck des Schwefels den Wert $p_{S_2} = 10^{-10}$ bar annimmt.

gegeben: $\Delta G^0 = (-300495 + 105{,}10T)\,\text{J mol}^{-1}$

Lösung

Es ist gezeigt worden, daß bei Heterogenreaktionen in Gegenwart von Gasphasen die kondensierten Phasen nicht in der Gleichgewichtskonstanten erscheinen. Das heißt, für die obige Reaktionsgleichung gilt

$$K_p = 1/p_{S_2}.$$

Damit erhält man mit den Werten

$$\Delta G^0 = -RT \ln(1/10^{-10}) = (-300495 + 105{,}10T)\,\text{J mol}^{-1}$$

$$T = 1013\,\text{K} = 740\,°\text{C}.$$

Gleichgewicht Nickel/Nickeloxid

gegeben:

$$\langle NiO\rangle \rightleftharpoons \langle Ni\rangle + \tfrac{1}{2}(O_2) \qquad \Delta G_1^0 = (234346 - 85{,}23T)\,\text{J mol}^{-1} \tag{I}$$

$$\langle C\rangle + \tfrac{1}{2}(O_2) \rightleftharpoons (CO) \qquad \Delta G_2^0 = (-111713 - 87{,}65T)\,\text{J mol}^{-1} \tag{II}$$

$$\langle C\rangle + (O_2) \rightleftharpoons (CO_2) \qquad \Delta G_3^0 = (-394133 - 0{,}8T)\,\text{J mol}^{-1} \tag{III}$$

● Welcher Sauerstoffdruck stellt sich bei 1400 °C über reinem Nickeloxid ein?

Lösung

$$\Delta G_1^0 = -RT \ln p_{O_2}^{1/2} = (234346 - 85{,}23T)\,\text{J mol}^{-1}$$

$$p_{O_2} = \left[\exp\left(-\frac{234346\,\text{J mol}^{-1}}{R\,1673K} + \frac{85{,}23\,\text{J(mol K)}^{-1}}{R}\right)\right]^2$$

$$= 1{,}86 \cdot 10^{-6}\,\text{bar}$$

- Bis zu welchem Druck muß die Luftatmosphäre evakuiert werden, daß sich reines NiO bei 1400 °C zersetzt?

Lösung

Nach dem Gesetz von *Dalton* ist der Gesamtdruck der Luft über den Molenbruch des Sauerstoffs mit dessen Partialdruck verknüpft:

$$p_{O_2} = x_{O_2} p_L$$

$$p_L = p_{O_2}/x_{O_2} = (1{,}86 \cdot 10^{-6}/0{,}21)\ \text{bar}$$

$$p_L = 8{,}86 \cdot 10^{-6}\ \text{bar}\,.$$

- Bestimmen Sie das CO/CO_2-Verhältnis, welches zur Reaktion von reinem NiO bei 700 °C erforderlich ist!

Lösung

Die Subtraktion der Gl. (II) von Gl. (III) bzw. ihrer ΔG^0-Werte liefert

$$(CO) + \tfrac{1}{2}(O_2) \rightleftharpoons (CO_2) \qquad \Delta G_4^0 = (-282420 + 86{,}85T)\ \text{J mol}^{-1}\,. \tag{IV}$$

Die Addition von Gl. (IV) und Gl. (I) ergibt das gesuchte Reduktionsgleichgewicht mit Kohlenmonoxid:

$$\langle NiO \rangle + (CO) \rightleftharpoons \langle Ni \rangle + (CO_2) \qquad \Delta G_5^0 = (-48074 + 1{,}62T)\ \text{J mol}^{-1}\,. \tag{V}$$

Daraus folgt mit einer Temperatur von 700 °C

$$\frac{p_{CO}}{p_{CO_2}} = \frac{1}{K} = \exp\left(-\frac{48074\ \text{J mol}^{-1}}{R\,973\ K} + \frac{1{,}62\ \text{J mol}^{-1}\,K^{-1}}{R}\right) = 3{,}2 \cdot 10^{-3}\,.$$

3 Anwendung der Thermodynamik auf einfache Phasengleichgewichte

Mit Hilfe der chemischen Thermodynamik ist man in der Lage, einfache Phasendiagramme aus nur wenigen thermodynamischen Daten zu berechnen. Weiterhin können Phasendiagramme auf ihre Richtigkeit geprüft werden, insbesondere dann, wenn die experimentellen Methoden zur Bestimmung der Phasengrenzen unterschiedliche Ergebnisse liefern.

3.1 Phasenregel

Die Phasenregel legt die Möglichkeiten der Veränderung von Zustandsvariablen bei thermodynamischen Gleichgewichtszuständen fest. Sie stellt eine Beziehung her zwischen

- der (Mindest-)Anzahl K der voneinander unabhängigen chemischen Bestandteile, die zum Aufbau des Gleichgewichtssystems erforderlich sind *(Komponenten)*,
- der Anzahl P der *Phasen* und
- der Anzahl F der Zustandsvariablen, die man unabhängig voneinander verändern kann *(Freiheitsgrade)*, ohne daß eine der Phasen verschwindet.

Zur Ableitung der Phasenregel (*Gibbs* 1875) soll zunächst eine chemische Reaktion zwischen den Komponenten des Systems ausgeschlossen werden. Weiterhin wird angenommen, daß jede Komponente in jeder Phase in endlicher Menge vorhanden sein möge.
Der Zustand der einzelnen Phase ist durch Druck, Temperatur und chemische Zusammensetzung vollständig bestimmt.
In einem System sollen K Komponenten zwischen P Phasen verteilt sein. Für die Molenbrüche x_i in jeder Phase gilt

$$\sum_{1}^{K} x_i = 1 \,. \tag{3.1}$$

Damit werden nur $(K - 1)$ Molenbrüche benötigt, um die Zusammensetzung einer Phase eindeutig festzulegen. Um alle Phasen durch ihre Komponenten zu beschreiben, benötigen wir $P(K - 1)$ Konzentrationsterme. Rechnet man Temperatur und Druck hinzu, kommt man auf eine Zahl von $P(K - 1) + 2$ Variablen.
Durch die Gleichgewichtsbedingung

$$\mu_A(I) = \mu_A(II) = \ldots = \mu_A(P)$$

$$\mu_B(I) = \mu_B(II) = \ldots = \mu_B(P)$$

$$\mu_K(I) = \mu_K(II) = \ldots = \mu_K(P)$$

wird die Anzahl der Konzentrationsterme weiter verringert. Und zwar benötigt man für das betrachtete System von K Komponenten und P Phasen nur einen einzigen Konzentrationsterm für jede Komponente.

Demnach beträgt die Anzahl der Konzentrationsterme, die durch das chemische Potential festgelegt sind, $K(P - 1)$.

Die Gesamtzahl der Variablen (Freiheitsgrade) F zur vollständigen Beschreibung eines Systems ergibt sich dann zu

$$F = [P(K - 1) + 2] - [K(P - 1)] = K - P + 2 \tag{3.2}$$

Diese Gleichung stellt das bekannte *Gibbssche Phasengesetz* dar.

In vielen Fällen bereitet die Festlegung der Anzahl der Komponenten Schwierigkeiten. Um diese zu umgehen, wird Gl. (3.2) durch die Einführung von Hilfsgrößen vereinfacht:

$$F = (K - R - B) - P + 2$$

R Anzahl der *linear unabhängigen Reaktionen* zwischen den K Komponenten des Systems

B Anzahl der weiteren *einschränkenden Bedingungen*, z. B. stöchiometrische Verknüpfung zwischen den Komponenten aufgrund des Massenerhaltungsprinzips *beim Übergang aus einem stofflichen Ausgangszustand* in einen Gleichgewichtszustand.

3.2   Anwendung der Phasenregel auf einfache Systeme

Abbildung 23 zeigt als Beispiel für ein Einkomponentensystem schematisch das Phasendiagramm von Wasser. Je nachdem, ob sich der zu untersuchende Zustand in einem *Zustandsfeld*, auf einer *Zustandslinie* oder im *Tripelpunkt* befindet, ist zwischen den folgenden drei Fällen zu unterscheiden:

Zustandsfeld

$P = 1$

$F = K - P + 2 = 1 - 1 + 2 = 2$.

Bei $F = 2$ nennt man das Gleichgewicht *bivariant*; Druck und Temperatur können unabhängig voneinander variiert werden.

Zustandslinie

$P = 2$

$F = K - P + 2 = 1 - 2 + 2 = 1$.

Bei $F = 1$ ist das Gleichgewicht *univariant*; bei vorgegebener Temperatur ist der Druck festgelegt und umgekehrt.

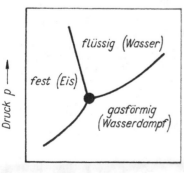

Abb. 23. Phasendiagramm von Wasser (schematisch)

Tripelpunkt

$P = 3$

$F = K - P + 2 = 1 - 3 + 2 = 0$.

Ein Gleichgewicht mit null Freiheitsgraden wird *invariant* genannt. Dieser Zustand ist nur existent bei *einer* bestimmten Temperatur und *einem* zugeordneten Druck.

Beispiele

Für folgende Gleichgewichtssysteme ist die Anzahl der Freiheitsgrade zu bestimmen:

Gleichgewichte in Einkomponentensystemen

● reiner Stoff (z. B. Argon) in einem Aggregatzustand

Lösung

$K = 1$

$P = 1$

$R = 0, \quad B = 0$

$F = 1 - 1 + 2 = 2$ \quad (p und V oder p und T oder T und V).

● Zweiphasengleichgewicht eines reinen Stoffes, z. B. Kondensat/Dampf [Pb(l) − Pb/(g)]

Lösung

$K = 1$

$P = 2$

$R = 0, \quad B = 0$

$F = 1 - 2 + 2 = 1$ \quad (T oder Dampfdruck von Pb).

Gleichgewichte in Mehrkomponentensystemen

● kondensierte Mischphase eines binären Systems im Gleichgewicht mit Dampf

Lösung

$K = 2$

$P = 2$

$R = 0, \quad B = 0$

$F = 2 - 2 + 2 = 2$ \quad (z. B. T und % einer Komponente).

● $CaO(s) - CaCO_3(s) - CO_2(g)$

Lösung

$K = 3$ \hspace{3cm} ($CaO, CaCO_3, CO_2$)

$P = 3$ \hspace{3cm} ($CaO(s), CaCO_3(s), CO_2(g)$)

$R = 1$ \hspace{3cm} ($CaCO_3 \rightleftharpoons CaO + CO_2$)

$B = 0$

$F = 3 - 3 + 2 - 1 = 1$ \hspace{1cm} (z. B. p_{CO_2} oder T)

- $CaO(s) - CaCO_3(s) - CO_2(g) - N_2(g)$

Lösung

$K = 4$ $(CaO, CaCO_3, CO_2, N_2)$

$P = 3$ $(CaO(s), CaCO_3(s), (CO_2, N_2)(g))$

$R = 1$ $(CaCO_3 \rightleftharpoons CaO + CO_2)$

$B = 0$

$F = 4 - 3 + 2 - 1 = 2$ (z. B. T und p_{CO_2})

- $FeO(s) - Fe_3O_4(s) - CO(g) - CO_2(g)$; $p_{CO}/p_{CO_2} = const$

Lösung

$K = 4$ (FeO, Fe_3O_4, CO, CO_2)

$P = 2$ $(FeO(s), Fe_3O_4(s), Gas)$

$R = 1$ $(Fe_3O_4 + CO \rightleftharpoons 3\,FeO + 3\,CO_2)$

$B = 1$ $(p_{CO}/p_{CO_2} = const)$

$F = 4 - 3 + 2 - 1 - 1 = 1$ (z. B. $p_{Gas} = p_{CO} + p_{CO_2}$)

4 Thermodynamik der Mischphasen

Im folgenden werden Systeme untersucht, bei denen *mehrere* chemisch unterschiedliche Stoffe *(Komponenten)* als *Gemisch in einer Phase* vorliegen. Die Behandlung solcher Systeme nimmt eine wesentliche Stellung in der Metallurgie ein.

4.1 Definition der Mischphase; Konzentrationsmaße

Eine Mischphase (oder *Lösung*) ist als eine homogene Phase definiert, die aus verschiedenen chemischen Stoffen zusammengesetzt ist, deren Konzentrationen verändert werden können, ohne daß sich eine neue Phase ausscheidet.

Zur Kennzeichnung der Mischphasen muß die chemische Zusammensetzung als Zustandsgröße eingeführt werden. Dies erfolgt im allgemeinsten Falle durch die Angabe der Molzahlen n_i. Damit erweitert sich die thermische Zustandsgleichung zu

$$v = v(p, T, n_1, n_2, \ldots, n_k). \tag{4.1}$$

Unter einem *Mol einer Mischphase* wird diejenige Menge der Mischphase (in Gramm ausgedrückt) verstanden, in der die Summe der Molzahlen sämtlicher in ihr vorhandenen Komponenten gleich 1 ist.

Sind k Gramm einer binären Mischphase mit den Molzahlen n_A und n_B der Stoffe A und B vorhanden, so stellt die Menge

$$k/(n_A + n_B) \tag{4.2}$$

1 Mol der Mischphase in der Masseneinheit dar.

Neben der Verwendung der Molzahlen sind zur Kennzeichnung der Mischsysteme auch noch andere Konzentrationsmaße gebräuchlich:

Stoffmengenanteil

Der Stoffmengenanteil der Komponente A (auch Stoffmengenbruch oder Molenbruch genannt) ist definiert als [vgl. Gl. (2.13)]

$$x_A = \frac{n_A}{\sum n}. \tag{4.3}$$

Die Multiplikation des Stoffmengenanteils mit 100 ergibt den Stoffmengengehalt in % (früher Molprozent genannt).

Molalität

Molalität einer Lösung heißt der Quotient

$$b_i = n_i/m_k \tag{4.4}$$

n_i Molzahl des gelösten Stoffes
m_k Masse des Lösungsmittels in kg.

Stoffmengenkonzentration

Die Stoffmengenkonzentration (auch kurz Konzentration genannt, früher als *Molarität* bezeichnet) ist der Quotient aus Molzahl und Volumen der Mischphase:

$$c_i = n_i/V \, . \tag{4.5}$$

Diese Konzentrationsangabe ist nur sinnvoll, wenn gleichzeitig die Temperatur der Lösung angegeben wird ($V = V(T)$!).

Beispiel

Am Beispiel einer binären Eisen-Kohlenstoff-Legierung soll der Zusammenhang zwischen Molzahl, Mol und Molenbruch gezeigt werden.

- 300 g einer Fe−C-Legierung mit 3% Kohlenstoff

$$n_C \qquad = \frac{0{,}03}{12 \text{ g mol}^{-1}} \, 300 \text{ g} \qquad = 0{,}75 \text{ mol}$$

$$n_{Fe} \qquad = \frac{0{,}97}{56 \text{ g mol}^{-1}} \, 300 \text{ g} \qquad = 5{,}20 \text{ mol}$$

$$M(\text{Fe}, 3\% \text{ C}) = \frac{300 \text{ g}}{0{,}75 \text{ mol} + 5{,}20 \text{ mol}} = 50{,}5 \text{ g mol}^{-1}$$

- 100 g einer Fe−C-Legierung mit 3% Kohlenstoff

$$n_C \qquad = \frac{0{,}03}{12 \text{ g mol}^{-1}} \, 100 \text{ g} \qquad = 0{,}25 \text{ mol}$$

$$n_{Fe} \qquad = \frac{0{,}97}{56 \text{ g mol}^{-1}} \, 100 \text{ g} \qquad = 1{,}73 \text{ mol}$$

$$M(\text{Fe}, 3\% \text{ C}) = \frac{100 \text{ g}}{0{,}25 \text{ mol} + 1{,}73 \text{ mol}} = 50{,}5 \text{ g mol}^{-1}$$

- 50,5 g (1 Mol) einer Fe−C-Legierung mit 3% Kohlenstoff

$$n_C \qquad = \frac{0{,}03}{12 \text{ g mol}^{-1}} \, 50{,}5 \text{ g} \qquad = 0{,}126 \text{ mol}$$

$$n_{Fe} \qquad = \frac{0{,}97}{56 \text{ g mol}^{-1}} \, 50{,}5 \text{ g} \qquad = 0{,}874 \text{ mol}$$

$$M(\text{Fe}, 3\% \text{ C}) = \frac{50{,}5 \text{ g}}{0{,}126 \text{ mol} + 0{,}874 \text{ mol}} = 50{,}5 \text{ g mol}^{-1}$$

$$x_C = \frac{0{,}126 \text{ mol}}{0{,}126 \text{ mol} + 0{,}874 \text{ mol}} = 0{,}126$$

$$x_{Fe} = \frac{0{,}874 \text{ mol}}{0{,}126 \text{ mol} + 0{,}874 \text{ mol}} = 0{,}874 \, .$$

Das heißt, in **einem** Mol einer Mischphase ist der Molenbruch jeder Komponente gleich deren Molzahl.

● 100 g einer Fe $-$ C-Legierung mit 5% Kohlenstoff

$$n_C \qquad = \frac{0{,}05}{12 \text{ g mol}^{-1}} \, 100 \text{ g} \quad = 0{,}42 \text{ mol}$$

$$n_{Fe} \qquad = \frac{0{,}95}{56 \text{ g mol}^{-1}} \, 100 \text{ g} \quad = 1{,}7 \text{ mol}$$

$$M(\text{Fe, 5\% Fe}) = \frac{100 \text{ g}}{0{,}42 \text{ mol} + 1{,}7 \text{ mol}} = 47{,}2 \text{ g mol}^{-1} \, .$$

Mit Änderung der Zusammensetzung (von 3% C auf 5% C) ändert sich also die Menge eines Mols der Fe $-$ C-Legierung von 50,5 g auf 47,2 g. Das heißt, die Menge, die ein Mol darstellt, hat bei Mischphasen keinen konstanten Wert, sondern ist von der Zusammensetzung abhängig.

4.2   *Dalton*sches Partialdruckgesetz

Das *Dalton*sche Partialdruckgesetz (1801) besagt. **Die Summe der Partialdrücke verdünnter (idealer) Gase ist gleich dem Gesamtdruck der Mischung**.

$$P = \sum_{i=1}^{k} p_i \, . \tag{4.6}$$

Der Partialdruck ist derjenige Druck, der sich einstellen würde, wenn ein Gas der Mischung das Gesamtvolumen einnehmen würde. Mit der Definition des Molenbruches und der allgemeinen Gasgleichung errechnen sich die Partialdrücke aus dem Produkt von Gesamtdruck und Molenbruch:

$$p_i = x_i P \, . \tag{4.7}$$

4.3   Partielle molare Größen

Die Einführung der partiellen Größen in die chemische Thermodynamik geschieht mit der Absicht, die jeweilige »Gesamteigenschaft« (integrale Zustandsgröße) durch die »partiellen Anteile« der jeweiligen Komponenten auszudrücken.
Diese Betrachtungsweise ist anwendbar auf alle *extensiven* Zustandsgrößen wie Volumen, Enthalpie, Entropie, freie Energie und freie Enthalpie. Die letztgenannte Größe soll hier stellvertretend behandelt werden. Für die *molare* freie Enthalpie G einer Mischung gilt:

$$G = \frac{g}{n_1 + n_2 + n_3 + \dots} \, , \tag{4.8}$$

wobei g die freie Enthalpie der *Gesamt*menge ist und n_1, n_2, usw. die Molzahlen der einzelnen Komponenten sind.

4.3.1   Definition der partiellen Größen

Man stelle sich vor, daß 1 Mol einer Komponente 1 einer so großen Gesamtmenge der Mischung zugegeben wird, daß sich die Konzentrationen der anderen Komponenten nicht ändern (Temperatur und Druck als konstant angenommen). Die damit verbundene Änderung der freien Enthalpie der Gesamtmischung

$$\left(\frac{\partial g}{\partial n_1}\right)_{p,T,n_2,n_3\ldots} \equiv \bar{G}_1 \qquad (4.9)$$

stellt die partielle molare freie Enthalpie der Komponente 1 dar. Analog gilt für die Komponente 2

$$\left(\frac{\partial g}{\partial n_2}\right)_{p,T,n_1,n_3\ldots} \equiv \bar{G}_2 . \qquad (4.10)$$

Werden in einem Zweistoffsystem beide Molzahlen gleichzeitig geändert, so ergibt sich das totale Differential

$$dg = \left(\frac{\partial g}{\partial n_1}\right)_{p,T,n_2} dn_1 + \left(\frac{\partial g}{\partial n_2}\right)_{p,T,n_1} dn_2 \qquad (4.11)$$

oder allgemein

$$dg = \sum_{i=1}^{k} \left(\frac{\partial g}{\partial n_i}\right)_{p,T,n_{j\neq i}} dn_i . \qquad (4.12)$$

Die Zweckmäßigkeit der partiellen Größen liegt darin, daß mit ihrer Hilfe eine *additive Beschreibung* der Eigenschaften der Mehrstofflösungen möglich ist. Nach den Gln. (4.9), (4.10) und (4.11) gilt dann

$$dg = \bar{G}_1 \, dn_1 + \bar{G}_2 \, dn_2 + \ldots . \qquad (4.13)$$

Die partielle Größe $\bar{G}_i$ ist mit dem chemischen Potential der Komponente i in der Mischung identisch [vgl. Gl. (1.125)]:

$$\bar{G}_i = \mu_i . \qquad (4.14)$$

4.3.2   Gleichung von *Gibbs-Duhem*

Werden einer großen Lösungsmenge n_1 Mole der Komponente 1, n_2 Mole der Komponente 2 usw. im Verhältnis der existierenden Zusammensetzung zugeführt, so beträgt die Zunahme von g nach dem Mischungsvorgang

$$n_1 \bar{G}_1 + n_2 \bar{G}_2 + \ldots .$$

Entnimmt man nun eine Teilmenge, die $n_1 + n_2 + \ldots$ Mole enthält, so ist die Abnahme der extensiven Größe g der Lösung [vgl. Gl. (4.8)]

$$(n_1 + n_2 + \ldots) \, G .$$

Da sich durch die beiden Schritte die Menge und die Konzentration der Lösung nicht verändert hat, sind Zunahme und Abnahme in g gleich, d. h.,

$$(n_1 + n_2 + \ldots) \, G = n_1 \bar{G}_1 + n_2 \bar{G}_2 + \ldots \qquad (4.15)$$

oder mit Gl. (4.8)

$$g = n_1 \bar{G}_1 + n_2 \bar{G}_2 + \ldots . \qquad (4.16)$$

Obgleich Gl. (4.16) mit der Einschränkung erhalten wurde, daß sich die Zusammensetzung der Lösung nicht ändert, ist sie jedoch allgemein gültig, da sie ausschließlich Zustandsgrößen enthält. Bei Änderung der Molzahlen *unabhängig* voneinander, d. h., die Lösung ändert ihre Zusammensetzung, wird die Änderung von g daher durch das vollständige Differential beschrieben:

$$dg = n_1\, d\bar{G}_1 + \bar{G}_1\, dn_1 + n_2\, d\bar{G}_2 + \bar{G}_2\, dn_2 + \dots . \qquad (4.17)$$

Ein Vergleich mit der Gl. (4.13) ergibt die Bedingung

$$n_1\, d\bar{G}_1 + n_2\, d\bar{G}_2 + \dots = 0 . \qquad (4.18)$$

Entsprechende Division durch die Summe der Molzahlen liefert

$$x_1\, d\bar{G}_1 + x_2\, d\bar{G}_2 + \dots = 0 \qquad (4.19)$$

bzw. für Zweistoffsystem

$$x_1\, d\bar{G}_1 = -x_2\, d\bar{G}_2 .$$

Die Ausdrücke in Form der Gln. (4.18) und (4.19) werden *Gibbs-Duhem-Gleichungen* genannt. Die Gleichungen erlauben es, bei geeigneter Integration eine Verknüpfung der partiellen Größen untereinander herbeizuführen.

4.3.3   Methoden zur Bestimmung partieller molarer Größen

Für die molare freie Enthalpie eines Zweikomponentensystems (T und $p = $ const) gilt

$$dG = x_1\, d\bar{G}_1 + \bar{G}_1\, dx_1 + x_2\, d\bar{G}_2 + \bar{G}_2\, dx_2 . \qquad (4.20)$$

Mit Hilfe der *Gibbs-Duhem*-Gleichung und unter Beachtung, daß

$$x_1 + x_2 = 1$$

ist, d. h.,

$$dx_1 = -dx_2 , \qquad (4.21)$$

ergibt sich

$$\bar{G}_1 = G + (1 - x_1)\frac{dG}{dx_1} \qquad (4.22)$$

und entsprechend für die Komponente 2

$$\bar{G}_2 = G + (1 - x_2)\frac{dG}{dx_2} . \qquad (4.23)$$

Bei Kenntnis des Verlaufs von G können $\bar{G}_1$ und $\bar{G}_2$ graphisch oder analytisch bestimmt werden.

4.3.3.1   Analytische Lösung

Die analytische Bestimmung ist möglich, wenn ein empirischer Ausdruck von G in Abhängigkeit von x vorhanden ist.

4.3.3.2   Graphische Lösung

Ist G in Abhängigkeit von der Zusammensetzung bekannt, so wird zur graphischen Lösung meist die sogenannte *Achsenabschnittsmethode* (oder Tangentenschnittmethode).

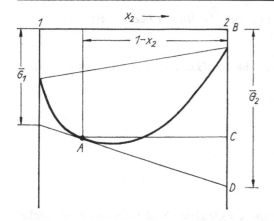

Abb. 24. Achsenabschnittsmethode zur Bestimmung partieller Größen

Ausgehend von der Gl. (4.23) zeigt Abb. 24, daß die Schnittpunkte der Tangenten an die *G*-Kurve (bei einer gegebenen Zusammensetzung) mit den Ordinaten bei $x_1 = 1$ und $x_2 = 1$ die gesuchten partiellen Größen $\bar{G}_1$ und $\bar{G}_2$ ergeben:

$$\bar{G}_2 = G + (1 - x_2)\,\frac{\mathrm{d}G}{\mathrm{d}x_2}$$

$$\bar{G}_2 = \overline{BC} + (1 - x_2)\,\frac{\overline{CD}}{1 - x_2} = \overline{BC} + \overline{CD} = \overline{BD}\,.$$

In gleicher Weise wird $\bar{G}_1$ bestimmt.

4.4   Chemisches Potential

Ideales Gas

Verhält sich ein Gas ideal, so kann es durch die Gleichung

$$\mu_i(T, p) = \mu_i^0(T, p_i^0) + RT \ln \frac{p_i}{p_i^0} \tag{4.24}$$

beschrieben werden. Hierin sind μ_i und μ_i^0 die chemischen Potentiale des idealen Gases bei den Drücken p_i bzw. p_i^0, aber bei gleicher Temperatur T. Es liegt nahe, für p_i^0 die Größe einer Maßeinheit zu wählen, so daß Gl. (4.24) übergeht in

$$\mu_i(T, p) = \mu_i^0(T, p_i^0 = 1) + RT \ln p_i\,. \tag{4.25}$$

Mit dieser Wahl wird der *Standardzustand* festgelegt.

Reales Gas; Fugazität

Um die Form der Gl. (4.25) auch für reale Gase verwenden zu können, wird ein fiktiver Druck – die *Fugazität f* – eingeführt:

$$\mu_i(T, f) = \mu_i^*(T, f_i^* = 1) + RT \ln f_i \tag{4.26}$$

μ_i^* chemisches Potential bei T und der Standardfugazität $f_i^* = 1$ bar
f_i Fugazität des Stoffs i, auf die Standardfugazität bezogen.

Das Verhältnis Fugazität zu Druck wird als *Fugazitätskoeffizient* bezeichnet:

$$f_i/p_i = \varphi_i. \tag{4.27}$$

Da reale Gase sich bei niedrigem Druck wie ein ideales Gas verhalten, gilt im Grenzfall

$$\lim_{p_i \to 0} f_i = p_i \quad \text{oder} \quad \lim_{p_i \to 0} \frac{f_i}{p_i} = 1.$$

Hierbei gilt

$$\mu_i^*(T, f_i^* = 1) \approx \mu_i^0(T, p_i^0 = 1).$$

Kondensierte ideale Mischphasen

Wie bei den idealen Gasen sind hier die Mischungseffekte gleich Null, sofern man chemische Reaktionen ausschließt. Formal ließe sich nach Gl. (4.25) schreiben:

$$\mu_i(T, p) = \mu_i^0(T, p_i^0) + RT \ln x_i. \tag{4.28}$$

Beim kondensierten Zustand ist die Wahl des Standarddrucks p_i^0 mit 1 bar nur für die Verdampfungstemperatur gegeben.
Hier bietet sich an, für p_i^0 jenen Wert zu wählen, der bei der Temperatur T dem *Dampfdruck* der reinen Komponente i ($x_i = 1$) entspricht. Damit geht Gl. (4.28) über in

$$\mu_i(T, p) = \mu_i^0(T, p_i^0 \text{ für } x_i = 1) + RT \ln x_i \tag{4.29}$$

oder abgekürzt

$$\mu_i = \mu_i^0 + RT \ln x_i. \tag{4.30}$$

Kondensierte reale Mischphasen; Aktivität

Analog den realen Gasen wird der Ansatz für die ideale Mischphase beibehalten. Der Molenbruch x_i wird durch die chemische *Aktivität* a_i ersetzt, wobei der (konzentrationsabhängige) *Aktivitätskoeffizient* γ_i zwischen den beiden Größen die Proportionalitätskonstante darstellt:

$$a_i = \gamma_i x_i. \tag{4.31}$$

Aus Gl. (4.28) wird mit Einführung der Aktivität anstelle des Molenbruches

$$\mu_i = \mu_i^0 + RT \ln a_i = \mu_i^0 + RT \ln x_i + RT \ln \gamma_i. \tag{4.32}$$

μ_i^0 in Gl. (4.32) entspricht der Definition wie in Gl. (4.29).

Beispiel

● Ein evakuierter Rezipient mit 25 l Inhalt soll mit Wasserstoff und Helium gefüllt werden. Dabei werden 1 l H_2 bei 3 bar und 11,5 l He bei 2 bar zugeleitet. Welchen Gesamtdruck hat das Gemisch und wie groß ist die freie Mischungsenthalpie $g(M)$ sowie die Mischungsentropie $s(M)$? Wie groß sind die molaren Größen $G(M)$ und $S(M)$? Die Gase mögen sich ideal verhalten, d. h., eine Änderung der Temperatur tritt bei der Entspannung nicht auf. Die Umgebungstemperatur beträgt 298 K.

gegeben: $R = 8,314 \text{ J (mol K)}^{-1} = 8,314 \cdot 10^{-2} \text{ bar l (mol K)}^{-1}$

Lösung

Die Molzahlen der eingeleiteten Gase betragen: $n_i = \dfrac{p_i v_i}{RT}$

$$n_{H_2} = \frac{3 \cdot 1}{0,083\,14 \cdot 298} = 0,121\,08 \text{ mol}$$

und

$$n_{He} = \frac{2 \cdot 11,5}{0,083\,14 \cdot 298} = 0,9283 \text{ mol} \,,$$

so daß sich die Gesamtmolzahl zu $n_{ges} = 1,049\,38$ mol ergibt. Somit sind die Molenbrüche $x_i = n_i/n_{ges}$

$$x_{H_2} = 0,1154$$

$$x_{He} = 0,8846 \,.$$

Der Gesamtdruck p_{ges} ist:

$$p_{ges} = \frac{n_{ges}RT}{V_{Rez.}} = \frac{1,049\,38 \cdot 0,083\,14 \cdot 298}{25} = 1,04 \text{ bar} \,.$$

Mit dem Gesamtdruck ergeben sich die entsprechenden Partialdrücke, p_{H_2} und p_{He}, zu $p_i = x_i/p_{ges}$,

$$p_{H_2} = 0,120\,016 \text{ bar}$$

$$p_{He} = 0,919\,984 \text{ bar} \,.$$

Im Ausgangszustand A (vor der Mischung) betrugen die molaren freien Enthalpien der Gase:

$$G_{H_2,A} = G_{H_2}^0 + RT \ln (3)$$

$$G_{He,A} = G_{He}^0 + RT \ln (2) \,.$$

Im Endzustand E betragen die Größen:

$$G_{H_2,E} = G_{H_2}^0 + RT \ln p_{H_2} = G_{H_2}^0 + RT \ln (0,120\,016)$$

$$G_{He,E} = G_{He}^0 + RT \ln p_{He} = G_{He}^0 + RT \ln (0,919\,984) \,.$$

Die freie Mischungsenthalpie als Differenz des End- und Anfangszustandes beträgt somit:

$$\begin{aligned}
g(M) &= n_{H_2}(G_{H_2}^0 + RT \ln p_{H_2}) + n_{He}(G_{He}^0 + RT \ln p_{He}) \\
&\quad - n_{H_2}(G_{H_2}^0 + RT \ln (3)) - n_{He}(G_{He}^0 + RT \ln (2)) \\
&= n_{H_2} RT \ln p_{H_2} + n_{He} RT \ln p_{He} - n_{H_2} RT \ln (3) - n_{He} RT \ln (2)
\end{aligned}$$

$$g(M) = n_{H_2} RT \ln \frac{p_{H_2}}{(3)} + n_{He} RT \ln \frac{p_{He}}{(2)}$$

$$g(M) = -965,493 - 1785,81 = -2751,303 \text{ J}$$

$$G(M) = \frac{g(M)}{n_{ges}} = -2621,84 \text{ J mol}^{-1} \,.$$

8 Thermodynamik

Die Mischungsentropie ist:

$$s(M) = -\frac{\partial g(M)}{\partial T} = -n_{H_2} R \ln \underset{(3)}{\frac{p_{H_2}}{}} - n_{He} R \ln \underset{(2)}{\frac{p_{He}}{}}$$

$$= 3,24 + 5,99 = 9,23 \text{ J K}^{-1}$$

$$S(M) = \frac{s(M)}{n_{ges}} = 8,796 \text{ J (mol K)}^{-1}.$$

Dem Ergebnis ist zu entnehmen, daß der Mischungsvorgang durch eine Erniedrigung der freien Enthalpie und eine Erhöhung der Entropie gekennzeichnet ist.

4.5   Phasengleichgewichte im Mehrkomponenten-System

4.5.1   Binäre Systeme

4.5.1.1   *Raoult*sches Gesetz

Als ein Maß der gegenseitigen Beeinflussung der Teilchen in einer Flüssigkeit kann ihr *Dampfdruckverhalten* gelten.

Ein linearer Verlauf der Dampfdruckkurve eines Stoffes in Lösung (p_A oder p_B) in Abhängigkeit von seiner Konzentration ist ein Kennzeichen seines idealen Verhaltens. Mit den folgenden Symbolen bei der Temperatur T,

p_A^0 Dampfdruck des reinen Stoffes A,
p_B^0 Dampfdruck des reinen Stoffes B,
p_A Dampfdruck des Stoffes A über der Lösung,
p_B Dampfdruck des Stoffes B über der Lösung

ergibt sich für das ideale Verhalten

$$\frac{p_A^0 - p_A}{p_A^0} = x_B \tag{4.33}$$

und mit $x_A + x_B = 1$

$$p_A = x_A p_A^0. \tag{4.34}$$

Dieser von *Raoult* (1886) empirisch gefundene Zusammenhang (vgl. Abb. 25) bedeutet:

Der Dampfdruck eines Stoffes in Lösung ist proportional dem Molenbruch. Proportionalitätskonstante ist der Dampfdruck des reinen Stoffes bei entsprechender Temperatur.

Für den *Gesamtdruck* gilt

$$p = x_A p_A^0 + x_B p_B^0. \tag{4.35}$$

Ideale Lösungen sind Ausnahmen und kommen selten vor. Eine *Annäherung* an das ideale Verhalten ist meist dann vorhanden, wenn die Wechselwirkungen der Lösungspartner untereinander vergleichbar sind.

Sehr häufig verlaufen die Partialdrücke so, wie sie in den Abbildungen 26 und 27 dargestellt sind. Sie zeigen positive (nach oben) und negative (nach unten) Abweichungen vom *Raoult*schen Gesetz.

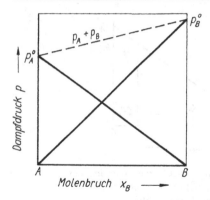

Abb. 25. Dampfdruckkurven einer idealen Lösung

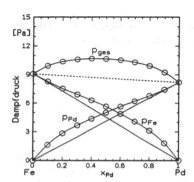

Abb. 26. Dampfdruckverhalten von
Eisen-Palladium-Schmelzen

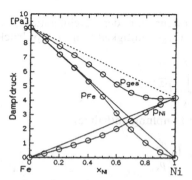

Abb. 27. Dampfdruckverhalten von
Eisen-Nickel-Schmelzen

4.5.1.2   Siedepunktserhöhung

Wird ein Stoff in einer Flüssigkeit gelöst, so wird bei $T = \text{const}$ der Dampfdruck der Flüssigkeit herabgesetzt. Ist andererseits die Siedetemperatur der reinen Flüssigkeit T_0, so wird sie nunmehr durch den gelösten Stoff auf T_s erhöht (Abb. 28).

Mit dem *Raoult*schen Gesetz ist man in der Lage, die Dampfdruckerniedrigung mit der Konzentration zu verknüpfen. Für ein ideales System ist der Dampfdruckverlauf in Abb. 29 aufgezeichnet. Aus der Ähnlichkeit der Dreiecke $p_A^0 C p_s$ und $p_A^0 B A$ in Abb. 29 folgt:

$$\frac{p_A^0 - p_s}{p_A^0} = \frac{x_B}{x_A + x_B}. \tag{4.36}$$

Da $x_A + x_B = 1$, ergibt sich

$$\frac{p_A^0 - p_s}{p_A^0} = x_B. \tag{4.37}$$

Der Dampfdruck eines reinen Lösungsmittels sei beim Siedepunkt T_A^0 gleich p_A^0; der erniedrigte Dampfdruck der Lösung sei p_s und der neue Siedepunkt T_s. Mit $\Delta T = T_s - T_A^0$

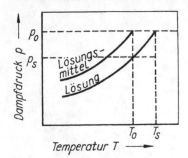

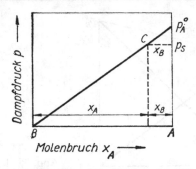

Abb. 28. Dampfdruckkurve einer Lösung und des reinen Lösungsmittels

Abb. 29. Dampfdruckkurve einer idealen Lösung ($p_B^0 \ll p_A^0$) für T = const
A Lösungsmittel, B gelöster Stoff

erhalten wir durch Integration der vereinfachten *Clausius-Clapeyron*-Gleichung (unter Berücksichtigung der Gegenläufigkeit von Dampfdruck und Siedetemperatur)

$$\int\limits_{p_s}^{p_A^0} \frac{\mathrm{d}p}{p} = \frac{H(1 \to \mathrm{g})}{R} \int\limits_{T_A^0}^{T_s} \frac{\mathrm{d}T}{T^2},$$

mit $H(1 \to \mathrm{g})$ als Verdampfungsenthalpie

$$\Delta T = \frac{R}{H(1 \to \mathrm{g})}\, T_A^0 T_s \ln \frac{p_A^0}{p_s}. \tag{4.38}$$

Für kleine Temperaturdifferenzen, d. h. für $T_A^0 \approx T_s$, läßt sich die Gleichung vereinfachen:

$$\Delta T \approx \frac{R}{H(1 \to \mathrm{g})}\, (T_A^0)^2 \ln \frac{p_A^0}{p_s}. \tag{4.39}$$

Oftmals ist es bedeutungsvoller, die Konzentration der Lösung mit dem Siedepunkt zu verbinden. Hierzu dient folgende Umformung, gemäß der Sterling-Formel $\ln(1 + x) \approx x$:

$$\ln \frac{p_A^0}{p_s} = \ln \left(1 + \frac{p_A^0 - p_s}{p_s} \right). \tag{4.40}$$

Für kleine Dampfdruckerniedrigungen gilt mit $p_s \approx p_A^0$,

$$\ln \frac{p_A^0}{p_s} \approx \frac{p_A^0 - p_s}{p_A^0}. \tag{4.41}$$

Damit erhält man durch Einsetzen in Gl. (4.38)

$$\ln \frac{p_A^0}{p_s} = \frac{H(1 \to \mathrm{g})}{R}\, \frac{\Delta T}{T_A^0 T_s} \approx x_B. \tag{4.42}$$

Bei sehr verdünnten Lösungen wird $T_A^0 \approx T_s$ und somit $T_A^0 T_s \approx (T_A^0)^2$. Die Gl. (4.42) liefert nunmehr

$$\Delta T \approx x_B \frac{R}{H(1 \to \mathrm{g})}\, (T_A^0)^2. \tag{4.43}$$

Die Gl. (4.43) stellt das *van't Hoffsche Gesetz der Siedepunktserhöhung* (in verdünnten Lösungen) dar:

Die relative Siedepunkterhöhung ist dem Molenbruch des gelösten Stoffes proportional.

4.5.1.3   Gefrierpunktserniedrigung

Da die Dampfdruckkurve der Lösung stets unterhalb der des reinen Stoffes (Lösungsmittel) verläuft, ist eine Gefrierpunktserniedrigung zu beobachten (Abb. 30).

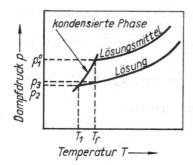

Abb. 30. Dampfdruckkurve einer Lösung und des reinen Lösungsmittels

Analog den Überlegungen zur Siedepunktserhöhung erhält man bei verdünnten Lösungen für $\Delta T = T_f - T_1$

$$\Delta T \approx x_B \frac{R}{H(s \to 1)} T_f^2 \tag{4.44}$$

$H(s \to 1)$ Schmelzenthalpie
T_f Schmelzpunkt.

Im Bereich höherer Konzentrationen gilt der allgemeine Ansatz

$$\ln \frac{p_1^0}{p_2} = \ln \frac{x_A + x_B}{x_A} = \frac{H(s \to 1)}{R} \left[\frac{1}{T_1} - \frac{1}{T_f} \right]. \tag{4.45}$$

Mit $x_A + x_B = 1$ erhält man

$$\ln x_A = \frac{H(s \to 1)}{R} \left[\frac{1}{T_f} - \frac{1}{T_1} \right]. \tag{4.46}$$

Diese Gleichungen sind anzuwenden, um vereinfacht Liquiduskurven von Zustandsdiagrammen zu berechnen.

4.5.1.4   Aktivität und Dampfdruck

Die Aktivität eines Stoffes in Lösung ist für ideales Verhalten der Gasphase das Verhältnis seines tatsächlichen Dampfdruckes zu dem eines gewählten Standardzustandes:

$$a_i = p_i/p_i^0. \tag{4.47}$$

Standardzustand ist entweder der *reine Stoff* (vgl. Abschn. 4.4) oder die *unendlich verdünnte Lösung*.

Liegt ein reales Gasverhalten vor, werden die Dampfdrücke durch die Fugazitäten ersetzt:

$$a_i = f_i/f_i^0 .\tag{4.48}$$

Aus der Definition der Aktivität (Gl. (4.47)) folgt, daß bei der Wahl des Molenbruches als Konzentrationsgröße sich die Aktivität von 0 bis 1 verändern kann.

Für *ideale* Lösungen, bei denen das *Raoult*sche Gesetz

$$p_i = p_i^0 x_i$$

gilt, ist

$$a_i = x_i ,\tag{4.49}$$

d. h., für ideales Verhalten ist die Aktivität gleich dem Molenbruch, bzw. die Konzentration (im Molenbruch) ist gleich dem »aktiven« Anteil des Stoffes in der Lösung.

Zwischen Aktivitätsschaubildern (Abb. 31) und Zustandsdiagrammen läßt sich in vielen Fällen zumindest ein qualitativer Zusammenhang herleiten:

– *positives* Abweichen vom *Raoult*schen Gesetz → *Entmischungsneigung* oder Mischungslücke,
– *negatives* Abweichen vom *Raoult*schen Gesetz → *Verbindungstendenz*.

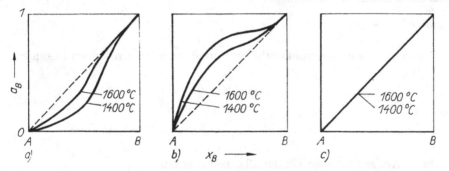

Abb. 31. Aktivitätsschaubilder bei verschiedenen Temperaturen (schematisch)
a) negative Abweichung, b) positive Abweichung, c) ideales Verhalten

Da mit steigender Temperatur der Ordnungszustand eines Systems abnimmt (Bindungskräfte werden gelöst), nähert es sich dem idealen Verhalten bzw. sein Aktivitätsverlauf der Raoultschen Geraden.

4.5.1.5   *Henry-Dalton*sches Gesetz

Das von *Henry* (1803) empirisch gefundene Gesetz bezieht sich auf die Löslichkeit eines Gases in einer Flüssigkeit und lautet:

Ein reines Gas löst sich in einer Flüssigkeit proportional seinem Druck.

1807 erweiterte *Dalton* das *Henry*sche Gesetz auf ideale Gasmischungen:

Ein Gas aus einer Gasmischung löst sich in einer Flüssigkeit proportional seinem Partialdruck.

$$p_i = kx_i .\tag{4.50}$$

Mit Gl. (4.47) ergibt sich

$$a_i p_i^0 = k x_i$$

oder

$$a_i = \frac{k}{p_i^0} x_i = \gamma_i^0 x_i .$$ (4.51)

Der Aktivitätskoeffizient γ_i^0 besitzt bei niedrigen Konzentrationen (streng im Bereich der *unendlich verdünnten Lösung*) einen konstanten Wert. Durch Tangentenbildung an den Aktivitätsverlauf in einem a_i-x_i-Diagramm im Bereich $x_i \to 0$ und Extrapolation der Tangente bis zur Ordinate bei $x_i = 1$ kann der γ_i^0-Wert abgeschätzt werden. Seine quantitative Bestimmung erfolgt meist in einem $\ln \gamma - x$-Diagramm. Für verdünnte Lösungen kann der Molenbruch x_i durch den Massengehalt c ersetzt werden, und man erhält

$$p_i = k' c_i .$$ (4.52)

4.5.1.6   Löslichkeitsgleichgewicht

Ist ein gelöster Stoff im Überschuß (z. B. als Bodenkörper) vorhanden, so ändert sich sein chemisches Potential in der Lösung nicht. Bei konstanter Temperatur und konstantem Druck ergibt sich aus Gl. (4.32)

$$d \Delta\mu_B = d(\mu_B - \mu_B^0) = RT \, d \ln a_B = 0$$

oder

$$a_B = \text{const} .$$ (4.53)

Die Aktivität des gelösten Stoffes in gesättigter Lösung (Sättigungsaktivität) ist konstant. Sie ist außerdem unabhängig vom Mengenverhältnis der Phasen.
Nach

$$a_i = \gamma_i x_i$$

sind allerdings die Sättigungskonzentrationen und die entsprechenden Aktivitätskoeffizienten variabel, z. B. bei Zugabe von dritten Stoffen (Einsalz- und Aussalzeffekt; Verschiebung der $C'D'$-Linie im Eisen-Kohlenstoff-Diagramm).

4.5.1.7   *Nernst*scher Verteilungssatz

Nach dem 2. Hauptsatz muß gefordert werden, daß das chemische Potential eines in koexistierenden Phasen I und II gelösten Stoffes B gleich ist, d. h.,

$$\mu_B(\text{I}) = \mu_B(\text{II})$$

oder

$$\mu_B^0(\text{I}) + RT \ln a_B(\text{I}) = \mu_B^0(\text{II}) + RT \ln a_B(\text{II}) .$$

Bei gleicher Wahl des Standardzustandes in beiden Phasen (z. B. »reiner Stoff B«) gilt

$$\frac{a_B(\text{I})}{a_B(\text{II})} = \text{const} .$$ (4.54)

Gl. (4.54) stellt den *Nernstschen Verteilungssatz* dar. Er lautet:

Das Verhältnis der Aktivität eines in koexistierenden Phasen gelösten Stoffes B ist konstant (p, T = const) und von der Menge des Gelösten unabhängig.

Im Bereich verdünnter Lösungen, bei denen γ_B = const ist, gilt mit hinreichender Genauigkeit

$$\frac{\text{Massengehalt B(I)}}{\text{Massengehalt B(II)}} = \text{const}.\tag{4.55}$$

4.5.1.8   Standardzustände der Aktivität

4.5.1.8.1   Standardzustand »reiner Stoff«

Die Aktivität ist mit der Konzentration über die Gleichung

$a_B = \gamma_B x_B$

verknüpft. Es gilt mit Abb. 32

$$\gamma_B = \frac{a_B}{x_B} = \frac{\overline{XY}}{\overline{OX}} = \frac{\overline{XY}}{\overline{XZ}}.$$

Der Aktivitätskoeffizient stellt also ein Maß der Abweichung vom idealen Verhalten dar. Er kann größer, kleiner oder gleich Eins sein.

Bei der Betrachtung eines auf den reinen Stoff bezogenen Aktivitätsschaubildes fällt auf, daß zwei bevorzugte Bereiche auftreten (Abb. 32):

— Bereich 1 (in der Nähe des reinen Stoffes); hier nähert sich der Aktivitätsverlauf dem idealen Verhalten,
— Bereich 2 (verdünnte Lösung); die Aktivität folgt hier einem zunächst geradlinigen Verlauf in Übereinstimmung mit dem *Henry*schen Gesetz. Der Wert des Aktivitätskoeffizienten γ_B geht in den konstanten Wert γ_B^0 über.

4.5.1.8.2   Standardzustand »unendlich verdünnte Lösung«

Beim Standardzustand »unendlich verdünnte Lösung« wird der Aktivitätsverlauf nicht auf die *Raoult*sche, sondern auf die *Henry*sche Gerade bezogen. Der γ_B^0-Wert, der sich als Schnittpunkt der *Henry*schen Geraden mit der Ordinate bei der Konzentration $x_B = 1$ ergibt, wird als Aktivitätswert »Eins« definiert (Abb. 33).

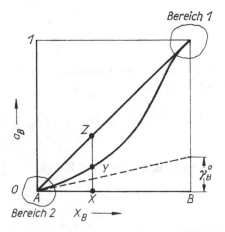

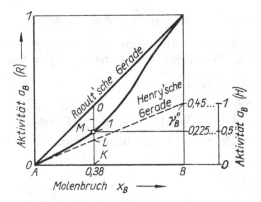

Abb. 32. Aktivitätsschaubild eines binären Systems (zur Erläuterung der Standardzustände)

Abb. 33. Unterschiedlich bezogene Aktivitäten und ihre Umrechnung

Es ist also zwischen folgenden beiden Fällen zu unterscheiden:

— Aktivitätskoeffizient »*Raoult*sche Skala«,

$$\gamma_B(R) = \overline{KM}/\overline{KO},$$

wobei

$$\gamma_B \rightarrow 1 \quad \text{für} \quad x_B \rightarrow 1 \quad \text{bzw.} \quad x_B = a_B(R),$$

— Aktivitätskoeffizient »*Henry*sche Skala«,

$$f_B(H) = \overline{KM}/\overline{KL}$$

wobei

$$f_B \rightarrow 1 \quad \text{für} \quad x_B \rightarrow 0 \quad \text{bzw.} \quad x_B = a_B(H).$$

Der Vorteil dieses (fiktiven) Standardzustandes liegt darin, daß im Bereich geringer Konzentrationen keine merkliche Abweichung von der *Henry*schen Geraden auftritt. Damit können in diesem Bereich Stoffmengengehalte die Aktivität ersetzen.
Es ist zu beachten, daß bei diesem Standardzustand größere Aktivitätswerte als 1 auftreten können.
Bei Kenntnis des Zahlenwertes von γ_B^0 ist es möglich, einen Standardzustand in den anderen umzurechnen:

$$a_B(R) = \gamma_B^0 a_B(H). \tag{4.56}$$

Entsprechend der Gl. (4.56) beträgt die Differenz der freien Enthalpie zwischen diesen zwei Standarzuständen

$$\Delta G_B^0(R \rightarrow H) = RT \ln \gamma_B^0 = G_B^0(H) - G_B^0(R). \tag{4.57}$$

4.5.1.8.3   Standardzustand »einprozentige Lösung«

Verschiedentlich wird im metallurgischen Schrifttum der von *Chipman* eingeführte Standardzustand der »einprozentigen Lösung« benutzt. Er wird wie folgt definiert:

$$\left[\frac{a_B(1\%)}{\% B} \right]_{\% B \rightarrow 0} = f_B(\%) = 1. \tag{4.58}$$

Drückt man die Konzentration durch den Massengehalt aus, so wird die Einheit der Aktivität $a_B(\%)$ gleich der Einheit des Massengehaltes.
Solange das *Henry*sche Gesetz befolgt wird, besitzt $f_B(\%)$ den Wert 1, und der Massengehalt ist mit der Aktivität identisch.
Die Änderung der freien Enthalpie beim Wechsel der Standardzustände beträgt für B(R) → B(%) für $M_A \approx 100\%$, d. h. für niedrige Gehalte an M_B

$$\Delta G_B^0(R \rightarrow \%) \approx RT \ln \frac{\gamma_B^0 M_A}{100 M_B} \approx G_B^0(\%) - G_B^0(R) \tag{4.59}$$

und für B(H) → B(%)

$$\Delta G_B^0(H \rightarrow \%) \approx RT \ln \frac{M_A}{100 M_B} \approx G_B^0(\%) - G_B^0(H) \tag{4.60}$$

M_A, M_B Molmasse von A bzw. B.

4.5.1.9   Allgemeine Zusammenhänge zwischen den partiellen molaren Zustandsgrößen

Die für reine Stoffe gültige Gleichung

$$g \equiv h - Ts$$

ergibt durch partielle Differentiation nach n_1

$$\bar{G}_1 = \bar{H}_1 - T\bar{S}_1 .$$ (4.61)

Aus der Definition von h ergibt sich analog

$$\bar{H}_1 = \bar{U}_1 + p\bar{V}_1 .$$ (4.62)

Differenziert man die bekannten Ableitungen

$$\left(\frac{\partial g}{\partial p}\right)_{T, n_1, n_2} = v$$

und

$$\left(\frac{\partial g}{\partial T}\right)_{p, n_1, n_2} = -s$$

partiell nach n_1, so ergibt sich

$$\left(\frac{\partial \bar{G}_1}{\partial p}\right)_{T, n_2} = \bar{V}_1$$ (4.63)

bzw.

$$\left(\frac{\partial \bar{G}_1}{\partial T}\right)_{p, n_2} = -\bar{S}_1 .$$ (4.64)

Da $\bar{G}_1$ eine Zustandsfunktion ist, folgt für konstante Zusammensetzung

$$\mathrm{d}\bar{G}_1 = \bar{V}_1 \,\mathrm{d}p - \bar{S}_1 \,\mathrm{d}T .$$ (4.65)

Man erkennt, daß die für Lösungen gültigen thermodynamischen Gleichungen analog denen für reine Stoffe sind.

Für Lösungen stehen anstelle der molaren die *partiellen* molaren Größen. Somit gilt ebenso

$$\left[\frac{\partial(\bar{G}_1/T)}{\partial(1/T)}\right]_{p, n_2} = \bar{H}_1$$ (4.66)

bzw.

$$\left[\frac{\partial(\bar{G}_2/T)}{\partial(1/T)}\right]_{p, n_1} = \bar{H}_2 .$$ (4.67)

Der Zusammenhang zwischen molarer freien Enthalpie der Lösung und partieller molarer freien Enthalpie der Komponenten wurde bereits im Abschnitt 4.3.3 angegeben.

4.5.1.10   Änderung der freien Enthalpie beim Lösungsvorgang

Die Differenz der molaren freien Enthalpie zwischen einem *reinen* Stoff i und einem Stoff i in *Lösung* beträgt

$$\Delta G_i = G_i \text{ (in Lösung)} - G_i \text{ (rein)} = RT \ln (p_i/p_i^0) = RT \ln a_i$$ (4.68)

G_i (in Lösung) $(= \bar{G}_i)$ partielle molare freie Enthalpie des Stoffes i in Lösung
G_i (rein) $(= G_i^0)$ molare freie Enthalpie des reinen Stoffes i.

Der obige Wert von ΔG_i ist daher identisch mit der partiellen molaren freien Lösungsenthalpie

$$\Delta \bar{G}_i = \bar{G}_i - G_i^0 = RT \ln a_i = \mu_i - \mu_i^0 = \Delta \mu_i. \tag{4.69}$$

Werden (p und T = const) n_A Mole von A und n_B Mole von B zu einer Mischung zusammengebracht, so ist die

– freie Enthalpie *vor* der Mischung $n_A G_A^0 + n_B G_B^0$,
– freie Enthalpie *nach* der Mischung $n_A \bar{G}_A + n_B \bar{G}_B$.

Die (integrale) freie Mischungsenthalpie ist die Differenz zwischen dem End- und dem Anfangszustand:

$$\Delta g(M) = (n_A \bar{G}_A + n_B \bar{G}_B) - (n_A G_A^0 + n_B G_B^0)$$

$$= n_A(\bar{G}_A - G_A^0) + n_B(\bar{G}_B - G_B^0). \tag{4.70}$$

Substitution mit Gl. (4.69) liefert

$$\Delta g(M) = n_A \, \Delta \bar{G}_A + n_B \, \Delta \bar{G}_B.$$

oder

$$\Delta g(M) = RT(n_A \ln a_A + n_B \ln a_B). \tag{4.71}$$

Die Division durch die Summe der Molzahlen ergibt die entsprechende molare Größe

$$\frac{\Delta g(M)}{n_A + n_B} = \Delta G(M) = x_A \, \Delta \bar{G}_A + x_B \, \Delta \bar{G}_B$$

bzw.

$$\Delta G(M) = RT(x_A \ln a_A + x_B \ln a_B). \tag{4.72}$$

Einen typischen Kurvenverlauf von $\Delta G(M)$ zeigt Abb. 34. Um an die Beträge der partiellen Größen $\Delta \bar{G}_A$ und $\Delta \bar{G}_B$ zu gelangen, kann man z. B., wie im Abschnitt 4.3.3. beschrieben, die Achsenabschnittmethode anwenden.

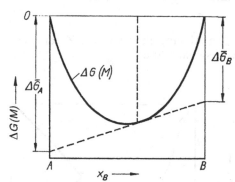

Abb. 34. Bestimmung von $\Delta \bar{G}_A$ und $\Delta \bar{G}_B$ bei einer binären Lösung aus dem Verlauf von $\Delta G(M)$

Beispiele

Kupfer-Zinn-Schmelze

gegeben: Für eine Kupfer-Zinn-Schmelze ist die molare *Gibbs*sche Mischungsenergie in Abhängigkeit von der Zusammensetzung gegeben (T = 1400 K):

x_{Sn}	0,1	0,2	0,3	0,4	0,5	0,6	0,7	0,8	0,9
$-\Delta G(M)$ [J mol^{-1}]	8042	11857	13368	13807	13251	12088	10389	8104	5004

• Ermitteln Sie graphisch die Verläufe der partiellen molaren freien Mischungsenthalpie $\Delta \bar{G}(M, Cu)$ und $\Delta \bar{G}(M, Sn)$!

Lösung

Zur graphischen Ermittlung der partiellen molaren freien Mischungsenthalpie muß zunächst $\Delta G(\text{M})$ gegen x_{Sn} aufgetragen werden. Die partiellen Werte ergeben sich als entsprechende Ordinatenabschnitte mittels der Tangentenschnittmethode. Abbildung 35 zeigt den Verlauf von $\Delta G(\text{M})$ zusammen mit dem Tangentenschnitt bei $x_{\text{Sn}} = 0{,}3$. Die auf gleiche Weise ermittelten Werte sind in Tabelle I enthalten.

Tabelle I

x_{Sn}	$\Delta \bar{G}(\text{M, Cu})$ J mol^{-1}	$\Delta \bar{G}(\text{M, Sn})$ J mol^{-1}	a_{Cu}	a_{Sn}
0	0	$-\infty$	1,01	0
0,1	$-\ 2565$	-57346	0,80	0,01
0,2	$-\ 7167$	-30560	0,54	0,01
0,3	-11137	-18924	0,39	0,19
0,4	-14631	-12565	0,28	0,34
0,5	-17636	$-\ 8866$	0,22	0,47
0,6	-20707	$-\ 6343$	0,17	0,58
0,7	-24188	$-\ 4473$	0,13	0,68
0,8	-29167	$-\ 2837$	0,08	0,78
0,9	-38091	$-\ 1326$	0,04	0,89
1,0	$-\infty$	0	0	1,0

● Berechnen Sie die Aktivitätsverläufe a_{Cu} und a_{Sn} in Abhängigkeit von der Zusammensetzung und tragen Sie diese Verläufe in ein Aktivitätsschaubild ein!

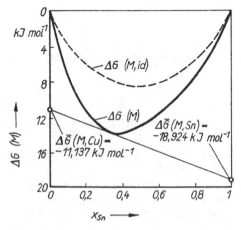

Abb. 35. Verlauf der freien Mischungsenthalpie im System Kupfer-Zinn ($T = 1400$ K)

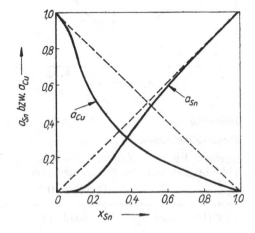

Abb. 36. Verlauf der Aktivitäten im System Kupfer-Zinn ($T = 1400$ K)

Lösung

Aus den Werten der partiellen molaren freien Mischungsenthalpie werden die Aktivitäten des Kupfers und des Zinns berechnet:

$$a_{Cu} = \exp\left(\frac{\Delta \bar{G}(M, Cu)}{RT}\right)$$

und

$$a_{Sn} = \exp\left(\frac{\Delta \bar{G}(M, Sn)}{RT}\right).$$

Die so ermittelten Aktivitätswerte sind mit in die Tabelle I aufgenommen und in Abb. 36 graphisch dargestellt. Die Aktivitäten weisen eine negative Abweichung vom idealen Verhalten auf, eine Tatsache, die bereits der $\Delta G(M)$-Verlauf erkennen läßt.

Eisen-Kohlenstoff-Legierung

gegeben: Zur Bestimmung der Kohlenstoffaktivitäten (bezogen auf Graphit als Standardzustand) in einer Fe−C-Legierung wurden bei $\vartheta = 1000\,°C$ und $p = 1$ bar Gleichgewichte zwischen $CO-CO_2$-Gasgemischen bekannter Zusammensetzung und reinem Eisen eingestellt. Eine anschließende Analyse ergab die in Tabelle II zusammengestellten C-Gehalte des Eisens.

Tabelle II

p_{CO}^2/p_{CO_2}	Massengehalt Kohlenstoff %	Molenbruch x_C (exakt)	Molenbruch x_C (vereinfacht)
1,98	0,036	0,00167	0,00168
2,49	0,0487	0,00226	0,00227
3,12	0,0563	0,00261	0,00262
4,21	0,0740	0,00343	0,00344
7,29	0,133	0,00615	0,00619
13,8	0,242	0,01111	0,0112
27,4	0,455	0,0208	0,0212
43,4	0,655	0,0297	0,0305
56,2	0,810	0,0366	0,0377
70,8	0,963	0,0432	0,0448
84,1	1,081	0,0483	0,0505
99,4	1,206	0,0537	0,0562
113,3	1,321	0,0586	0,0615
130,2	1,462	0,0645	0,0681
131,7	1,466	0,0647	0,0683
132,4	1,471	0,0649	0,0685
138,6	1,500	0,0661	0,0698

Für die Gleichgewichtskonstante K der Reaktion

$$C(s) + CO_2(g) \rightleftharpoons 2\,CO(g)$$

wurde bei $\vartheta = 1000\,°C$ experimentell ein Wert von 138,6 ermittelt.

● Berechnen Sie die Kohlenstoffaktivität im γ-Fe in Abhängigkeit von der Zusammensetzung und tragen Sie den Verlauf in ein Aktivitätsdiagramm mit *Raoult*scher und *Henry*scher Skala ein $(0 < x_C < 0,07)$!

Lösung

Mit dem Wert der Gleichgewichtskonstanten K der obigen Reaktion und dem Verhältnis p_{CO}^2/p_{CO_2} läßt sich unmittelbar die auf den Standardzustand »reiner Kohlenstoff« bezogene Aktivität berechnen:

$$a_C(R) = \frac{1}{K}\,\frac{p_{CO}^2}{p_{CO_2}}\,.$$

Die Werte sind in Tabelle III aufgeführt. Für die Berechnung des Aktivitätskoeffizienten und eine graphische Darstellung ist die Kenntnis des Molenbruchs erforderlich. Er berechnet sich nach der Beziehung

$$x_C = \frac{\dfrac{\text{Massengehalt C in \%}}{\text{Atommasse C}}}{\dfrac{\text{Massengehalt C in \%}}{\text{Atommasse C}} + \dfrac{\text{Massengehalt Fe in \%}}{\text{Atommasse Fe}}}\,.$$

Bei hinreichend kleinen Konzentrationen des Kohlenstoffs läßt sich die Gleichung vereinfachen:

$$x_C \approx \frac{\text{Massengehalt C in \%}}{100}\,\frac{\text{Atommasse Fe}}{\text{Atommasse C}}\,.$$

Tabelle III

x_C	$a_C(R)$	$\gamma_C(R)$	$a_C(H)$	$a_C(1\%)$
0,0016	0,014	8,562	0,0017	0,037
0,0022	0,018	7,940	0,0022	0,046
0,0026	0,022	8,624	0,0027	0,060
0,0034	0,030	8,855	0,0036	0,078
0,0061	0,052	8,552	0,0063	0,136
0,0116	0,099	8,561	0,0194	0,257
0,0208	0,197	9,504	0,023	0,510
0,0297	0,313	10,543	0,037	0,807
0,0366	0,405	11,078	0,048	1,043
0,0432	0,510	11,824	0,061	1,325
0,0483	0,606	12,563	0,073	1,564
0,0537	0,717	13,355	0,086	1,848
0,0586	0,817	13,949	0,098	2,105
0,0645	0,939	14,560	0,112	2,420
0,0647	0,950	14,686	0,114	2,448
0,0649	0,955	14,719	0,115	2,461
0,0661	1,0	15,128	0,120	2,577

Die nach beiden Gleichungen berechneten Molenbrüche sind in Tabelle II aufgeführt. Bei der maximalen Kohlenstoffkonzentration von 1,5% tritt ein Fehler von 5,6% zwischen den unterschiedlich berechneten Molenbrüchen auf.

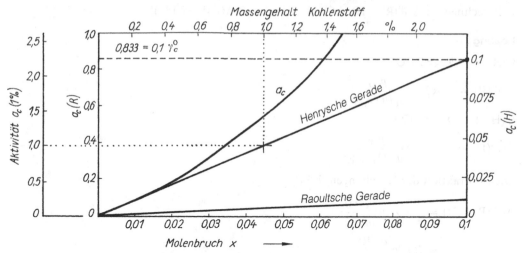

Abb. 37. Verlauf der Kohlenstoffaktivität (bezogen auf den reinen Stoff bzw. unendlich verdünnte Lösung) im System Eisen–Kohlenstoff bei 1000 °C

Zur Berechnung der auf die unendlich verdünnte Lösung bezogenen Kohlenstoffaktivität ist die Kenntnis des γ_C^0-Wertes erforderlich. Dieser könnte durch Anlegen der Tangente bei $x_C = 0$ an die Aktivitätskurve (vgl. Abb. 37) bestimmt werden. Das Verfahren liefert jedoch zu ungenaue Werte. Deshalb wird zweckmäßigerweise ln γ_C gegen x_C aufgetragen und die Kurve auf $x_C = 0$ extrapoliert. Auf diese Weise erhält man einen γ_C^0-Wert von 8,33.

Mit dem so bestimmten γ_C^0-Wert kann die *Henry*sche Aktivitätsskala festgelegt werden. So durchläuft z. B. die *Henry*sche Gerade beim x_C-Wert von 0,1 den $a_C(R)$-Wert von 0,833 (Abb. 37). Eine Umrechnung der Aktivitätswerte erfolgt mit der Gleichung

$$a_C(H) = a_C(R)/\gamma_C^0 .$$

Die auf die unendlich verdünnte Lösung bezogenen Kohlenstoffaktivitäten sind der Tabelle III zu entnehmen und in Abb. 37 abzulesen. Es sollte beachtet werden, daß die vorliegende Eisen-Kohlenstoff-Lösung einen Extremfall darstellt, da bereits die Kohlenstoffsättigung ($a_C = 1$) bei sehr niedrigen Konzentrationen (Massengehalt Kohlenstoff 1,5%) erreicht wird. Dieser Tatsache wegen wurde − aus Gründen der Darstellung − die *Raoult*sche Gerade nicht unter einem Winkel von 45° eingetragen.

● Zeichnen Sie ein entsprechendes Aktivitätsdiagramm mit dem Konzentrationsmaß Massengehalt in % und tragen Sie zusätzlich die Skala der 1%igen Lösung auf!

Lösung

Werte für die 1%ige Lösung können der Abb. 37 entnommen werden, wenn eine weitere Gerade eingezeichnet wird, die beim Massengehalt des Kohlenstoffs von 1% den Wert 1 anzeigt. Ist die graphische Ablesung zu ungenau, so lassen sich die Werte leicht berechnen:

$$a_C(1\%) = \frac{100}{\gamma_C^0} \frac{\text{Atommasse C}}{\text{Atommasse Fe}} a_C(R) .$$

Derart umgerechnete Werte sind in Tabelle III eingetragen.

- Berechnen sie $\Delta G^0(R \to H)$, $\Delta G^0(H \to 1\%)$ und $\Delta G^0(R \to 1\%)$!

Lösung

$$C(R) + CO_2 \rightleftharpoons 2\,CO$$

$$\Delta G^0(R) = -RT \ln \frac{p_{CO}^2}{a_C(R)\,p_{CO_2}}$$

$$C(H) + CO_2 \rightleftharpoons 2\,CO$$

$$\Delta G^0(H) = -RT \ln \frac{p_{CO}^2}{a_C(H)\,p_{CO_2}}\,.$$

Die Subtraktion der Gleichungen liefert

$$\Delta G^0(R \to H) = -RT \ln \frac{a_C(H)}{a_C(R)}$$

$$= RT \ln \frac{a_C(R)}{a_C(H)}\,.$$

Mit der Einführung von

$$\gamma_C^0 = \frac{a_C(R)}{a_C(H)}$$

erhält man

$$\Delta G^0(R \to H) = RT \ln \gamma_C^0 = 22436\,\mathrm{J\,mol^{-1}}\,.$$

Entsprechend gilt

$$\Delta G^0(H \to 1\%) = -RT \ln \left(\frac{\text{Atommasse C}}{\text{Atommasse Fe}}\,100 \right)$$

$$= -32475\,\mathrm{J\,mol^{-1}}$$

und

$$\Delta G^0(R \to 1\%) = RT \ln \left(\frac{\gamma_C^0 \cdot \text{Atommasse Fe}}{100 \cdot \text{Atommasse C}} \right)$$

$$= -10039\,\mathrm{J\,mol^{-1}}\,.$$

Zur Kontrolle der Werte gilt die Gleichung

$$\Delta G^0(R \to 1\%) = \Delta G^0(R \to H) + \Delta G^0(H \to 1\%)\,.$$

Zink — Calcium-Schmelze

- Bei 800 °C besitzt reines flüssiges Zink einen Dampfdruck von 1,33 kPa. Reines flüssiges Cadmium hat bei gleicher Temperatur einen Dampfdruck von 13,3 kPa. Die Dampfphase wird als ideales Gas betrachtet.
  a) Berechnen Sie die Zusammensetzung und den Gesamtdruck der Dampfphase über einer Zn — Cd-Legierung mit 60 Atom-% Zink, wenn angenommen wird, daß eine ideale Lösung vorliegt.
  b) Tatsächlich (real) zeigt die Legierung eine positive Abweichung vom *Raoult*schen Gesetz ($a_{Zn} = 0,743$, $a_{Cd} = 0,602$). In welcher Richtung wird sich der unter a) berechnete Gesamtdruck der Dampfphase ändern?

Lösung

a) Bei idealem Verhalten ist

$$a_{Zn} = x_{Zn}(l) = \frac{p_{Zn}}{p_{Zn}^0}, \quad \text{d. h.,} \quad p_{Zn}(id) = x_{Zn}(l)\, p_{Zn}^0 .$$

Entsprechendes gilt für das Cadmium. Es ist somit:

$$p_{Zn}(id) = 798 \text{ Pa}$$

$$p_{Cd}(id) = 5320 \text{ Pa}$$

$$p_{ges}(id) = p_{Zn} + p_{Cd} = 6118 \text{ Pa} .$$

Für die Zusammensetzung der Gasphase gilt:

$$x_{Zn}(g, id) = \frac{p_{Zn}(id)}{p_{ges}(id)} = \frac{798}{6118} = 0,13$$

$$x_{Cd}(g, id) = \frac{p_{Cd}(id)}{p_{ges}(id)} = \frac{5320}{6118} = 0,87 .$$

b) Positive Abweichung vom *Raoult*schen Gesetz bedeutet, daß die Lösung zur Entmischung neigt, die Aktivitäten sind größer als die Molenbrüche ($a_i > x_i$). Aufgrund des *Raoult*schen Gasgesetzes (Gl. (4.34)) erhöhen sich die Partialdrücke und ebenso der Gesamtdruck auf:

$$p_{Zn}(g) = a_{Zn} p_{Zn}^0 = 0,743 \cdot 1330 = 988,19 \text{ Pa}$$

$$p_{Cd}(g) = a_{Cd} p_{Cd}^0 = 0,602 \cdot 13300 = 8006,6 \text{ Pa}$$

$$p_{ges}(g) = 8994,76 \text{ Pa} .$$

Die Gaszusammensetzung ändert sich somit auf:

$$x_{Zn}(g) = 0,11$$

$$x_{Cd}(g) = 0,89 .$$

Der Vergleich der Gesamtdrücke und der Gaszusammensetzung spiegelt deutlich den Einfluß der Entmischungstendenz wieder.

Die Aufgabe zeigt, daß aus dem Kondensat einer Dampfmischung auf die Partialdrücke geschlossen werden kann. Von dieser Methode der Aktivitätsbestimmung wird vielfach Gebrauch gemacht (*Knudsen* Zelle).

Der Beweis der Richtigkeit des Ergebnisses ist dann erbracht, wenn gezeigt wird, daß die chemischen Potentiale der jeweiligen Komponenten in der flüssigen und der gasförmigen Phase gleich sind, d. h.,

$$\mu_{Cd}(l) = \mu_{Cd}(g)$$

und

$$\mu_{Zn}(l) = \mu_{Zn}(g) .$$

Hierzu ist jedoch folgendes zu beachten:
Nach dem *Dalton*schen Partialdruckgesetz (Gl. (4.6)) gilt für verdünnte (ideale) *Gase*:

$$x_i(g) = \frac{p_i}{p_{ges}} .$$

9 Thermodynamik

Nach dem *Raoult*schen Gesetz (Gl. (4.34)) ist der Dampfdruck eines Stoffes mit seinem Molenbruch in der Lösung, für den Fall einer verdünnten (idealen) *Dampfphase* über der Lösung, durch das Verhältnis

$$x_i(l) = \frac{p_i}{p_i^0}$$

verknüpft. Der Vergleich der Gesetze liefert die Beziehung

$$x_i(g) = x_i(l) \frac{p_i^0}{p_{ges}} \; .$$

Allgemein wird das chemische Potential eines idealen Gases bei konstanter Temperatur durch die Gleichung

$$\mu_i(p) = \mu_i^0(p^*) + RT \ln \frac{p_i}{p^*}$$

beschrieben. Hierin ist p^* der Standarddruck und $\mu_i^0(p^*)$ das chemische Potential unter Standardbedingungen. Es liegt nahe, für p^* die Größe einer Maß*einheit* zu wählen, so daß mit der Festlegung des Gesamtdruckes p_{ges} ($= 1$ bar) als Standarddruck $\mu_i(p)$ in

$$\mu_i(p) = \mu_i^{0I} + RT \ln p_i$$

bzw.

$$\mu_i(p) = \mu_i^{0I} + RT \ln x_i(g) = \mu_i(g)$$

übergeht. Dieses ist das chemische Potential der Gasphase im Standardzustand $p_{ges} = 1$ bar, der meistens bei Gasgemischen und deren Konzentrationsangaben zugrunde gelegt wird. Das chemische Standardpotential wurde in diesem Standardzustand aus didaktischen Gründen durch »^{0I}« gekennzeichnet. Wird die oben hergeleitete Beziehung der Molenbrüche $x_i(g)$ und $x_i(l)$ in die letzte Gleichung eingeführt, erhält man

$$\mu_i(p) = \mu_i^{0I} + RT \ln \left(x_i(l) \frac{p_i^0}{p_{ges}} \right)$$

oder

$$\mu_i(p) = \mu_i^{0I} + RT \ln \left(\frac{p_i^0}{p_{ges}} \right) + RT \ln x_i(l) \, .$$

Werden die ersten beiden Terme der letzten Gleichung zusammengefaßt, ergibt sich ein chemisches Standardpotential, dem jetzt der Dampfdruck der reinen Komponente, p_i^0, als Standarddruck zugrunde liegt. Dieses Standardpotential ist durch »^{0II}« gekennzeichnet.

$$\mu_i^{0II} = \mu_i^{0I} + RT \ln \left(\frac{p_i^0}{p_{ges}} \right) .$$

Wird auch für diesen Druck die Größe einer Maß*einheit* gewählt, $p_i = 1$ bar, ergibt sich das chemische Potential der flüssigen Phase zu

$$\mu_i(l) = \mu_i^{0II} + RT \ln x_i(l) \, .$$

Die flüssige und die gasförmige Phase besitzen dann das gleiche chemische Potential, wenn die Umrechnung der Standardzustände ($p_{ges} = 1$ bar bzw. $p_i^0 = 1$ bar) berücksichtigt wird. Somit ist

$$\mu_i(g) = \mu_i(l)$$

$$\mu_i^{0I} + RT \ln x_i(g) = \mu_i^{0II} + RT \ln x_i(l) \, ,$$

was unter Berücksichtigung von $\mu_i^{0\mathrm{I}} + RT \ln\left(\dfrac{p_i^0}{p_\mathrm{ges}}\right)$ auf

$$x_i(\mathrm{g}) = x_i(\mathrm{l})\,\frac{p_i^0}{p_\mathrm{ges}}$$

zurückgeführt werden kann.

4.5.1.11   Thermodynamische Eigenschaften idealer Lösungen

Mit der für ideale Lösungen gültigen Beziehung $x_i = a_i$ ergibt sich für die freie Mischungsenthalpie aus Gl. (4.72)

$$\Delta G(\mathrm{M, id}) = RT(x_\mathrm{A}\ln x_\mathrm{A} + x_\mathrm{B}\ln x_\mathrm{B}) \tag{4.73}$$

mit

$$\Delta\bar{G}_\mathrm{A}(\mathrm{id}) = RT\ln x_\mathrm{A}$$
$$\Delta\bar{G}_\mathrm{B}(\mathrm{id}) = RT\ln x_\mathrm{B}\,. \tag{4.74}$$

Für eine Komponente i in Lösung liefert die *Gibbs-Helmholtz*-Gleichung (mit konstantem Druck und konstanter Zusammensetzung)

$$\frac{\partial(\bar{G}_i/T)}{\partial T} = -\,\frac{\bar{H}_i}{T^2} \tag{4.75}$$

und für die entsprechende reine Komponente

$$\frac{\partial(G_i^0/T)}{\partial T} = -\,\frac{H_i^0}{T^2}\,. \tag{4.76}$$

Die Subtraktion beider Gleichungen liefert

$$\frac{\partial(\Delta\bar{G}_i/T)}{\partial T} = -\,\frac{\Delta\bar{H}_i}{T^2} \tag{4.77}$$

$\Delta\bar{H}_i$ partielle molare Lösungsenthalpie.

Wird der Ausdruck (4.74) in Gl. (4.77) eingesetzt und beachtet, daß der Molenbruch unabhängig von der Temperatur ist, ergibt sich

$$\Delta\bar{H}_i(\mathrm{id}) = \bar{H}_i - H_i^0 = 0 \tag{4.78}$$

oder auch

$$\bar{H}_i = H_i^0\,. \tag{4.79}$$

Die Mischungsenthalpie einer Lösung erhält man, wenn man die Differenz der Enthalpien der Anfangs- und Endzustände bildet:

$$\Delta H(\mathrm{M}) = x_\mathrm{A}\,\Delta\bar{H}_\mathrm{A} + x_\mathrm{B}\,\Delta\bar{H}_\mathrm{B}\,. \tag{4.80}$$

Mit Gl. (4.78) ergibt sich

$$\Delta H(\mathrm{M, id}) = 0\,. \tag{4.81}$$

Für eine Lösung gilt hinsichtlich ihrer *Mischungsentropie* in Analogie zu reinen Stoffen (vgl. Tab. 6)

$$\frac{\partial \, \Delta G(M)}{\partial T} = - \, \Delta S(M) \, . \tag{4.82}$$

Damit ergibt sich unter Beachtung der Gl. (4.73)

$$\Delta S(M, \mathrm{id}) = - R(x_A \ln x_A + x_B \ln x_B) \, . \tag{4.83}$$

Die Mischungsentropie einer idealen Lösung läßt sich auch auf rein *statistischem Wege* ableiten. Hierzu sollen Teilchen der reinen Komponente A mit Teilchen der reinen Komponente B gemischt werden. Die ungemischten Komponenten A und B besitzen nur *eine* mögliche Konfiguration. Ihre thermodynamischen Wahrscheinlichkeiten sind somit gleich Eins. Für das ungemischte *System A + B* ergibt sich ebenfalls

$$W_1 = W_A W_B = 1 \, .$$

Nach dem Mischungsvorgang ist die Zahl W_2 der möglichen Konfigurationen

$$W_2 = \frac{(N_A + N_B)!}{N_A! N_B!} \, .$$

Mit der *Stirling*schen Näherung

$$\ln m! \approx m \ln m - m$$

und der *Boltzmann*schen Gleichung, die die Entropie mit der Wahrscheinlichkeit verknüpft,

$$s = k \ln W \, ,$$

erhält man für die Differenz der Zustände 1 und 2, die mit der Mischungsgröße identisch ist,

$$\Delta s(M, \mathrm{id}) = \Delta s|_1^2 = k \ln \frac{W_2}{W_1} = k \ln W_2$$

$$= - k \left(N_A \ln \frac{N_A}{N_A + N_B} + N_B \ln \frac{N_B}{N_A + N_B} \right)$$

$$\Delta S(M, \mathrm{id}) = - R(x_A \ln x_A + x_B \ln x_B) \, . \tag{4.83}$$

Die Gleichung wurde unter der Berücksichtigung abgeleitet, daß $N_A + N_B$ gleich der *Avogadro*schen Zahl N ist.

Die Gleichung zeigt, daß die Bildungsentropie einer idealen Lösung unabhängig von der Temperatur ist.

Die Bildungsentropie läßt sich wiederum aus den molaren partiellen Entropien zusammensetzen:

$$\Delta S(M) = x_A \, \Delta \bar{S}_A + x_B \, \Delta \bar{S}_B \, . \tag{4.84}$$

Der Koeffizientenvergleich mit der Gl. (4.83) ergibt

$$\Delta \bar{S}_A(\mathrm{id}) = - R \ln x_A$$

$$\Delta \bar{S}_B(\mathrm{id}) = - R \ln x_B \, . \tag{4.85}$$

Für jede Lösung gilt allgemein

$$\Delta G(M) = \Delta H(M) - T \, \Delta S(M) \, . \tag{4.86}$$

Für eine ideale Lösung gilt mit $\Delta H(M, \mathrm{id}) = 0$

$$\Delta G(M, \mathrm{id}) = - T \, \Delta S(M, \mathrm{id}) \, . \tag{4.87}$$

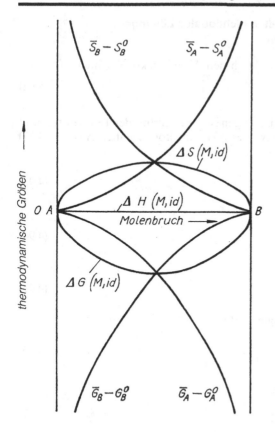

Abb. 38. Graphische Darstellung thermodynamischer Größen idealer Lösungen
(schematisch)

In Abb. 38 ist der Verlauf der integralen und partiellen Größen für ein ideales Zweistoffsystem schematisch dargestellt. Die in Abb. 38 als Differenzen wiedergegebenen Größen der partiellen Entropien und freien Enthalpien werden (entsprechend Gl. (4.69)) in der Literatur meist mit den Symbolen $\Delta\bar{S}$ und $\Delta\bar{G}$ belegt.
Nach Tabelle 6 liefert die Ableitung der partiellen freien Enthalpie nach dem Druck das *partielle Volumen*

$$\frac{\partial \Delta\bar{G}_i}{\partial p} = \Delta\bar{V}_i \,. \tag{4.88}$$

Da x_i keine Funktion des Druckes ist, ergibt sich aus dem Ausdruck und Gl. (4.88)

$$\Delta\bar{V}_i = 0 \tag{4.89}$$

und somit auch

$$\Delta V(\mathrm{M, id}) = 0 \,. \tag{4.90}$$

Damit ist der Mischungsvorgang bei idealen Lösungen mit keinen Volumeneffekten verbunden, und das Volumen der Lösung folgt der Mischungsregel

$$V(\mathrm{M, id}) = V_A^0 x_A + V_B^0 x_B \,. \tag{4.91}$$

4.5.1.12 Thermodynamische Eigenschaften nichtidealer Lösungen, Excess- oder Überschußgrößen

Die Abweichung vom idealen Verhalten wird durch den Aktivitätskoeffizienten

$$\gamma_i = a_i/x_i \tag{4.92}$$

gekennzeichnet.
Wichtig für die Thermodynamik nichtidealer Lösungen ist die Kenntnis der Temperatur- und Konzentrationsabhängigkeit der Aktivität bzw. des Aktivitätskoeffizienten. Aus Gl. (4.77) ergibt sich unmittelbar mit Gl. (4.69)

$$\frac{\partial \ln a_i}{\partial T} = -\frac{\Delta \bar{H}_i}{RT^2}. \tag{4.93}$$

Mit

$$\ln a_i = \ln \gamma_i + \ln x_i \tag{4.94}$$

erhält man

$$\frac{\partial \ln \gamma_i}{\partial T} + \frac{\partial \ln x_i}{\partial T} = -\frac{\Delta \bar{H}_i}{RT^2}. \tag{4.95}$$

Da der Molenbruch nicht temperaturabhängig ist, folgt

$$\frac{\partial \ln \gamma_i}{\partial T} = -\frac{\Delta \bar{H}_i}{RT^2} \tag{4.96}$$

oder

$$\frac{R\,\partial \ln \gamma_i}{\partial(1/T)} = \Delta \bar{H}_i. \tag{4.97}$$

Die Temperaturerhöhung einer nichtidealen Lösung bewirkt eine Annäherung an das ideale Verhalten. In einer Lösung mit *positiver* Abweichung vom idealen Verhalten nimmt der Aktivitätskoeffizient mit steigender Temperatur ab. Die sich ergebenden positiven $\Delta \bar{H}_i$-Werte zeigen an, daß der Lösungsvorgang endotherm ist. Umgekehrt haben Lösungen mit *negativer* Abweichung vom idealen Verhalten negative $\Delta \bar{H}_i$-Werte, d. h., der Lösungsvorgang ist exotherm. Ein endothermer Mischungseffekt weist auf eine Entmischungstendenz hin, während ein exothermer Mischungseffekt anzeigt, daß die Anziehungskräfte der *unterschiedlichen* Lösungspartner überwiegen (vielfach durch eine Verbindungsbildung im Zustandsdiagramm ausgedrückt).
Die Integration der Gl. (4.93) liefert

$$\ln a_i = \Delta \bar{H}_i/RT + C. \tag{4.98}$$

Wird demnach $\ln a_i$ (oder $\ln \gamma_i$) gegen $1/T$ aufgetragen, so liefert die Steigung der Geraden den Wert von $\Delta \bar{H}_i/R$.
Die Eigenschaften einer Lösung lassen sich mit Hilfe der Excess- oder Überschußgrößen deutlich darstellen.
Der Excesswert einer thermodynamischen Lösungseigenschaft stellt den *Unterschied* dar *zwischen ihrem tatsächlichen Wert und jenem, den die Lösung besitzen würde, wenn sie ideal wäre*:

$$G(\mathrm{M}) = G(\mathrm{M}, \mathrm{id}) + G(\mathrm{xs}) \tag{4.99}$$

$G(\mathrm{M})$ molare freie Enthalpie der Lösung
$G(\mathrm{M}, \mathrm{id})$ molare freie Enthalpie der idealen Lösung
$G(\mathrm{xs})$ molare freie Überschußenthalpie der Lösung.

Subtrahiert man von beiden Seiten der Gl. (4.99) die freie Enthalpie der ungemischten Komponenten $(x_A G_A^0 + x_B G_B^0 = G^0(M))$, so erhält man

$$\Delta G(M) = \Delta G(M, \text{id}) + G(\text{xs}). \tag{4.100}$$

Bedenkt man, daß bei einer *idealen Lösung keine Wärmeeffekte* beim Mischungsvorgang auftreten, d. h., $\Delta H(M, \text{id}) = 0$, so erhält man

$$\Delta G(M, \text{id}) = -T \, \Delta S(M, \text{id}).$$

Somit ergibt sich mit Gl. (4.100)

$$G(\text{xs}) = \Delta G(M) - \Delta G(M, \text{id}) = \Delta H(M) - T \, \Delta S(M) + T \, \Delta S(M, \text{id}).$$

Für eine binäre *reale Lösung* läßt sich $\Delta G(M)$ wie folgt zerlegen:

$$\begin{aligned}
\Delta G(M) &= RT(x_A \ln a_A + x_B \ln a_B) \\
&= \underbrace{RT(x_A \ln x_A + x_B \ln x_B)}_{\Delta G(M, \text{id})} + \underbrace{RT(x_A \ln \gamma_A + x_B \ln \gamma_B)}_{G(\text{xs})},
\end{aligned}$$

d. h.,

$$G(\text{xs}) = RT(x_A \ln \gamma_A + x_B \ln \gamma_B). \tag{4.101}$$

4.5.1.13   Anwendung der *Gibbs-Duhem*-Gleichung zur Umrechnung von Aktivitäten

Bei metallurgischen Untersuchungen zur Bestimmung der Aktivität ist es vielfach nur möglich, die Aktivität *einer* Komponente zu bestimmen. Mit Hilfe der *Gibbs-Duhem*-Gleichung läßt sich die Aktivität der anderen Komponente berechnen.
Für eine Lösung $A - B$ gilt nach Gl. (4.19) mit der Einführung des Standardzustandes »reiner Stoff«

$$x_A \, \text{d} \, \Delta \bar{G}_A + x_B \, \text{d} \, \Delta \bar{G}_B = 0,$$

mit $\Delta \bar{G}_i = RT \ln a_i$ ergibt sich ($T = \text{const}$)

$$x_A \ln a_A + x_B \, \text{d} \ln a_B = 0 \tag{4.102}$$

oder

$$\text{d} \ln a_A = -(x_B/x_A) \, \text{d} \ln a_B.$$

Ist die Veränderung von a_B mit der Zusammmmensetzung bekannt, so läßt sich durch Integration der Gl. (4.99) der Wert von $\ln a_A$ bei der Zusammensetzung x_A berechnen:

$$\ln a_A|_{x_A = x_A} = - \int_{\ln a_B (x_A = 1)}^{\ln a_B (x_A = x_A)} \frac{x_B}{x_A} \, \text{d} \ln a_B. \tag{4.103}$$

Die *Integration* der vorstehenden Gleichung mußte früher in den meisten Fällen *graphisch* durchgeführt werden, da kein analytischer Ausdruck für die Änderung der Aktivität mit der Zusammensetzung gegeben ist.
Abbildung 39 zeigt schematisch, wie der negative Logarithmus von a_B vom Quotienten x_B/x_A abhängt. Der Wert von $\ln a_A$ ergibt sich als Fläche unter der Kurve. Der Kurvenzug besitzt zwei *Unstetigkeiten*, die die Genauigkeit der graphischen Integration herabsetzen. Es ist aus Abb. 39 leicht zu ersehen, daß

— für $x_B \to 1$ der Wert von x_B/x_A gegen ∞,
— für $x_B \to 0$ der Wert von $- \ln a_B$ gegen ∞

geht.

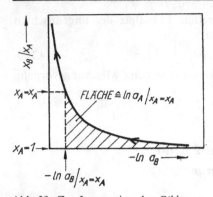

Abb. 39. Zur Integration der *Gibbs-Duhem*-Gleichung.
Die Pfeile zeigen den Integrationsweg an

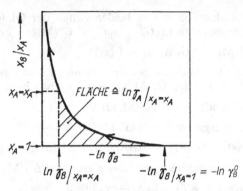

Abb. 40. Zur Integration der modifizierten *Gibbs-Duhem*-Gleichung
Die Pfeile zeigen den Integrationsweg an

Durch Einführung des Aktivitätskoeffizienten anstelle der Aktivität kann die Unstetigkeitsstelle bei $x_B \to 0$ vermieden werden (Abb. 40), da dort γ_B den endlichen Wert γ_B^0 besitzt:

$$x_A \, d \ln \gamma_A + x_B \, d \ln \gamma_B = 0$$

bzw.

$$d \ln \gamma_A = -(x_B/x_A) \, d \ln \gamma_B \, . \tag{4.104}$$

Die Integration der Gl. (4.101) liefert den Wert von $\ln \gamma_A$ bei x_A:

$$\ln \gamma_A |_{x_A = x_A} = - \int\limits_{\ln \gamma_B (x_A = 1)}^{\ln \gamma_B (x_A = x_A)} \frac{x_B}{x_A} \, d \ln \gamma_B \, . \tag{4.105}$$

Als weitere Hilfe zur Integration der *Gibbs-Duhem*-Gleichung wurde die α-*Funktion* eingeführt. Für die Komponente *i* gilt allgemein

$$\alpha_i \equiv \frac{\ln \gamma_i}{(1 - x_i)^2} \, . \tag{4.106}$$

Da für $x_i \to 1$ $\gamma_i \to 1$ geht, besitzt die α-Funktion im gesamten Konzentrationsbereich endliche Werte.
Für ein binäres System A − B gilt also

$$\ln \gamma_A = \alpha_A x_B^2 \tag{4.107}$$

bzw.

$$\ln \gamma_B = \alpha_B x_A^2 \, . \tag{4.108}$$

Die Differentiation liefert

$$d \ln \gamma_B = 2\alpha_B x_A \, dx_A + x_A^2 \, d\alpha_B \, .$$

Setzt man die vorstehende Gleichung in die Gl. (4.105) ein, so ergibt sich

$$\ln \gamma_A = - \int\limits_{x_A = 1}^{x_A = x_A} 2\alpha_B x_B \, dx_A - \int\limits_{x_A = 1}^{x_A = x_A} x_B x_A \, d\alpha_B \, .$$

Das zweite Integral läßt sich auch wie folgt schreiben:

$$\int\limits_{x_A=1}^{x_A=x_A} x_B x_A\, d\alpha_B = \alpha_B x_A x_B - \int\limits_{x_A=1}^{x_A=x_A} \alpha_B\, d(x_A x_B)$$

$$= \alpha_B x_A x_B + \int\limits_{x_A=1}^{x_A=x_A} \alpha_B\, dx_A - \int\limits_{x_A=1}^{x_A=x_A} 2\alpha_B x_B\, dx_A\,.$$

Damit ergibt sich die endgültige Form der Gleichung

$$\ln \gamma_A = -x_B x_A \alpha_B - \int\limits_{x_A=1}^{x_A=x_A} \alpha_B\, dx_A\,. \tag{4.109}$$

Die Auftragung von α_B gegen x_A liefert den Wert des Integrals der Gl. (4.109) als Fläche unter der Kurve (Abb. 41).

Für den Fall $x_A \to 0$ liegt eine an A unendlich verdünnte Lösung vor, d. h., γ_A geht in γ_A^0 über. Aus Gl. (4.109) ergibt sich

$$\ln \gamma_A^0 = \int\limits_{x_A=0}^{x_A=1} \alpha_B\, dx_A\,, \tag{4.110}$$

d. h., $\ln \gamma_A^0$ ergibt sich unmittelbar als Gesamtfläche unter der Kurve in Abb. 41.

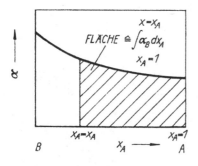

Abb. 41. Zur Integration der modifizierten *Gibbs-Duhem*-Gleichung mit Hilfe der α-Funktion

Beispiel

• Bestimmen Sie den Aktivitätsverlauf a_{Fe} in flüssigen Fe − Ni-Legierungen in Abhängigkeit von der Zusammensetzung und stellen Sie ihn zusammen mit dem Verlauf von a_{Ni} graphisch dar!

Gegeben: Die Aktivitätsbestimmung von Ni in flüssigen Fe − Ni-Legierungen liefert bei $T = 1600\,^{\circ}\text{C}$ folgende Werte:

x_{Ni}	1	0,9	0,8	0,7	0,6	0,5	0,4	0,3	0,2	0,1
a_{Ni}	1	0,89	0,766	0,62	0,485	0,374	0,283	0,207	0,136	0,067

Lösungsweg 1

$$\ln \gamma_{Fe} = - \int\limits_{\ln \gamma_{Ni}\,\text{bei}\,x_{Fe}=1}^{\ln \gamma_{Ni}\,\text{bei}\,x_{Fe}} \frac{x_{Ni}}{x_{Fe}}\, d \ln \gamma_{Ni}\,.$$

Zur Integration der *Gibbs-Duhem*-Gleichung muß zunächst aus den zugeordneten Werten γ_{Ni} berechnet werden. Sodann wird $\ln \gamma_{Ni}$ gegen x_{Ni}/x_{Fe} aufgetragen (Tabelle I, Abb. 42).

Tabelle I

x_{Fe}	x_{Ni}	a_{Ni}	γ_{Ni}	$\ln \gamma_{Ni}$
1	0	0	–	$-0,45$ [1])
0,9	0,1	0,067	0,67	$-0,40$
0,8	0,2	0,136	0,68	$-0,38$
0,7	0,3	0,207	0,69	$-0,37$
0,6	0,4	0,283	0,71	$-0,35$
0,5	0,5	0,374	0,74	$-0,29$
0,4	0,6	0,485	0,80	$-0,21$
0,3	0,7	0,62	0,88	$-0,12$
0,2	0,8	0,766	0,95	$-0,04$
0,1	0,9	0,89	0,98	$-0,01$
0	1	1	1	0

[1]) extrapoliert aus Abb. 42

Tabelle II

x_{Fe}	x_{Ni}/x_{Fe}	$-\int (...) \triangleq \ln \gamma_{Fe}$	γ_{Fe}	a_{Fe}
0,9	0,11	$-0,0055$	0,994	0,89
0,8	0,25	$-0,0105$	0,989	0,79
0,7	0,42	$-0,0265$	0,973	0,68
0,6	0,66	$-0,0697$	0,932	0,56
0,5	1,0	$-0,1472$	0,863	0,43
0,4	1,5	$-0,2034$	0,815	0,32
0,33	1,0	$-0,2984$	0,742	0,24
0,285	2,5	$-0,3984$	0,671	0,19
0,25	3,0	$-0,4809$	0,618	0,15
0,2	4,0	$-0,7009$	0,496	0,10
0,13	6,65	$-0,7933$	0,452	0,05

Tabelle III

x_{Fe}	$\ln \gamma_{Ni}$	α_{Ni}	$-x_{Ni}x_{Fe}\alpha_{Ni}$	$\int \alpha_{Ni}\, dx_{Ni}$	$\ln \gamma_{Fe}$	a_{Fe}
0	0	–	–	–	–	0
0,1	$-0,01$	$-1,11$	0,10	$-0,85$	$-0,75$	0,05
0,2	$-0,04$	$-1,08$	0,17	$-0,74$	$-0,56$	0,11
0,3	$-0,12$	$-1,34$	0,28	$-0,62$	$-0,34$	0,21
0,4	$-0,21$	$-1,36$	0,32	$-0,48$	$-0,165$	0,34
0,5	$-0,29$	$-1,16$	0,29	$-0,36$	$-0,07$	0,47
0,6	$-0,35$	$-0,97$	0,23	$-0,25$	$-0,02$	0,58
0,7	$-0,37$	$-0,76$	0,16	$-0,17$	$-0,01$	0,69
0,8	$-0,38$	$-0,60$	0,09	$-0,09$	$-0,004$	0,79
0,9	$-0,40$	$-0,49$	0,04	$-0,05$	$-0,001$	0,90
1	$-0,45$ [1])	$-0,45$	0	0	0	1

[1]) extrapoliert aus Abb. 42

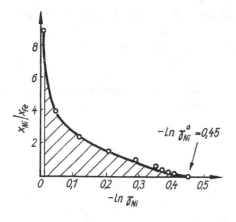

Abb. 42. Zur Integration der *Gibbs-Duhem*-Gleichung

Durch Integration der Kurve auf graphischem Wege erhält man ln γ_{Fe} (vgl. Tab. II). Es ist zu beachten, daß in Abb. 42 wie auch in den Abb. 43 und 44 die Meßpunkte streuen. Die Streuung wurde durch die Lage der Kurve ausgeglichen.

Lösungsweg 2

Mit Einführung der α-Funktion lautet die *Gibbs-Duhem*-Gleichung für das vorliegende System

$$\ln \gamma_{Fe} = -x_{Ni}x_{Fe}\alpha_{Ni} + \int_{x_{Ni}=0}^{x_{Ni}=x_{Ni}} \alpha_{Ni}\,dx_{Ni}\,.$$

In Tabelle III sind die für die graphische Integration und für die Berechnung der vorstehenden Gleichung benötigten Werte zusammengestellt. Die graphische Integration wird mit Hilfe eines Diagramms durchgeführt, in dem α_{Ni} gegen x_{Ni} aufgetragen wird (Abb. 43). Durch nicht vermeidbare Ungenauigkeiten bei der Integration unterscheiden sich die berechneten Aktivitätswerte des Eisens geringfügig. Die Aktivitäten des Eisens und des Nickels sind in Abb. 44 dargestellt.

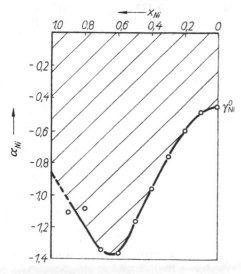

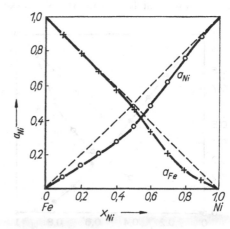

Abb. 43. Verlauf der α-Funktion im System Fe−Ni

Abb. 44. Aktivitätsverlauf im System Fe−Ni

Die Aktivitätsbestimmung von Kupfer in einer flüssigen Sn−Cu-Legierung liefert bei $T = 1593$ K folgende Werte:

x_{Cu}	0	0,1	0,2	0,3	0,4	0,5	0,6	0,7	0,8	0,9	1,0
a_{Cu}	0	0,04	0,085	0,14	0,2	0,28	0,35	0,47	0,63	0,88	1,0

- Bestimmen Sie den Aktivitätsverlauf des Zinns, a_{Sn}, in Abhängigkeit von der Zusammensetzung und stellen Sie beide Aktivitätsverläufe graphisch dar.

Lösung

Für die jeweilige α-Funktion gilt:

$$\alpha_{Cu} = \frac{\ln \gamma_{Cu}}{(1 - x_{Cu})^2} \qquad \alpha_{Sn} = \frac{\ln \gamma_{Sn}}{(1 - x_{Sn})^2}$$

worin

$$\ln \gamma_{Sn} = -x_{Sn} x_{Cu} \alpha_{Cu} - \int \alpha_{Cu}\, dx_{Sn} = -x_{Sn} x_{Cu} \alpha_{Cu} + \int \alpha_{Cu}\, dx_{Cu}$$

ist. Wird $dx_{Cu} = \Delta x_{Cu}$ gesetzt, folgt:

$$\ln \gamma_{Sn} = -x_{Sn} x_{Cu} \alpha_{Cu} + \sum \alpha_{Cu}\, \Delta x_{Cu}.$$

Es läßt sich folgende Tabelle aufstellen:

x_{Cu}	a_{Cu}	γ_{Cu}	α_{Cu}	$(-x_{Sn} x_{Cu} \alpha_{Cu})$	$(\alpha_{Cu} \Delta x_{Cu})$	$(\sum \alpha_{Cu} \Delta x_{Cu})$	γ_{Sn}	a_{Sn}
0	0	0,37	−0,99	0	−	−	1,0	1,0
0,1	0,04	0,4	−1,31	0,102	−0,1131	−0,1131	0,989	0,89
0,2	0,085	0,425	−1,337	0,214	−0,1337	−0,2468	0,968	0,77
0,3	0,14	0,467	−1,554	0,326	−0,1554	−0,2468	0,927	0,65
0,4	0,2	0,5	−1,925	0,462	−0,1925	−0,5947	0,876	0,52
0,5	0,28	0,56	−2,319	0,58	−0,2319	−0,8266	0,78	0,39
0,6	0,35	0,58	−3,404	0,817	−0,3404	−1,167	0,705	0,28
0,7	0,47	0,67	−4,45	0,9345	−0,445	−1,612	0,508	0,15
0,8	0,63	0,787	−5,97	0,9552	−0,597	−2,209	0,285	0,06
0,9	0,88	0,978	−2,224	0,2	−0,2224	−2,433	0,107	0,01
1,0	1,0	1,0	−	−	−	−	0,084	0

Die Aktivitätsverläufe sind in Abb. 45 dargestellt.

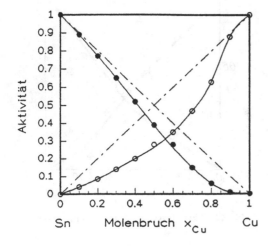

Abb. 45. Aktivitätsverlauf im System Sn−Cu

4.5.1.14   Thermodynamische Modelle zur Beschreibung binärer Lösungen

Zur Beschreibung der energetischen thermodynamischen Funktionen binärer metallischer Lösungen sind statistische und klassische Modelle entwickelt worden. Zu den statistischen zählen

— das Modell der regulären Lösung,
— das Modell der subregulären Lösung,
— das quasichemische Modell,
— die Thermodynamisch Adaptierte Potenzreihe (TAP) und
— das »Zentralatom«-Modell,

zu den klassischen das Modell eines Assoziatgleichgewichts.

Anhand der systemabhängigen Modellparameter können mit diesen Modellen die thermodynamischen Größen konzentrations- und temperaturabhängig beschrieben werden.

Bei der Bildung einer realen metallischen Legierung aus zwei reinen Komponenten treten atomare Wechselwirkungen auf. Nimmt man an, daß in einem Zweistoffsystem drei Bindungspaare (AA, BB und AB) existieren, ergeben sich die in der Tabelle 8 zusammengestellten Zahlen und Energien der unterschiedlichen Bindungen.

Tabelle 8. Bindungszahl und Bindungsenergie einer binären Lösung

Bindungen	Anfangszustand n_A Atome rein, n_B Atome rein		Endzustand $(n_A + n_B)$ Atome gemischt	
	Zahl der Bindungen	Energie	Zahl der Bindungen	Energie
AA	$\dfrac{zN}{2} n_A$	$\dfrac{zN}{2} n_A E_{AA}$	$\dfrac{zN}{2}(n_A - n_{AB})$	$\dfrac{zN}{2}(n_A - n_{AB}) E_{AA}$
BB	$\dfrac{zN}{2} n_B$	$\dfrac{zN}{2} n_B E_{BB}$	$\dfrac{zN}{2}(n_B - n_{AB})$	$\dfrac{zN}{2}(n_B - n_{AB}) E_{BB}$
AB	0	0	$zN n_{AB}$	$zN n_{AB} E_{AB}$

n_A, n_B	Molzahlen der reinen Komponenten
n_{AB}	Molzahl der AB-Bindungspaare
E_{AA}, E_{BB}, E_{AB}	Bindungsenergien der Paarkorrelationen
z	Koordinationszahl
N	*Avogadro*zahl

Die Änderung der inneren Energie $\Delta u(M)$ einer binären Mischung kann wie folgt berechnet werden:

$$\Delta u(M) = u\,(\text{Endzustand}) - u\,(\text{Anfangszustand})\,.$$

Nimmt man vereinfachend an, daß für kondensierte Phasen die Mischungsenthalpie $\Delta h(M)$ annähernd der Mischungsenergie $\Delta u(M)$ entspricht, die sich wiederum aus den Energiebeiträgen der unterschiedlichen Bindungen im End- und Anfangszustand ergibt, so erhält man mit Tabelle 8

$$\Delta h(M) = \frac{zN}{2}\left[2 n_{AB} E_{AB} + (n_A - n_{AB})\,E_{AA} - (n_B - n_{AB})\,E_{BB} - n_A E_{AA} - n_B E_{BB}\right]$$

$$= \frac{zN n_{AB}}{2}\,(2 E_{AB} - E_{AA} - E_{BB}) = L n_{AB} \tag{4.111}$$

mit dem *Lösungsparameter*

$$L = \frac{zNw}{2}$$

und

$$w = 2E_{AB} - E_{AA} - E_{BB}\,. \tag{4.113}$$

Ist die Mischung ideal, so sind die Bindungsenergien gleich, d. h., $E_{AA} = E_{BB} = E_{AB}$. L und $\Delta h(M)$ werden somit Null.

Da die Modelle von verschiedenen theoretischen Ansätzen ausgehen, wird zur Diskussion der Modellunterschiede die reduzierte Mischungsenthalpie

$$\Psi(x) = \frac{\Delta H(M)}{x_A x_B} \tag{4.114}$$

eingeführt. Anhand dieser Funktion ist die Auswahl des zur Beschreibung günstigsten Modells möglich. Weiterhin ermöglicht sie es, die Modellunterschiede übersichtlich anhand von Polynomfunktionen darzustellen. Die Anpassung der Modellparameter geschieht mittels Regression anhand experimenteller Daten.

Ausgehend von $\Delta H(M)$ können mit Hilfe der *Gibbs-Helmholtz*-Gleichung (Gl. (1.130)) weitere thermodynamische Funktionen beschrieben werden. Die Integration der *Gibbs-Helmholtz*-Gleichung

$$\frac{\partial[\Delta G(M)/T]}{\partial T} = -\frac{\Delta H(M)}{T^2}$$

liefert

$$\frac{\Delta G(M)}{T} = -\int \frac{\Delta H(M)}{T^2}\,dT + C \tag{4.115}$$

oder

$$\Delta G(M) = -T \int \frac{\Delta H(M)}{T^2}\,dT + TC\,. \tag{4.116}$$

Die Integrationskonstante C kann mit (der Randbedingung) der idealen Lösung bestimmt werden. Mit $\Delta H(M, \text{id}) = 0$ sowie $\Delta G(M, \text{id}) = RT(x_A \ln x_A + x_B \ln x_B)$ wird

$$C = R(x_A \ln x_A + x_B \ln x_B) \tag{4.117}$$

und

$$\Delta G(M) = -T \int \frac{\Delta H(M)}{T^2}\,dT + RT(x_A \ln x_A + x_B \ln x_B) \tag{4.118}$$

$$\Delta S(M) = \frac{\Delta H(M) - \Delta G(M)}{T}$$

$$\Delta S(M) = \frac{\Delta H(M)}{T} + \int \frac{\Delta H(M)}{T^2}\,dT - R(x_A \ln x_A + x_B \ln x_B)\,. \tag{4.119}$$

Der Vergleich der Gln. (4.99) und (4.118) zeigt, daß

$$G(xs) = -T \int \frac{\Delta H(M)}{T^2}\,dT \tag{4.120}$$

ist.

4.5.1.14.1 Das Modell der regulären Lösung

Nach *Hildebrand* sind die Kriterien einer regulären Lösung, daß

- die Bindungsenergien E_{AA}, E_{BB} und E_{AB} nächster Nachbarn unabhängig von der Lösungszuammensetzung sind,
- die Bindungspaare AA, BB und AB statistisch verteilt vorliegen, so daß

$$n_{AB} = \frac{n_A n_B}{n_A + n_B}, \tag{4.121}$$

- und die Mischungsentropie $\Delta S(M)$ gleich der idealen Konfigurationsentropie ist.

Die thermodynamischen Funktionen stellen sich somit wie folgt dar:

$$\Delta h(M) = L n_{AB} = L \frac{n_A n_B}{n_A + n_B} = L(n_A + n_B)\, x_A x_B. \tag{4.122}$$

Bezogen auf ein Mol Lösung mit $n_A = x_A$, $n_B = x_B$ und $n_A + n_B = 1$ wird

$$\Delta H(M) = L x_A x_B \tag{4.123}$$

$$\Delta G(M) = \Delta H(M) - T\, \Delta S(M,\text{id}) = L x_A x_B + RT(x_A \ln x_A + x_B \ln x_B) \tag{4.124}$$

$$G(xs) = L x_A x_B = \Delta H(M). \tag{4.125}$$

Die molaren partiellen freien Überschußenthalpien ergeben sich bei der regulären Lösung zu

$$\bar{G}_A(xs) = G(xs) + (1 - x_A) \frac{dG(xs)}{dx_A} = L x_B^2 \tag{4.126}$$

$$\bar{G}_B(xs) = G(xs) + (1 - x_B) \frac{dG(xs)}{dx_B} = L x_B^2 \tag{4.127}$$

Mit der Definitionsgleichung der regulären Lösung

$$\ln \gamma_A = \alpha x_B^2$$

und

$$\ln \gamma_B = \alpha x_A^2$$

ergibt sich

$$RT \ln \gamma_A = L x_B^2 \tag{4.128}$$

und

$$RT \ln \gamma_B = L x_A^2. \tag{4.129}$$

Für eine reguläre Lösung ist α somit umgekehrt proportional der Temperatur:

$$\alpha = \frac{L}{RT}. \tag{4.130}$$

Einer regulären Lösung genügt ein einziger L-Wert. Diese Feststellung läßt sich anhand der α-Funktion zeigen. Aus Gl. (4.109) ergibt sich unter der Voraussetzung daß α_B konstant ist,

$$\ln \gamma_A = -x_A x_B \alpha_B - \alpha_B(x_A - 1)$$

$$= \alpha_B x_B^2.$$

Ein Vergleich mit der Gl. (4.107) liefert unmittelbar

$$\alpha_A = \alpha_B = \alpha \, . \tag{4.131}$$

Liegen für nichtreguläre Systeme Aktivitätswerte bei nur einer Temperatur vor, so werden die letztgenannten Gleichungen oft dazu verwendet, um (näherungsweise) die Aktivitäten bei anderen Temperaturen zu berechnen. So ist:

$$\bar{G}_A(xs) = RT_1 \cdot \ln \gamma_A(T_1) = RT_2 \cdot \ln \gamma_A(T_2) = Lx_B^2 \tag{4.132}$$

oder

$$\frac{\ln \gamma_A(T_2)}{\ln \gamma_A(T_1)} = \frac{T_1}{T_2} \tag{4.133}$$

und somit auch

$$\alpha(T_1) \, T_1 = \alpha(T_2) \, T_2 \, . \tag{4.134}$$

Die Verknüpfung der Gln. (4.114), (4.125) und (4.130) ergibt $L = \Psi(x) = $ const. Somit stellt sich die reguläre Lösung im Ψ-x-Diagramm als eine Horizontale, d. h. als ein nullgradiges Polynom dar. Der Extremwert der Mischungsenthalpie liegt bei $x = 0.5$. $\Delta H(M)$ der (streng) regulären Lösung weist einen um diese Konzentration symmetrischen Verlauf auf.

Die Gln. (4.99) und (4.125) zeigen deutlich, daß Größe und Vorzeichen der freien Mischungsenthalpie durch die Mischungsenthalpie festgelegt werden. So ist z. B. nach

$$\Delta G(M, \text{id}) - \Delta G(M) = -G(xs)$$

$$= -RT\alpha x_A x_B$$

$$= -\Delta H(M)$$

für die Kurve *1* in Abb. 46 das Vorzeichen von $\Delta H(M)$ negativ, da $|\Delta G(M)| > |\Delta G(M, \text{id})|$ ist. Für die Kurve *3* gilt das Umgekehrte.

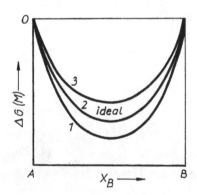

Abb. 46. Verlauf der freien Mischungsenthalpie $\Delta G(M)$
1, 3 reguläres System; *2* ideales System

In Abbildung 47 ist die Beeinflussung von $\Delta G(M)$ und $\Delta H(M)$ durch steigende positive α-Werte wiedergegeben, die schließlich zu einer Entmischung der Lösung führen. Negative α-Werte zeigen eine Assoziationstendenz der Lösungspartner an. Für $\alpha = 0$ ist $\Delta H(M) = 0$, d. h., die Lösung ist ideal. Die $\Delta G(M)$-Kurve für $\alpha = 3$ weist zwei ausgeprägte Minima auf. Zwischen diesen Punkten besitzt die Lösung eine größere freie Enthalpie als die der ungemischten Komponenten. Damit ist sie thermodynamisch *instabil* und *entmischt sich* (Abb. 48).

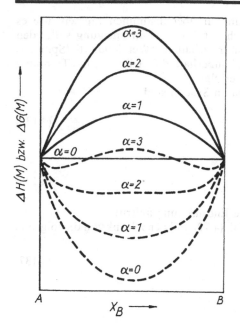

Abb. 47. Einfluß des α-Wertes auf die integrale
Mischungsenthalpie $\Delta H(M)$ bzw. auf die freie
Mischungsenthalpie $\Delta G(M)$ einer regulären binären
Lösung (schematisch; $T = \text{const}$)
——— $\Delta H(M)$; – – – – $\Delta G(M)$

Anhand der Tangentenschnitte (Abb. 48) kann man leicht erkennen:

$$\Delta \bar{G}_A(a) = \Delta \bar{G}_A(b)$$

$$\Delta \bar{G}_B(a) = \Delta \bar{G}_B(b),$$

und damit

$$a_A(a) = a_A(b)$$

$$a_B(a) = a_B(b).$$

Hierbei kennzeichnen (a) und (b) die Zusammensetzung der beiden koexistierenden Phasen.

Aus den beiden letzten Gleichungen ergibt sich, daß *koexistierende Phasen* im $\Delta G(M)$-Diagramm *durch eine gemeinsame Tangente* gekennzeichnet sind, im Aktivitätsdiagramm wird dieser Tatbestand durch eine horizontale Gerade wiedergegeben. Es soll ausdrücklich darauf hingewiesen werden, daß bei realen (nichtregulären) Lösungen die Minima der

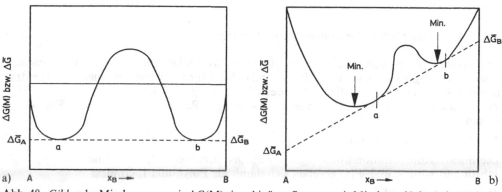

Abb. 48. *Gibbs*sche Mischungsenergie $\Delta G(M)$ eines binären Systems mit Mischungslücke (schematisch)

$\Delta G(M)$-Kurve nicht mit den Tangentenschnittpunkten übereinstimmen müssen, wie es Abb. 48b schematisch zeigt. Beachtung hinsichtlich der Entmischungsneigung sollte den beiden Wendepunkten der Kurve geschenkt werden. Innerhalb der Wendepunkte (Spinodalen) findet eine schnelle Entmischung statt, während außerhalb dieser Punkte die Trennung des ursprünglich homogenen Zustands langsamer erfolgt.

Grenzbedingungen der Entmischung in einem binären System sind

$$\frac{\partial^2 \, \Delta G(M)}{\partial x_B^2} = 0 \tag{4.135}$$

und

$$\frac{\partial^3 \, \Delta G(M)}{\partial x_B^3} = 0 \tag{4.136}$$

Zu berechnen ist der kritische α-Wert, bei dem die Entmischung auftritt.

Für den Fall der regulären Lösung ergibt sich aus Gl. (4.72) und der α-Funktion die folgende Beziehung:

$$\Delta G(M) = RT(x_A \ln x_A + x_B \ln x_B + \alpha x_A x_B). \tag{4.137}$$

Die Differentiation nach x_B liefert:

$$\frac{\partial^2 \, \Delta G(M)}{\partial x_B^2} = RT \left(\frac{1}{x_A} + \frac{1}{x_B} - 2\alpha \right)$$

$$\frac{\partial^3 \, \Delta G(M)}{\partial x_B^3} = RT \left(\frac{1}{x_A^2} - \frac{1}{x_B^2} \right).$$

Setzt man die letzte Gleichung gleich Null, so erhält man mit $x_A + x_B = 1$

$$x_A + x_B = \tfrac{1}{2} .$$

Mit diesem Wert und der Grenzbedingung (4.136) ergibt sich

$$\alpha = 2 .$$

Das bedeutet, daß für eine reguläre Lösung gilt:

$\alpha > 2$ Mischungslücke
$\alpha < 2$ vollständige Mischbarkeit.

Der entsprechende kritische Wert der Aktivitätskoeffizienten beträgt 1,648.

Trotz ihrer Einschränkungen hat die reguläre Lösung insbesondere in der metallurgischen Thermodynamik wegen ihrer pragmatischen Bedeutung starken Eingang gefunden.

4.5.1.14.2   Das Modell der subregulären Lösung

Die Konzentrationsunabhängigkeit der atomaren Wechselwirkungen ist für viele Systeme eine zu eingeengte Voraussetzung. Man nimmt daher nährungsweise eine lineare Konzentrationsabhängigkeit für L an, die als »subreguläre Lösung« bezeichnet wird.

Zur mathematischen Darstellung von L sind weitere Parameter erforderlich. Für diesen Lösungstyp gilt:

$$L = \Psi(x) = (\beta_1 x_A + \beta_2 x_B). \tag{4.138}$$

Die lineare Konzentrationsabhängigkeit wird deutlich, wenn $\beta_1^* = \beta_1$ und $\beta_2^* = \beta_2 - \beta_1$ substituiert wird. L und $\Psi(x)$ ergeben sich damit als Polynome 1. Grades:

$$L = \Psi(x) = \beta_1^* + \beta_2^* x_B . \tag{4.139}$$

Für die Beschreibung der molaren Größen folgt:

$$\Delta H(\text{M}) = x_A x_B (\beta_1 x_A + \beta_2 x_B) \tag{4.140}$$

$$\Delta G(\text{M}) = \Delta H(\text{M}) - T \Delta S(\text{M}) = x_A x_B (\beta_1 x_A + \beta_2 x_B) + RT(x_A \ln x_A + x_B \ln x_B) \tag{4.141}$$

$$G(xs) = \Delta G(\text{M}) - \Delta G(\text{id}) = x_A x_B (\beta_1 x_A + \beta_2 x_B) \tag{4.142}$$

$$\bar{G}_A(xs) = G(xs) + (1 - x_A) \frac{\mathrm{d}G(xs)}{\mathrm{d}x_A}$$

$$= 2(\beta_1 - \beta_2) x_A^3 + (5\beta_2 - 4\beta_1) x_A^2 + 2(\beta_1 - 2\beta_2) x_A + \beta_2 \tag{4.143}$$

$$\bar{G}_B(xs) = G(xs) + (1 - x_B) \frac{\mathrm{d}G(xs)}{\mathrm{d}x_B}$$

$$= 2(\beta_2 - \beta_1) x_B^3 + (5\beta_1 - 4\beta_2) x_B^2 + 2(\beta_2 - 2\beta_1) x_B + \beta_1 . \tag{4.144}$$

Ausgehend von den Gln. (4.126 bis 4.129) ergeben sich für die Aktivitätskoeffizienten:

$$RT \ln \gamma_A = 2(\beta_1 - \beta_2) x_A^3 + (5\beta_2 - 4\beta_1) x_A^2 + 2(\beta_1 - 2\beta_2) x_A + \beta_2 \tag{4.145}$$

$$RT \ln \gamma_B = 2(\beta_2 - \beta_1) x_B^3 + (5\beta_1 - 4\beta_2) x_B^2 + 2(\beta_2 - 2\beta_1) x_B + \beta_1 . \tag{4.146}$$

Für $\beta_1 = \beta_2$ geht die subreguläre Lösung zwanglos in die reguläre Lösung über. Das Modell der subregulären Lösung bietet die Möglichkeit, asymmetrische Verläufe der Mischungsenthalpie in Abhängigkeit von der Konzentration zu beschreiben.

4.5.1.14.3 Das quasichemische Modell

Das reguläre Modell enthält den Widerspruch, daß unterschiedliche Atome in regelloser Verteilung vorliegen sollen, obwohl sie beim Mischen eine Wärmetönung ergeben. Bindungspaare mit niedrigeren potentiellen Energien müssen häufiger auftreten als solche mit höheren. Das »quasichemische« Modell geht davon aus, daß *zwischen den Bindungspaaren ein Gleichgewicht* besteht. Hier soll das quasichemische Modell von *Guggenheim* (1952) kurz erläutert werden.

Für das Gleichgewicht der Bindungspaare

$$\text{AA} + \text{BB} = 2(\text{AB}) \tag{4.147}$$

erhält man unter Berücksichtigung der Bindungen (Tabelle 8) die Gleichgewichtskonstante in der Form

$$K = \frac{(z N n_{AB})^2}{\left(\dfrac{z N}{2}\right)^2 (n_A - n_{AB})(n_B - n_{AB})} = K_0 \exp\left(-\frac{2w}{zkT}\right). \tag{4.148}$$

Der Quotient der Wechselwirkungsenergie w (siehe Gl. (4.113)) und der Koordinationszahl z in der Form $2w/z$ stellt die für die Umwandlung nach Gl. (4.147) erforderliche Energie dar, k ist die *Boltzmann*-Konstante. *Guggenheim* definierte die Verknüpfung zwischen den Komponenten der Lösung zu

$$\frac{n_{AB}^2}{(n_A - n_{AB})(n_B - n_{AB})} = \exp\left(-\frac{2w}{zkT}\right). \tag{4.149}$$

Man erhält diese Gleichung, wenn man $K_0 = 4$ setzt, was einer statistisch regellosen Verteilung mit $w = 0$ und $n_{AB} = n_A n_B / (n_A + n_B)$ entspricht.

Mit Kenntnis der Größen w und z lassen sich die thermodynamischen Funktionen berechnen. Da eine direkte Bestimmung von n_{AB} nach Gl. (4.149) aufwendig ist, hat *Guggenheim* eine vereinfachte Form für n_{AB} angegeben:

$$n_{AB} = \frac{n_A n_B}{n_A + n_B} \left[1 - \left(\frac{2w}{zkT} \right) x_A x_B \right]. \tag{4.150}$$

Daraus folgt für die Mischungsenthalpie

$$\Delta h(M) = L n_{AB} = L \frac{n_A n_B}{n_A + n_B} \left[1 - \left(\frac{2w}{zkT} \right) x_A x_B \right] \tag{4.151}$$

bzw.

$$\Delta H(M) = L x_A x_B \left[1 - \left(\frac{2w}{zkT} \right) x_A x_B \right]. \tag{4.152}$$

Multipliziert man L mit dem Klammerausdruck und faßt die Größen als Parameter zusammen, so ergeben sich die thermodynamischen Mischungsgrößen in Parameterschreibweise zu

$$\Delta H(M) = x_A x_B \left[\beta_1 - \frac{\beta_2}{T} x_A x_B \right] \tag{4.153}$$

$$\Delta G(M) = x_A x_B \left(\beta_1 - \frac{\beta_2}{2T} x_A x_B \right) + RT(x_A \ln x_A + x_B \ln x_B) \tag{4.154}$$

$$\Delta S(M) = -\frac{\beta_2}{2T^2} x_A^2 x_B^2 - R(x_A \ln x_A + x_B \ln x_B), \tag{4.155}$$

mit $\beta_2 \geqq 0$ und

$$\Psi(x) = \beta_1 - \frac{\beta_2}{T} x_A x_B = \beta_1^* + \beta_2^* x_A x_B. \tag{4.156}$$

Hierin sind $\beta_1^* = \beta_1$ und $\beta_2^* = -(\beta_2/T)$. Für $\beta_2 = 0$ (bzw. $\beta_2^* = 0$) geht das quasichemische Modell in die reguläre Lösung über.

Gleichung (4.156) wird als Grundgleichung für die Regression gewählt, um die Parameter β_1 und β_2 zu ermitteln. Der Vergleich der Gln. (4.152), (4.153) und (4.154) zeigt, daß $L \neq \Psi(x)$ ist. Da die Temperaturabhängigkeit der Mischungsenthalpie erfaßt werden kann, wird die Berechnung der Excesswärmekapazität möglich:

$$C_p(xs) = C_p - C_p(\text{id}) = \frac{\partial[\Delta H(M)]}{\partial T} = \frac{\beta_2}{T^2} x_A^2 x_B^2. \tag{4.157}$$

Durch die Extremwertberechnung kann nachgewiesen werden, daß die thermodynamischen Mischungsgrößen einen symmetrischen Verlauf besitzen müssen.

4.5.1.14.4   Das modifizierte quasichemische Modell

Später wurde das quasichemische Modell modifiziert. Nunmehr finden nicht nur die paarweisen Wechselwirkungen AA, BB und AB Berücksichtigung, sondern auch die Wechselwirkungen der AA-, BB- und AB-Paare mit den reinen Komponenten (A, B). Seine

Mischungsgrößen lassen sich mit Hilfe der Parameter zu

$$\Delta H(M) = \beta_1 x_A x_B^2 + \beta_2 x_A^2 x_B - \frac{\beta_3}{T} x_A^2 x_B^2 \tag{4.158}$$

$$\Delta G(M) = \beta_1 x_A x_B^2 + \beta_2 x_A^2 x_B - \frac{\beta_3}{2T} x_A^2 x_B^2 + RT(x_A \ln x_A + x_B \ln x_B) \tag{4.159}$$

$$\Delta S(M) = \frac{\beta_3}{2T^2} x_A^2 x_B^2 - R(x_A \ln x_A + x_B \ln x_B) \tag{4.160}$$

beschreiben, mit $\beta_3 \geqq 0$. Für $\Psi(x)$ bedeutet diese Modifikation, daß ein weiterer Term berücksichtigt werden muß:

$$\Psi(x) = \beta_1 x_B + \beta_2 x_A - \frac{\beta_3}{T} x_A x_B . \tag{4.161}$$

$\Psi(x)$ kann durch die Substitutionen $\beta_1^* = \beta_2$, $\beta_2^* = \beta_1 - \beta_2 - \left(\dfrac{\beta_3}{T}\right)$ und $\beta_3^* = \left(\dfrac{\beta_3}{T}\right)$ in ein Polynom 2. Grades überführt werden:

$$\Psi(x) = \beta_1^* + \beta_2^* x_B + \beta_3^* x_B^2 . \tag{4.162}$$

Das modifizierte quasichemische Modell eignet sich daher zur Beschreibung von binären Systemen mit nichtlinearem, asymmetrischem Verlauf der $\Psi(x)$-Funktion. Nach Gl. (4.114) ergibt sich somit die Mischungsenthalpie zu

$$\Delta H(M) = x_A x_B (\beta_1^* + \beta_2^* x_B + \beta_3^* x_B^2) . \tag{4.163}$$

Das modifizierte quasichemische Modell läßt sich zwanglos in die früher beschriebenen Modelle überführen:

- $\beta_1 = \beta_2$ und $\beta_3 = 0$, reguläre Lösung,
- $\beta_3 = 0$, subreguläre Lösung,
- $\beta_2 = \beta_1$, quasichemisches Modell.

Die partielle Ableitung der Mischungsenthalpie (Gl. (4.158)) nach der Temperatur liefert für den modifizierten Fall den gleichen symmetrischen Verlauf der Excesswärmekapazität wie das quasichemische Modell. Bei Nahordnungen in der Schmelze (Assoziate, Cluster) sind jedoch für die Mischungsenthalpie *und* die Excesswärmekapazität konzentrationsabhängige Extrema zu erwarten. Daher eignet sich das modifizierte quasichemische Modell nicht dazu, die Excesswärmekapazität für Systeme mit asymmetrischem $\Delta H(M)$-Verlauf zu beschreiben.

4.5.1.14.5 Das Modell der thermodynamisch adaptierten Potenz-Reihe

Ausgehend von der Tatsache, daß sich die bisher beschriebenen Modelle als Polynomfunktionen steigenden Grades von der Konzentration darstellen lassen, ist in jüngster Zeit die »thermodynamisch adaptierte Potenzreihe« vorgestellt worden. Nach ihr lassen sich die Mischungsgrößen wie folgt darstellen:

$$\Delta H(M) = (1 - x_A) \sum_{n=1}^{n=N} x_A^n \left[\sum_{\varepsilon=1}^{\varepsilon=E} L_{n,\,1-\varepsilon} T^{1-\varepsilon} \right] = G(xs) \tag{4.164}$$

$$\Delta G(M) = (1 - x_A) \sum_{n=1}^{n=N} x_A^n \left[\sum_{\varepsilon=1}^{\varepsilon=E} \left(\frac{L_{n,\,1-\varepsilon}}{\varepsilon} \right) T^{1-\varepsilon} \right] + RT(x_A \ln x_A + x_B \ln x_B) \tag{4.165}$$

$$\Delta S(M) = (1 - x_A) \sum_{n=1}^{n=N} x_A^n \left[\sum_{\varepsilon=1}^{\varepsilon=E} L_{n,\,1-\varepsilon} \left(\frac{\varepsilon-1}{\varepsilon} \right) T^{-\varepsilon} \right] - R(x_A \ln x_A + x_B \ln x_B) . \tag{4.166}$$

Hierin sind $L_{n,1-\varepsilon}$ die Parameter der TAP-Reihe, N gibt den Grad des Polynoms an und E ist die Anzahl der Parameter zur Berücksichtigung der Temperaturabhängigkeit.
Die $\Psi(x)$-Funktion ergibt sich als Potenzreihe zu

$$\Psi(x) = \sum_{n=1}^{n=N} x_A^{n-1} \left[\sum_{\varepsilon=1}^{\varepsilon=E} L_{n,1-\varepsilon} T^{1-\varepsilon} \right], \tag{4.167}$$

d. h., bezogen auf x_A zu einem $(N-1)$-gradigen Polynom. Die TAP-Reihe ist durch die freie Wahl des Grads der Polynome der konzentrations- und/oder der temperaturabhängigen Terme sehr flexibel. Die Erfassung der Temperaturabhängigkeit wird jedoch erst möglich, wenn mindestens 2 Meßreihen unterschiedlicher Temperatur vorliegen ($\varepsilon \geq 2$). Die Messungen sollten sich über den gesamten Konzentrationsbereich erstrecken.
Bei entsprechender Wahl von N, kann die TAP-Reihe in alle beschriebenen statistischen Modelle überführt werden. Man erhält mit $E = 1$ und

$N = 1$	mit	$L_1 = L$,	die reguläre Lösung
$N = 2$	mit	$L_1 = \beta_1^*$, $L_2 = \beta_2^*$,	die subreguläre Lösung
$N = 3$	mit	$L_1 = \beta_1$, $L_2 = -L_3 = (\beta_2/T)$,	das quasichemische Modell
$N = 3$	mit	$L_1 = \beta_1^*$, $L_2 = \beta_2^*$, $L_3 = \beta_3^*$,	das modifizierte quasichemische Modell.

Die Ableitung von Gl. (4.164) nach der Temperatur ergibt $C_p(xs) = 0$ für $E = 1$. Für $E \geq 2$ wird die Excesswärmekapazität durch den Ausdruck

$$C_p(xs) = (1-x) \sum_{n=1}^{n=N} x^n \left[\sum_{\varepsilon=2}^{\varepsilon=E} (1-\varepsilon) L_{n,1-\varepsilon} T^{-\varepsilon} \right] \tag{4.168}$$

beschrieben.
Ein vergleichende funktionelle Beschreibung der vorgestellten statistischen Modelle ist in der Tabelle 9 am Beispiel der Mischungsenthalpie wiedergegeben.

Tabelle 9. Funktionale Beschreibung der Mischungsenthalpie

Modell	funktionaler Zusammenhang
reguläre Lösung	$\Psi(x) = \dfrac{\Delta H_m}{x_A x_B} = \beta = \beta_1^*$
subreguläre Lösung	$\Psi(x) = \dfrac{\Delta H_m}{x_A x_B} = \beta_1 x_A + \beta_2 x_B = \beta_1^* + \beta_2^* x_A$ mit $\beta_1^* = \beta_1$; $\quad \beta_2^* = \beta_1 - \beta_2$
quasichemisches Modell	$\Psi(x) = \dfrac{\Delta H_m}{x_A x_B} = \beta_1 - \dfrac{\beta_2}{T} x_A x_B = \beta_1^* + \beta_2^* x_A x_B$ mit $\beta_1^* = \beta_1$; $\quad \beta_2^* = -\dfrac{\beta_2}{T}$
modifiziertes quasichemisches Modell	$\Psi(x) = \dfrac{\Delta H_m}{x_A x_B} = \beta_1 x_A + \beta_2 x_B - \dfrac{\beta_3}{T} x_A x_B = \beta_1^* + \beta_2^* x_A + \beta_3^* x_A^2$ mit $\beta_1^* = \beta_1$; $\quad \beta_2^* = \beta_1 - \beta_2 - \dfrac{\beta_3}{T}$; $\quad \beta_3^* = \dfrac{\beta_3}{T}$
TAP-Reihe	$\Psi(x) = \dfrac{\Delta H_m}{x_A x_B} = \sum_{n=1}^{N} x_A^{n-1} \sum_{\varepsilon=1}^{E} L_{n,1-\varepsilon}^* T^{1-\varepsilon}$

Auf die Beschreibung des Zentralatom-Modells wird an dieser Stelle verzichtet und auf die entsprechende Spezialliteratur (z. B. *C.H.P. Lupis* »Chemical Thermodynamics of Materials«) verwiesen.

4.5.1.14.6   Modell eines Assoziationsgleichgewichts

Der gedankliche Hintergrund des »Assoziatmodells« ist eine Schmelze, in der die freien Atome (A, B) mit sogenannten Assoziaten (A_jB_j) im Gleichgewicht stehen. Die Assoziate können als Bereiche chemischer Nahordnung aufgefaßt werden. Eine Zweistofflösung, die ein Assoziat enthält, wird als Lösung dreier Komponenten interpretiert, zwischen denen folgendes Gleichgewicht bestehen soll:

$$iA + jB = A_iB_j.\tag{4.169}$$

Treten Assoziate auf, die in einem dynamischen Gleichgewicht mit nicht assoziierten Atomen stehen, so läßt sich das Massenwirkungsgesetz unter Berücksichtigung der Aktivitätskoeffizienten wie folgt beschreiben:

$$K = \frac{\gamma_{A_iB_j}x_{A_iB_j}}{(\gamma_{A1}\,x_{A1})^i\,(\gamma_{B1}\,x_{B1})^j} = \exp\left(\frac{\Delta G^0_{A_iB_j}}{RT}\right) = \exp\left(-\frac{\Delta H^0_{A_iB_j} - T\,\Delta S^0_{A_iB_j}}{RT}\right).\tag{4.170}$$

Hierin sind A1 und B1 die freien (nichtassoziierten) Atome der Komponenten A und B sowie $\Delta G^0_{A_iB_j}$ die freie Bildungsenthalpie des Assoziats, die sich aus der Bildungsenthalpie $\Delta H^0_{A_iB_j}$ und der Bildungsentropie $\Delta S^0_{A_iB_j}$ des Assoziats ergibt. Zur Unterscheidung von den absoluten Konzentrationen der Komponenten (x_A, x_B) sind die Konzentrationen der freien Atome (A, B) mit dem Index 1 versehen.

Für die Berechnung der Aktivitätskoeffizienten können verschiedene Ansätze, z. B. der der regulären Lösung herangezogen werden:

$$\ln\gamma_{A1} = \frac{1}{RT}\,[x^2_{B1}\,C1 + x^2_{A_iB_j}\,C2 + x_{A_iB_j}\,x_{B1}(C1 + C2 - C3)]\tag{4.171a}$$

$$\ln\gamma_{B1} = \frac{1}{RT}\,[x^2_{A1}\,C1 + x^2_{A_iB_j}\,C3 + x_{A_iB_j}\,x_{A1}(C1 + C3 - C2)]\tag{4.171b}$$

$$\ln\gamma_{A_iB_j} = \frac{1}{RT}\,[x^2_{A1}\,C2 + x^2_{B1}\,C3 + x_{A1}x_{B1}(C2 + C3 - C1)]\tag{4.172}$$

Die Parameter $C1$, $C2$ und $C3$ beschreiben jeweilig die Wechselwirkung zwischen den freien Atomen (A ↔ B) bzw. zwischen den freien Atomen A_1 oder B_1 und dem Assoziat $(A_1, B_1 \leftrightarrow A_iB_j)$. Mit ihrer Hilfe können die Mischungsgrößen beschrieben werden:

$$\Delta H(M) = \frac{n_{A1}n_{B1}}{n}\,C1 + \frac{n_{A1}n_{A_iB_j}}{n}\,C2 + \frac{n_{B1}n_{A_iB_j}}{n}\,C3 + n_{A_iB_j}\,\Delta H^0_{A_iB_j}\tag{4.173}$$

$$\Delta S(M) = -R(n_{A1}\ln x_{A1} + n_{B1}\ln x_{B1} + n_{A_iB_j}\ln x_{A_iB_j}) + n_{A_iB_j}\,\Delta S^0_{A_iB_j}\tag{4.174}$$

$$\Delta G(M) = \Delta H(M) - T\,\Delta S(M).\tag{4.175}$$

Die gesamte Molzahl n eines Systems ergibt sich aus der Summe der drei Molzahlen $(n = n_{A1} + n_{B1} + n_{A_iB_j})$. Die entsprechenden Molenbrüche können dann wie folgt berechnet werden: $x_{A1} = n_{A1}/n$; $x_{B1} = n_{B1}/n$; $x_{A_iB_j} = n_{A_iB_j}/n$; $x_{A1} + x_{B1} + x_{A_iB_j} = 1$. Zur Berechnung der Mischungsgrößen müssen somit $C1$, $C2$, $C3$, $\Delta H^0_{A_iB_j}$ und K oder $\Delta S^0_{A_iB_j}$, d. h., insgesamt 5 Parameter ermittelt werden.

Die Excesswärmekapazität kann gemäß ihrer Definition:

$$C_p(xs) = \frac{\partial[\Delta H(\mathrm{M})]}{\partial T} = \frac{\partial[\Delta H(\mathrm{M})]}{\partial n_{\mathrm{A}_i\mathrm{B}_j}} \frac{\partial n_{\mathrm{A}_i\mathrm{B}_j}}{\partial T} \tag{4.176}$$

durch das Assoziatmodell beschrieben werden.
Die Ableitung der Mischungsenthalpie, Gl. (4.173), nach der Molzahl $n_{\mathrm{A}_i\mathrm{B}_j}$ ergibt:

$$\begin{aligned}
\frac{\partial[\Delta H(\mathrm{M})]}{\partial n_{\mathrm{A}_i\mathrm{B}_j}} &= [-jx_{\mathrm{A}1} - ix_{\mathrm{B}1} - x_{\mathrm{A}1}x_{\mathrm{B}1}(1 - i - j)]\,C1 \\
&\quad + [x_{\mathrm{A}1} - ix_{\mathrm{A}_i\mathrm{B}_j} - x_{\mathrm{A}1}x_{\mathrm{A}_i\mathrm{B}_j}(1 - i - j)]\,C2 \\
&\quad + [x_{\mathrm{B}1} - jx_{\mathrm{A}_i\mathrm{B}_j} - x_{\mathrm{B}1}x_{\mathrm{A}_i\mathrm{B}_j}(1 - i - j)]\,C3 \\
&\quad + \Delta H^0_{\mathrm{A}_i\mathrm{B}_j} \,.
\end{aligned} \tag{4.177}$$

Unter Berücksichtigung der Gln. (4.171a is 4.172) ergibt sich der zweite Term auf der rechten Seite der Gl. (4.176) zu

$$\begin{aligned}
\left(\frac{\partial n_{\mathrm{A}_i\mathrm{B}_j}}{\partial T}\right) &= \frac{nR}{2}\left\{\frac{\Delta H^0_{\mathrm{A}_i\mathrm{B}_j}}{RT} + \ln\gamma_{\mathrm{A}_i\mathrm{B}_j} - i\ln\gamma_{\mathrm{A}1} - j\ln\gamma_{\mathrm{B}1}\right\} \\
&\quad \times \left\{[ij + (1 - i - j)[ix_{\mathrm{B}1} + jx_{\mathrm{A}1} + (1 - i - j)x_{\mathrm{A}1}x_{\mathrm{B}1}]]\,C1\right. \\
&\quad + [-i + (1 - i - j)[ix_{\mathrm{A}_i\mathrm{B}_j} - x_{\mathrm{A}1} + (1 - i - j)x_{\mathrm{A}1}x_{\mathrm{A}_i\mathrm{B}_j}]]\,C2 \\
&\quad + [-j + (1 - i - j)[ix_{\mathrm{A}_i\mathrm{B}_j} - x_{\mathrm{B}1} + (1 - i - j)x_{\mathrm{B}1}x_{\mathrm{A}_i\mathrm{B}_j}]]\,C3 \\
&\quad \left. + \frac{RT}{2}\left[\frac{1}{x_{\mathrm{A}_i\mathrm{B}_j}} + \frac{i^2}{x_{\mathrm{A}1}} + \frac{j^2}{x_{\mathrm{B}1}} - (1 - i - j)^2\right]^{-1}\right\} \,.
\end{aligned} \tag{4.178}$$

Zur Anpassung der Modellparameter ($C1$, $C2$, $C3$, $\Delta H^0_{\mathrm{A}_i\mathrm{B}_j}$ und K) an vorhandene Meßwerte, ist eine rechenaufwendige Iteration erforderlich.
Mit dem regulären Assoziatmodell ist man nicht nur in der Lage, sowohl asymmetrische $\Delta H(\mathrm{M})$-Verläufe wie auch asymmetrische $C_p(xs)$-Verläufe mit hinreichender Genauigkeit zu beschreiben, es berücksichtigt ebenso die Temperaturabhängigkeit beider Größen, bedingt durch die Temperaturabhängigkeit der Gleichgewichtskonstanten. Die Flexibilität des regulären Assoziatmodells bzw. seines Anpassungsverfahrens ermöglicht die Anwendung auch auf Systeme, die unmittelbar keine Assoziatbildung aus dem Zustandsschaubild erkennen lassen. Die Auswertung der Meßergebnisse liefert dann eine Assoziatzusammensetzung, deren physikalische Bedeutung kritisch geprüft werden muß.

Beispiele

Berechnung der Aktivitäten in Blei-Bismut-Schmelzen

gegeben: Bei 746 K verändert sich der Aktivitätskoeffizient von Blei in Blei-Bismut-Schmelzen mit der Zusammensetzung wie folgt:

$$\ln\gamma_{\mathrm{Pb}} = -0{,}74(1 - x_{\mathrm{Pb}})^2 \,.$$

- Ermitteln Sie die korrespondierende Gleichung für die Veränderung von γ_{Bi} mit der Zusammensetzung für diese Temperatur!

Lösung

Nach der Gleichung von *Gibbs-Duhem* (Gl. (4.103)) gilt:

$$\ln \gamma_{Bi}|_{x_{Bi}=x_{Bi}} = - \int\limits_{\ln \gamma_{Pb} \text{ bei } x_{Bi}=1}^{\ln \gamma_{Pb} \text{ bei } x_{Bi}} \frac{x_{Pb}}{x_{Bi}} \, d \ln \gamma_{Pb} \, .$$

Mit der gegebenen Funktion erhält man:

$$d \ln \gamma_{Pb} = 1{,}48(1 - x_{Pb}) \, dx_{Pb} \, .$$

In die *Gibbs-Duhem*-Gleichung eingesetzt, ergibt sich:

$$\ln \gamma_{Bi}|_{x_{Bi}=x_{Bi}} = -1{,}48 \int\limits_{x_{Bi}=1}^{x_{Bi}} x_{Pb} \, dx_{Pb}$$

$$\ln \gamma_{Bi} = -0.74(1 - x_{Bi})^2 \, .$$

Das vorliegende Ergebnis deckt sich mit der thermodynamischen Forderung für eine reguläre Lösung, bei der α für beide Komponenten einen konstanten Wert besitzt.

● Berechnen Sie die Aktivität des Bleis für $x_{Pb} = 0{,}5$ bei 746 K und bei 1000 K!

Lösung

$$\ln \gamma_{Pb} = -0{,}74(1 - x_{Pb})^2$$

$$\gamma_{Pb} = 0{,}83$$

$$a_{Pb} = x_{Pb}\gamma_{Pb} = 0{,}5 \cdot 0{,}83 = 0{,}415$$

Die Umrechnung auf eine andere Temperatur erfolgt bei der regulären Lösung nach der einfachen Gleichung:

$$\alpha_1 T_1 = \alpha_2 T_2 \, .$$

Mit

$$\alpha_1 = -0{,}74$$

erhält man für 1000 K

$$\alpha_2 = \alpha_1 T_1 / T_2 = -0{,}74 \cdot \frac{746}{1000} = -0{,}55 \, .$$

Daraus ergibt sich

$$\ln \gamma_{Pb} = \alpha_2 (1 - x_{Pb})^2 = -0{,}55 \cdot (1 - 0{,}5)^2 = -0{,}138$$

$$\gamma_{Pb} = 0{,}87$$

und daraus

$$a_{Pb} = 0{,}5 \cdot 0{,}87 = 0{,}435 \, .$$

Da im vorliegenden Fall der Aktivitätskoeffizient kleiner als 1 ist, müssen die Aktivitäten unterhalb der *Raoult*schen Geraden liegen. Mit der Temperaturerhöhung nähert sich der Aktivitätsverlauf dem idealen Verhalten, eine Tatsache, die auch durch das Ergebnis ausgedrückt wird.

Oft wird die nur für reguläre Lösungen gültige Temperaturumrechnung auch für reale Lösungen benutzt, wenn keine Meßdaten bei unterschiedlichen Temperaturen verfügbar sind.

Berechnung der Mischungsenthalpien des Systems Ag — Au

gegeben: Die experimentelle Bestimmung der Mischungsenthalpie des Systems Ag — Au bei 1350 K ergab folgende Werte in Abhängigkeit von der Konzentration:

x_{Au}	0,1	0,2	0,3	0,4	0,5	0,6	0,7	0,8	0,9
$\Delta H(M)\,[-\text{J mol}^{-1}]$	443	787	1033	1181	1230	1181	1033	787	443

- Wählen Sie ein geeignetes Modell aus und bestimmen Sie einen funktionalen Zusammenhang $\Delta H(M) = f(x)$. Stellen Sie die $\Psi(x)$- Funktion und die Mischungsenthalpie graphisch dar.

Lösung

Die Berechnung der $\Psi(x)$-Funktion,

$$\Psi(x) = \frac{\Delta H(M)}{x_{Ag}x_{Au}},$$

liefert einen über die gesamte Konzentration konstanten Wert

$$\Psi(x) = -4,92\,[\text{kJ mol}^{-1}],$$

siehe Abb. 49. Als Modell wird daher die *reguläre Lösung* gewählt, für die $L = \Psi(x)$ gilt. Somit ist

$$\Delta H(M) = -4,92 x_{Ag}x_{Au}.$$

Abbildung 50 zeigt die $\Delta H(M)$-Funktion mit den Meßwerten bei $T = 1350$ K.

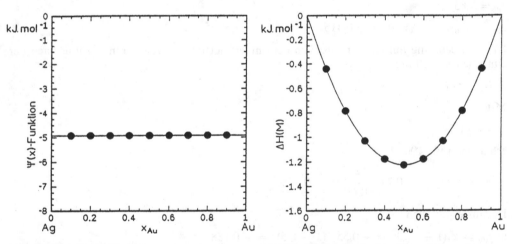

Abb. 49 $\Psi(x)$-Verlauf im System Ag — Au   Abb. 50 $\Delta H(M)$-Verlauf im System Ag — Au

Berechnung der Mischungsenthalpien des Systems Ag — Ga.

gegeben: Die experimentelle Bestimmung der Mischungsenthalpie des Systems Ag — Ga bei 1000 K ergab folgende Werte in Abhängigkeit von der Konzentration:

x_{Ga}	0,22	0,3	0,4	0,5	0,6	0,7	0,8	0,9
$\Delta H(M)\,[-\text{J mol}^{-1}]$	818	868	802	638	423	204	29	−55

- Wählen Sie ein geeignetes Modell aus und bestimmen Sie einen funktionalen Zusammenhang $\Delta H(M) = f(x)$. Stellen Sie die $\Psi(x)$-Funktion und die Mischungsenthalpie graphisch dar.

Lösung

Die Berechnung der Werte der $\Psi(x)$-Funktion liefert eine mit steigendem Ga-Gehalt linear fallende Gerade (siehe Abb. 51). Daher wird das Modell der *subregulären Lösung* zur Beschreibung des Systems gewählt. Der Parameter β_1^* ergibt sich als Schnittpunkt der $\Psi(x)$-Funktion mit der Abzisse bei $x_{Ga} = 0$ zu $\beta_1^* = -6{,}506$ [kJ mol^{-1}]. Der Parameter β_2^* ist die Steigung der $\Psi(x)$-Funktion; es ist $\beta_2^* = 7{,}906$ [kJ mol^{-1}].

Da gleichzeitig $\beta_2 = \beta_2^* + \beta_1^* = 1{,}4$ und $\beta_1 = \beta_1^* = 6{,}506$ ist, kann der funktionale Zusammenhang der Mischungsenthalpie geschrieben werden als

$$\Delta H(M) = x_{Ag} x_{Ga}(7{,}906 x_{Ga} - 6{,}506) = x_{Ag} x_{Ga}(1{,}4 x_{Ga} - 6{,}506 x_{Ag}) \,.$$

Er ist in Abb. 52 zusammen mit den experimentellen Daten bei $T = 1000$ K dargestellt.

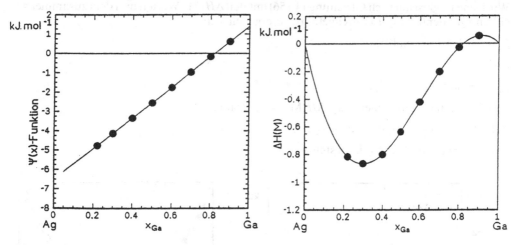

Abb. 51. $\Psi(x)$-Verlauf im System Ag−Ga   Abb. 52. $\Delta H(M)$-Verlauf im System Ag−Ga

Berechnung der Mischungsenthalpien des Systems Fe−V

gegeben: Die experimentelle Bestimmung der Mischungsenthalpie des Systems Fe−V bei 1990 K und 2320 K ergab folgende Werte in Abhängigkeit von der Konzentration:

$T = 1990$ K		$T = 2320$ K	
x_V	$-\Delta H(M)$ [kJ mol^{-1}]	x_V	$-\Delta H(M)$ [kJ mol^{-1}]
0,056	1,823	0,713	8,549
0,066	2,839	0,746	7,746
0,109	3,88	0,782	6,873
0,149	4,803	0,805	5,980
0,171	5,634	0,831	5,466
0,203	6,828	0,855	4,618
0,224	7,616	0,888	3,720
0,249	8,432	0,921	2,529
0,281	9,385	0,479	1,424
0,297	9,922	0,967	1,049
0,324	12,19		

- Wählen Sie ein geeignetes Modell aus und bestimmen Sie einen funktionalen Zusammenhang $\Delta H(M) = f(x)$. Stellen Sie die $\Psi(x)$-Funktion und die Mischungsenthalpie graphisch dar.

Lösung

Abbildung 53 zeigt die aus den experimentellen $\Delta H(M)$-Werten berechneten Werte der $\Psi(x)$-Funktion. Sie läßt sich durch eine symmetrische nichtlineare $\Psi(x)$-Funktion beschreiben. Es wird daher das *quasichemische Modell* zur Beschreibung des Systems ausgewählt.

Die graphische Darstellung der experimentellen Werte der Mischungsenthalpie, Abb. 54, zeigt, daß die Temperaturabhängigkeit der Mischungsenthalpie gering ist. Der Quotient (β_2/T) wird daher zusammengefaßt.

Wird eine Regression nach Gleichung (4.156) mit den $\Delta H(M)$-Werten und dem zusammengefaßten Quotienten (β_2/T) durchgeführt, so ergeben sich

$$\beta_1 = -28,61 \ [\text{kJ mol}^{-1}]$$

und

$$\beta_2/T = 80,58 \ [\text{kJ mol}^{-1}] \,.$$

Der funktionale Zusammenhang $\Delta H(M) = f(x)$ lautet somit

$$\Delta H(M) = x_V x_{Fe}[-28,61 - 80,58 x_V x_{Fe}] \,;$$

er ist ebenfalls in Abb. 54 dargestellt.

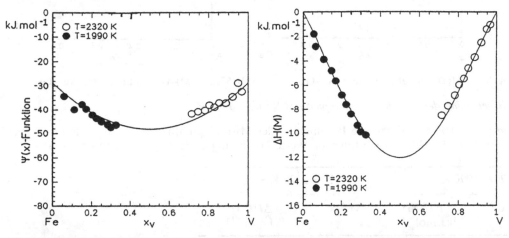

Abb. 53. $\Psi(x)$-Verlauf im System $Fe-V$ Abb. 54. $\Delta H(M)$-Verlauf im System $Fe-V$

Berechnung der Mischungsenthalpien des Systems Au−Ni

gegeben: Die experimentelle Bestimmung der Mischungsenthalpie des Systems $Au-Ni$ bei 1150 K ergab folgende Werte in Abhängigkeit von der Konzentration:

x_{Ni}	0,1	0,2	0,3	0,4	0,5	0,6	0,7	0,8	0,9
$\Delta H(M) \ [-\text{kJ}(\text{mol}^{-1}]$	0,5	0,95	1,347	1,642	1,807	1,803	1,608	1,206	0,643

- Wählen Sie ein geeignetes Modell aus und bestimmen Sie einen funktionalen Zusammenhang $\Delta H(M) = f(x)$. Stellen Sie die $\Psi(x)$-Funktion und die Mischungsenthalpie graphisch dar.

Lösung

Die graphische Darstellung der anhand der experimentellen Daten berechneten Werte der $\Psi(x)$-Funktion, Abb. 55, und der Mischungsenthalpie, Abb. 56, weisen einen unsymmetrischen Verlauf auf. Die subreguläre Lösung und das quasichemische Modell sind zur Darstellung nicht mehr geeignet. Es wird das *modifizierte quasichemische Modell* herangezogen. Da Meßwerte nur für eine Temperatur vorliegen, soll hier auf die Bescheibung der Temperaturabhängigkeit verzichtet werden.
Die Regression anhand der Gl. (44) liefert

$$\beta_1^* = -4,686$$

$$\beta_2^* = -7,867$$

$$\beta_3^* = 5,506 \,,$$

so daß $\Delta H(M) = x_{Au} x_{Ni}(-4,686 - 7,867 x_{Ni} + 5,506 x_{Ni}^2)$ wird, was in Abb. 56 durch die ausgezogene Kurve dargestellt ist.

Berechnung der Temperaturabhängigkeit der Mischungsenthalpie und der Excesswärmekapazität des Systems Mg − Pb

gegeben: Die experimentell bestimmten Werte der Mischungsenthalpie des Systems Magnesium − Blei sind in der folgenden Tabelle für verschiedene Temperaturen wiedergegeben.

$T = 943$ K		$T = 1033$ K		$T = 1233$ K	
x_{Pb}	$\Delta H(M)$ kJ mol^{-1}	x_{Pb}	$\Delta H(M)$ kJ mol^{-1}	x_{Pb}	$\Delta H(M)$ kJ mol^{-1}
0,055	−1,9	0,059	−2,0	0,369	−8,1
0,10	−3,3	0,162	−5,4	0,416	−7,9
0,152	−5,0	0,222	−7,2	0,498	−7,3
0,202	−6,6	0,28	−8,5	0,579	−6,5
0,251	−8,1	0,353	−9,1	0,672	−5,1
0,302	−9,2	0,381	−9,1	0,77	−3,2
0,323	−9,4	0,41	−9,0	0,877	−2,1
0,342	−9,6	0,443	−8,3		
0,363	−9,6	0,508	−8,0		
0,382	−9,6	9,584	−6,9		
0,401	−9,4	0,655	−5,7		
0,41	−9,4	0,73	−4,5		
0,421	−9,3	0,804	−3,3		
0,496	−8,2	0,889	−1,9		
0,562	−7,3				
0,693	−5,2				
0,792	−3,5				
0,867	−2,3				
0,925	−1,3				

- Wählen Sie ein geeignetes Modell aus und bestimmen Sie einen funktionalen Zusammenhang $\Delta H(M) = f(x)$. Bestimmen Sie die Excesswärmekapazität in Abhängigkeit von der Konzentration für 1100 K. Stellen Sie beide Funktionen graphisch dar.

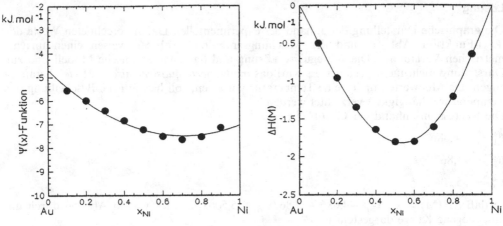

Abb. 55. $\Psi(x)$-Verlauf im System Au−Ni   Abb. 56. ΔH(M)-Verlauf im System Au−Ni

Lösung

Die graphische Darstellung der Meßwerte zeigt einen unsymmetrischen Verlauf der Mischungsenthalpie. Um die Temperaturabhängigkeit der Mischungsenthalpie und der Excesswärmekapazität richtig zu erfassen, kommt daher nur die TAP-Reihe oder das Assoziatmodell in Frage; hier wird letzteres zur Darstellung des Systems gewählt. Das Zustandsschaubild zeigt eine kongruent schmelzende Verbindung bei $x_{Pb} = 0{,}33$. Diese Verbindung, Mg_2Pb, wird als Assoziat angenommen.

Nach dem iterativen Berechnungsverfahren ergeben sich die Parameter des Assoziatmodells zu

$$C1 = -18{,}3 \, [\text{kJ mol}^{-1}] \qquad C2 = -3{,}2 \, [\text{kJ mol}^{-1}] \qquad C3 = 3{,}5 \, [\text{kJ mol}^{-1}]$$

$$\Delta H^0_{A_iB_j} = -42{,}5 \, [\text{kJ mol}^{-1}] \qquad \Delta S^0_{A_iB_j} = -4 \, [\text{J(K mol)}^{-1}] \, .$$

Die Mischungsenthalpie wurde in Abb. 57, die Excesswärmekapazität für 1100 K in Abb. 58 dargestellt.

Das Assoziatmodell bietet weiterhin die Möglichkeit die Mischungsenthalpie, nach Gl. (57), und die freie Mischungsenthalpie, nach Gl. (58) zu beschreiben.

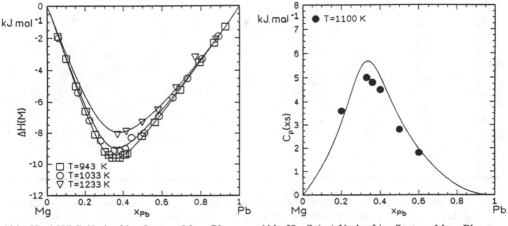

Abb. 57. ΔH(M)-Verlauf im System Mg−Pb   Abb. 58. $C_p(xs)$-Verlauf im System Mg−Pb

4.5.1.15   Standardzustände flüssiger bzw. fester Stoffe

Einem Aktivitätsschaubild ist ohne zusätzliche Angaben zunächst nicht zu entnehmen, welcher Standardzustand der Aktivität den Komponenten zugrunde liegt. An früherer Stelle ist bereits auf den Standardzustand »reiner Stoff« und »unendlich verdünnte Lösung« eingegangen worden. Nunmehr soll zwischen den Standardzuständen »flüssig« und »fest« unterschieden und ihre Energiedifferenzen aufgezeigt werden. Legt man durch ein binäres System A−B einen Schnitt bei der Temperatur T derart, daß die Schmelztemperatur des reinen Stoffes A unter und die des reinen Stoffes B über der Schnittemperatur liegt (Abb. 59a), so ergibt sich ein Verlauf der molaren freien Mischungsenthalpie für die flüssige (Kurve I) und die feste (Kurve II) Phase, wie ihn Abb. 59b zeigt. Dabei ist vereinfachend angenommen worden, daß sich flüssiger wie auch fester Zustand ideal verhalten.

Bezugnehmend auf die Temperatur T, sind die stabilen Standardzustände reines *flüssiges* A bzw. reines *festes* B. Damit sind für die Standardzustände die Werte der freien Enthalpie zu $G_A^0(l)$ und $G_B^0(s)$ festgelegt. Sie fallen in Abb. 59b mit den Werten von $\Delta G(M) = 0$ zusammen. Der Wert von $\Delta G_A^0(s)$ ist die molare freie Enthalpie von *festem* A, bezogen auf den (stabilen) Standardzustand »flüssiges A« (bei gleicher Temperatur T).

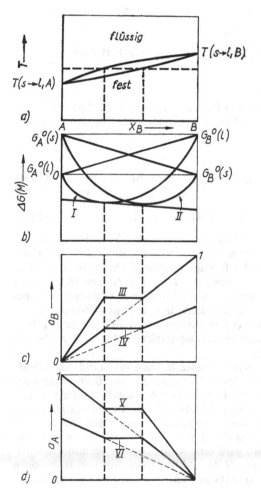

Abb. 59. Zum thermodynamischen Verhalten eines Zweistoffsystems mit fester und flüssiger Komponente
a) Phasendiagramm, b) $\Delta G(M) = f(x)$, c) $a_B = f(x)$, d) $a_A = f(x)$

Bei dem vorliegenden Beispiel ist mit $T > T(s \rightarrow l, A)$ der Wert $G_A^0(s) > G_A^0(l)$, womit sich unmittelbar der feste Zustand gegenüber dem flüssigen als der instabilere erkennen läßt. Die Differenz $G_A^0(s) - G_A^0(l)$ ist damit eine positive Größe und gleich dem negativen Wert der freien molaren Schmelzenthalpie bei der Temperatur T, d. h.,

$$G_A^0(s) - G_A^0(l) = -\Delta G^0(s \rightarrow l, A)$$

$$= -[\Delta H^0(s \rightarrow l, A) - T \Delta S^0(s \rightarrow l, A)] . \tag{4.179}$$

Entsprechende Verhältnisse mit umgekehrtem Vorzeichen gelten für den Stoff B. Die schrägliegenden Geraden in Abb. 59b stellen die freien Enthalpien eines *Gemenges* der Komponenten A und B dar. So bezieht sich z. B. die Gerade, die die Werte $G_B^0(s)$ und $G_A^0(s)$ verbindet, auf das (ungemischte) Gemenge von festem A und festem B.

Mit diesen Zusammenhängen ist man in der Lage, die Bildung der Lösung (bei der Temperatur T) aus reinem flüssigem A und reinem festem B über den gesamten Konzentrationsbereich energetisch zu verfolgen.

Dieser Vorgang läßt sich in zwei Teilschritte zerlegen:

— *Schmelzen oder Erstarren*

Schmelzen von B: $\Delta G = x_B \Delta G^0(s \rightarrow l, B)$
Erstarren von A: $\Delta G = x_A \Delta G^0(l \rightarrow s, A) = -x_A \Delta G^0(s \rightarrow l, A)$

— *Mischen*

Beim Vermischen von A und B zu 1 Mol einer (idealen) Lösung tritt nach Gl. (4.73) folgende freie Mischungsenthalpie auf:

$$\Delta G = \Delta G(M, id) = RT(x_A \ln x_A + x_B \ln x_B) .$$

Diese Gleichung gilt sowohl für die Bildung einer flüssigen als auch einer festen Lösung. Mit den genannten beiden Teilen können die in Abb. 59b eingetragenen Kurven I und II quantitativ beschrieben werden:

Kurve I: A(l) + B(s) → Lösung (l)

$$\Delta G(M, l) = RT(x_A \ln x_A + x_B \ln x_B) + x_B \Delta G^0(s \rightarrow l, B) \tag{4.180}$$

Kurve II: B(s) + A(l) → Lösung (s)

$$\Delta G(M, s) = RT(x_A \ln x_A + x_B \ln x_B) - x_A \Delta G^0(s \rightarrow l, A) \tag{4.181}$$

Aus der $\Delta G(M)$-x-Darstellung (Abb. 59b) ist ersichtlich, daß im Bereich der festen Lösung deren $\Delta G(M)$-Werte niedriger sind als die der flüssigen Lösung, womit die letztere instabiler ist. Umgekehrtes gilt für den stabilen Bereich der flüssigen Lösung. Der Bereich, in dem die Kurven I und II *eine gemeinsame Tangente besitzen*, zeigt die Anwesenheit zweier koexistierender Phasen an. Nach früheren Ausführungen muß in diesem Konzentrationsbereich die Aktivität der koexistierenden Phasen konstant sein, da sich (durch Tangentenkonstruktion) für die Komponenten gleiche Werte der partiellen freien Enthalpien ergeben. Hier deutet sich wiederum an, daß die Tangentenberührungspunkte nicht mit den Minima der $\Delta G(M)$-x-Kurven übereinstimmen müssen.

Abbildung 59c zeigt den Aktivitätsverlauf der Komponente B. Da zwei Standardzustände möglich sind — $G_B^0(l)$ für flüssiges und $G_B^0(s)$ für festes B —; werden zur Bestimmung der Aktivität (z. B. durch Tangentenkonstruktion) die Längen der Achsenabschnitte von den jeweiligen Standardzuständen an gemessen. Werden die Achsenabschnitte auf $G_B^0(l)$ bezogen, so ist *flüssiges* B der Standardzustand; mißt man die Länge des Achsenabschnitts dagegen von $G_B^0(s)$, so ist *festes* B der Standardzustand. Da dieser Standardzustand im vorliegenden Fall für den Stoff B der energetisch stabilere ist, wird sein Aktivitätswert definitionsgemäß gleich 1 gesetzt. Damit stellt die *Aktivitätskurve III* den Aktivitätsverlauf von B, bezogen auf reines *festes* B, dar. *Kurve IV* stellt den Aktivitätsverlauf von B, bezogen auf reines *flüssiges* B, dar. Da dieser Standardzustand aus den vorgenannten Gründen der instabilere ist, ergeben sich kleinere Aktivitätswerte, wie sich anhand der nachstehenden Umrechnungsgleichung zeigen läßt:

$$G_B^0(l) - G_B^0(s) = \Delta G^0(s \to l, B)$$

$$= RT \ln \frac{a_B \text{ (bezogen auf festes B)}}{a_B \text{ (bezogen auf flüssiges B)}} . \tag{4.182}$$

Der Differenzbetrag auf der linken Seite der Gleichung ist eine positive Größe (vgl. Abb. 59 b). Damit ergibt sich in Übereinstimmung mit Abb. 59 c:

a_B (bezogen auf festes B) $> a_B$ (bezogen auf flüssiges B) .

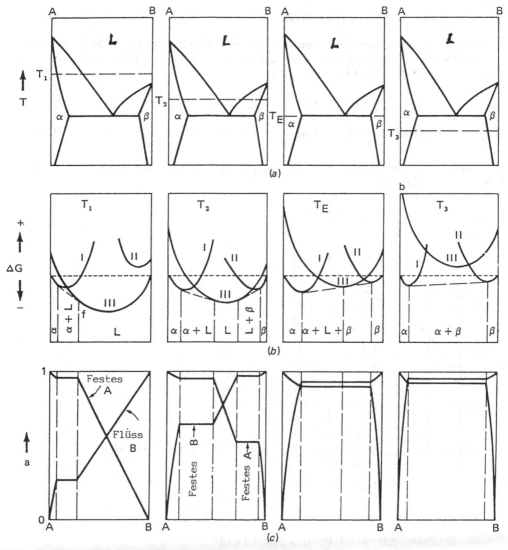

Abb. 60. Der Einfluß der Temperatur auf die freie Mischungsenthalpie (*b*) und die Aktivitäten (*c*) in einem eutektischen Zweistoffsystems A − B (*a*) mit Randlöslichkeit

Umgekehrte Verhältnisse liegen für die Komponente A vor. Hier ist flüssiges A der stabilere Zustand, und die Differenz $\Delta G_0(\text{s} \to \text{l}, \text{A})$ wird negativ. Damit liegt nunmehr die Aktivitätskurve von A, bezogen auf reines flüssiges A (Kurve V), grundsätzlich oberhalb derjenigen, die auf reines festes A (Kurve VI) bezogen ist:

a_A (bezogen auf flüssiges A) $>$ a_A (bezogen auf festes A).

Mit Hilfe der vorgenannten Gesetzmäßigkeiten ist ein Verständnis der folgenden Abbildung 60 ohne Schwierigkeiten möglich. Das Beispiel bezieht sich auf ein eutektisches Zweistoffsystem mit Randlöslichkeit.

Beispiel

Aktivitätsverläufe im System PbO − MgF₂

gegeben: Durch experimentelle Untersuchungen wurde im System PbO − MgF$_2$ die Aktivität von PbO bei 1423 K bestimmt. Die *Raoult*sche Aktivität von PbO wurde hierbei auf das reine flüssige PbO bei 1423 K bezogen:

x_{PbO}	1	0,9	0,85	0,8	0,75	0,7	0,65	0,6	0,52
a_{PbO}	1	0,908	0,856	0,827	0,770	0,734	0,698	0,672	0,650

Nach dem Zustandsdiagramm PbO − MgF$_2$ (Abb. 61) scheidet sich bei $x_{MgF_2} = 0,52$ und 1150 °C festes MgF$_2$ aus.

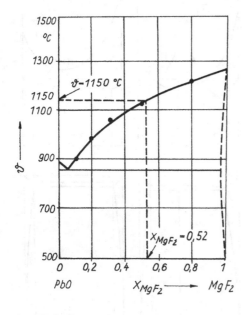

Abb. 61. Das System PbO − MgF₂

Aus Tabellenwerken entnimmt man:

Schmelzenthalpie: $\Delta H^0(\text{s} \to \text{l}, \text{PbO}) = 27489 \text{ J mol}^{-1}$

Schmelzentropie: $\Delta S^0(\text{s} \to \text{l}, \text{PbO}) = 23,740 \text{ J(mol K)}^{-1}$

• Bestimmen Sie den Aktivitätsverlauf a_{PbO}, wenn die *Raoult*sche Aktivität von PbO auf reines, festes PbO bei gleicher Temperatur bezogen ist, und stellen Sie beide Aktivitätsverläufe graphisch dar!

Lösung

Für das Gleichgewicht flüssig-fest auf der Liquiduslinie gilt

$$\Delta G^0(s \to l, PbO) = RT \ln \frac{a_{PbO}(s)}{a_{PbO}(l)}.$$

Daraus ergibt sich

$$a_{PbO}(s) = a_{PbO}(l) \exp \frac{\Delta G^0(s \to l, PbO)}{RT}$$

Nach dem 2. Hauptsatz gilt

$$\Delta G^0(s \to l, PbO) = \Delta H^0(s \to l, PbO) - T \Delta S^0(s \to l, PbO).$$

Eingesetzt ergibt sich

$$\Delta G^0(s \to l, PbO) = -6293 \, J \, mol^{-1}.$$

Für die Aktivität des PbO, auf den festen Zustand bezogen, erhält man

$$a_{PbO}(s) = a_{PbO}(l) \cdot 0{,}588$$

Die hiernach errechneten Werte sind in der folgenden Tabelle zusammengestellt und im Aktivitätsschaubild (Abb. 62) aufgetragen. Man sieht, daß

$$a_{PbO}(s) < a_{PbO}(l)$$

ist, da reines PbO bei der Temperatur 1150 °C im stabilen Zustand flüssig vorliegt.

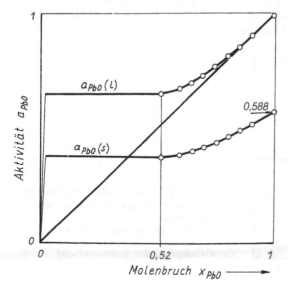

Abb. 62. Aktivitätsverläufe im System PbO − MgF$_2$

x_{PbO}	$a_{PbO}(l)$	$a_{PbO}(s)$
1	1	0,588
0,9	0,908	0.534
0,85	0,856	0,503
0,8	0,827	0,486
0,75	0,770	0,452
0,7	0,734	0,431
0,65	0,698	0,410
0,6	0,672	0,395
0,52	0,650	0,382

4.5.2   Mehrstofflösungen

Die bisherigen Ausführungen haben sich auf binäre Systeme beschränkt. Die technischen Metalle enthalten zumindest während des Schmelz- und Raffinationsprozesses meist mehr als zwei Komponenten. Es ist anzunehmen, daß sich diese in homogener Phase gelösten Komponenten gegenseitig beeinflussen.

Es soll im folgenden eine knappe Darstellung gegeben werden, wie auf dem Gebiet der Metallurgie versucht wird, Mehrstofflösungen thermodynamisch zu beschreiben. Dabei wird sichtbar, daß in vielen Fällen nur die Näherung möglich ist.

4.5.2.1   Gegenseitige Beeinflussung der gelösten Stoffe

Betrachten wir z. B. eine Eisen–Kohlenstoff-Schmelze, so besitzt der Kohlenstoff eine Aktivität, die von seiner Konzentration abhängig ist. Gibt man nunmehr zu der binären Fe–C-Schmelze ein weiteres Zusatzelement, z. B. Silicium, hinzu, so tritt eine *wechselseitige Beeinflussung* von Eisen-, Silicium- und Kohlenstoffatomen ein. Dadurch wird die ursprüngliche Aktivitätskurve des Kohlenstoffs je nach Konzentration des zugesetzten Siliciums verschoben. Abbildung 63 zeigt schematisch eine solches Verhalten.

Im Gegensatz zu Silicium gibt es eine Reihe von Zusatzelementen, die die Löslichkeit des Kohlenstoffs erhöhen, d. h. seine Aktivität herabsetzen.

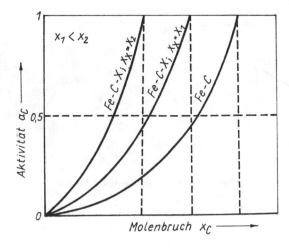

Abb. 63. Aktivitätsverlauf des Kohlenstoffs in flüssigem Eisen bzw. Eisenlegierungen (schematisch)
Die jeweilige Sättigungskonzentration x_C ist durch gestrichelte Linien gekennzeichnet. $a_C = 1$ entspricht dem Kohlenstofftiegel

4.5.2.2 Wirkungskoeffizienten

4.5.2.2.1 Ableitung bei konstanter Konzentration

Wir sehen von dem speziellen Fall der $Fe-C-X$-Schmelze mit ihrer ausgeprägt niedrigen Sättigungsgrenze des Kohlenstoffs — gemäß der Linie $C'D'$ im System Eisen—Kohlenstoff — zunächst ab und betrachten den Aktivitätsverlauf eines Stoffes 2 ohne und mit Zusatz des Stoffes 3 im Bereich des Lösungsmittels 1. Bezieht man die Aktivität auf den Standardzustand $a_2 = 1$ bei $x_2 = 1$, so erhält man für den Aktivitätskoeffizienten des Stoffes 2 in der binären $1-2$-Schmelze an der Konzentrationsstelle x_2 den Ausdruck (vgl. Abb. 64):

$$^{1-2}\gamma_2 = \frac{^{1-2}a_2}{x_2} = \frac{\overline{DB}}{\overline{DO}}.$$

Fügt man nun zu dem Grundsystem $1-2$ ein weiteres Legierungselement 3 hinzu, so soll sich für eine konstante Konzentration von 3 ein Aktivitätsverlauf von 2 ergeben, wie ihn Abb. 64 zeigt. Definiert man den Aktivitätskoeffizienten von 2 jetzt im Dreistoffsystem $1-2-3$ an der Konzentrationsstelle x_2, so erhält man

$$^{1-2-3}\gamma_2 = \frac{^{1-2-3}a_2}{x_2} = \frac{\overline{DC}}{\overline{DO}}.$$

Dividiert man nun den Aktivitätskoeffizienten des Dreistoffsystems durch den des Zweistoffsystems, so ergibt sich

$$\frac{^{1-2-3}\gamma_2}{^{1-2}\gamma_2} = \frac{^{1-2-3}a_2}{^{1-2}a_2} = \frac{\overline{DC}}{\overline{DB}} = \gamma_2^{(3)}.$$

Diese Definition liefert zunächst keine unmittelbare thermodynamische Aussage. Löst man die letzte Gleichung nach $^{1-2-3}\gamma_2$ auf:

$$^{1-2-3}\gamma_2 = \gamma_2^{(3)}\ ^{1-2}\gamma_2,\qquad\qquad(4.183)$$

so erkennt man deutlich die Funktion des Koeffizienten $\gamma_2^{(3)}$ als Korrekturfaktor. Es ist einzusehen, daß dieser Koeffizient von zwei Konzentrationsgrößen abhängig ist:

— *Konzentration des Zusatzelementes 3*
  Dabei wird $\gamma_2^{(3)}$ meist logarithmisch gegen die Konzentration aufgetragen. Erhöht sich $^{1-2-3}a_2$ durch steigende Zusätze von 3, so nimmt auch $\gamma_2^{(3)}$ zu. Das umgekehrte Verhalten tritt mit aktivitätserniedrigenden Zusatzelementen ein.

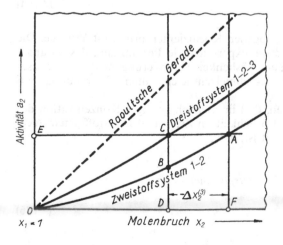

Abb. 64. Aktivitätsverlauf durch Zusatzelemente (schematisch; $x_3 = $ const)

— *Konzentration des Grundelements 2*
Der Einfluß wird oft vernachlässigt. Diese Vereinfachung ist streng nur im Bereich der Gültigkeit des *Henry*schen Gesetzes zulässig.

Die so definierten Koeffizienten sind von dem jeweils gewählten Standardzustand unabhängig, da nur das *Verhältnis* der Aktivitätswerte untereinander den Koeffizienten bestimmt.

4.5.2.2.2 Ableitung bei konstanter Aktivität

Es lassen sich auch durch Horizontalschnitte — d. h. bei kontanter Aktivität — derartige Koeffizienten ableiten. So könnte das Verhältnis $\overline{EC}/\overline{EA}$ als ein solcher Koeffizient definiert werden.
Geht man davon aus, daß sich der Koeffizient aus dem Verhältnis des Aktivitätskoeffizienten des Drei- und Zweistoffsystems ergibt, so liefert ein Schnitt bei *konstanter Aktivität* (Abb. 64)

$$\frac{^{1-2-3}\gamma_2}{^{1-2}\gamma_2} = \frac{\overline{DC}}{\overline{DO}} \bigg/ \frac{\overline{FA}}{\overline{FO}} = Q_2^{(3)} \, .$$

Definitionsgemäß ist $\overline{DC} = \overline{FA}$, und man erhält:

$$Q_2^{(3)} = \frac{\overline{FO}}{\overline{DO}} = \frac{\overline{AE}}{\overline{CE}} \, .$$

Ersetzt man die Strecken durch die Konzentrationsangaben und führt den »*Verdrängungsbetrag*« $(-\Delta x_2^{(3)})$ — oder im Falle aktivitätserniedrigender Zusatzelemente den »*Lösungsbetrag*« $(\Delta x_2^{(3)})$ — ein, so erhält man

$$Q_2^{(3)} = \frac{\overline{FO}}{\overline{DO}} = \frac{x_2}{x_2 - (-\Delta x_2^{(3)})} = \frac{x_2}{x_2 + \Delta x_2^{(3)}}$$

oder

$$\frac{1}{Q_2^{(3)}} = \frac{x_2 + \Delta x_2^{(3)}}{x_2}$$

bzw.

$$\frac{1}{Q_2^{(3)}} = \frac{\Delta x_2^{(3)}}{x_2} + 1 \, . \tag{4.184}$$

Die Einführung der auf gleiche Aktivität bezogenen Koeffizienten bringt oft Vorteile. Die vorstehende Gleichung läßt erkennen, daß die experimentelle Bestimmung des so abgeleiteten Koeffizienten *allein* aus Messungen der Löslichkeitsveränderung möglich ist. Dieses läßt sich z. B. für den Fall der $Fe-C-X$-Schmelzen leicht unter Verwendung von Kohletiegeln durchführen ($a_C = 1$).
Die experimentellen Untersuchungen zeigen, daß im Bereich geringer Konzentration des Zusatzelementes 3 der Differenzbetrag der Löslichkeit im Zwei- und Dreistoffsystem $\Delta x_2^{(3)}$ *linear* mit der Konzentration von 3 verknüpft ist, d. h.,

$$\Delta x_2^{(3)} = m x_3 \, . \tag{4.185}$$

Damit erhält man mit Einführung des *Löslichkeitsparameters m*:

$$Q_2^{(3)} = \frac{x_2}{x_2 + \Delta x_2^{(3)}} = \frac{x_2}{x_2 + m x_3} \, . \tag{4.186}$$

4.5.2.2.3   Reihenentwicklung zur Beschreibung des Aktivitätskoeffizienten eines gelösten Stoffes in Zwei-, Drei- und Mehrstofflösungen

In der Lösungsthermodynamik wird oft davon Gebrauch gemacht, daß man die Konzentrationsabhängigkeit des Aktivitätskoeffizienten eines gelösten Stoffes 2 im Bereich seiner unendlichen Verdünnung ($x_2 \to 0$ oder $x_1 \to 1$) durch eine *Taylorreihe* beschreiben kann. Für eine *Zweistofflösung* $1-2$ gilt:

$$\ln \gamma_2 = \ln \gamma_2^0 + \left(\frac{\partial \ln \gamma_2}{\partial x_2} \right)_{x_2 \to 0} x_2 + \frac{1}{2} \left(\frac{\partial^2 \ln \gamma_2}{\partial x_2^2} \right)_{x_2 \to 0} x_2^2 + \ldots + \frac{1}{n!} \left(\frac{\partial^n \ln \gamma_2}{\partial x_2^n} \right)_{x_2 \to 0} x_2^n .$$

Die partiellen Ableitungen

$$\varepsilon_2^{(2)} = \left(\frac{\partial \ln \gamma_2}{\partial x_2} \right)_{x_2 \to 0} \tag{4.187}$$

und

$$\varrho_2^{(2)} = \frac{1}{2} \left(\frac{\partial^2 \ln \gamma_2}{\partial x_2^2} \right)_{x_2 \to 0} \tag{4.188}$$

werden im deutschen Sprachgebrauch mit dem Ausdruck *(Eigen-) Wirkungsparameter* 1. und 2. Ordnung belegt; die neuere englischsprachige Literatur spricht von *(self-) interaction coefficients*. Der Eigenwirkungsparameter 0. Ordnung entspricht dem Aktivitätskoeffizienten von $\ln \gamma_2$ in unendlich verdünnter Lösung: $\ln \gamma_2^0$. Am gebräuchlichsten ist bei einem Zweistoffsystem der Wirkungsparameter 1. Ordnung $\varepsilon_2^{(2)}$ (sprich »2 auf 2«), der den Konzentrationseinfluß von 2 auf seinen eigenen Aktivitätskoeffizienten (bei unendlicher Verdünnung) beschreibt. Mit den entsprechenden Symbolen geht die vorstehende *Taylor*reihe in die Form

$$\ln \gamma_2 = \ln \gamma_2^0 + \varepsilon_2^{(2)} x_2 + \varrho_2^{(2)} x_2^2 + \text{Terme höherer Ordnung} \tag{4.189}$$

über.

Abbildung 65 zeigt eine Auftragung von $\ln \gamma_2$ gegen x_2 und die Bedeutung der Wirkungsparameter (self interaction coefficients); $\ln \gamma_2^0$ ist der Logarithmus des *Henry*schen Aktivitätskoeffizienten für $x_2 \to 0$; $\varepsilon_2^{(2)}$ ist die Steigung der Kurve in diesem Punkt und $\varrho_2^{(2)}$ deren Krümmung.

Wird die vorstehende formale Beschreibung von $\ln \gamma_2$ auf ein *Dreistoffsystem* $1-2-3$ im Bereich des reinen Lösungsmittels, d. h. $x_1 \to 1$, angewendet, erhält man

$$\ln \gamma_2 = \ln \gamma_2^0 + \left[\left(\frac{\partial \ln \gamma_2}{\partial x_2} \right)_{x_1 \to 1} x_2 + \left(\frac{\partial \ln \gamma_2}{\partial x_3} \right)_{x_1 \to 1} x_3 \right]$$

$$+ \frac{1}{2} \left[\left(\frac{\partial^2 \ln \gamma_2}{\partial x_2^2} \right)_{x_1 \to 1} x_2^2 + 2 \left(\frac{\partial^2 \ln \gamma_2}{\partial x_2 \, \partial x_3} \right)_{x_1 \to 1} x_2 x_3 + \left(\frac{\partial^2 \ln \gamma_2}{\partial x_3^2} \right)_{x_1 \to 1} x_3^2 \right]$$

$$+ \ldots + \frac{1}{n!} \left[\left(\frac{\partial^n \ln \gamma_2}{\partial x_2^n} \right)_{x_1 \to 1} x_2^n + \ldots + \frac{n!}{(n-i)! \, i!} \left(\frac{\partial^n \ln \gamma_2}{\partial x_2^{n-i} \, \partial x_3^i} \right)_{x_1 \to 1} x_2^{n-i} x_3^i \right]$$

$$+ \ldots + \left(\frac{\partial^n \ln \gamma_2}{\partial x_3^n} \right)_{x_1 \to 1} x_3^n \bigg] . \tag{4.190}$$

Messungen des Aktivitätskoeffizienten einer gelösten Komponente (hier 2) in Dreistofflösungen, speziell seine Beeinflussung durch die weitere gelöste Komponente (hier 3) sind für die wichtigen metallischen Lösungsmittel (hier 1), z. B. Eisen, Kupfer, Blei u. a., bisher Gegenstand vieler Untersuchungen gewesen. Aus ihnen sind die *Wechselwirkungs-*

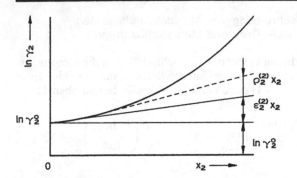

Abb. 65. Zur Veranschaulichung der Entwicklung von $\ln \gamma_2$ durch eine *Taylor*-Reihe

parameter (zumindest die 1. Ordnung) für den Grenzfall $x_1 \to 1$ bestimmt worden, die in einschlägigen Tabellenwerken aufgelistet sind. Mit Gl. (4.190) lassen sich die folgenden Wechselwirkungsparameter erster und zweiter Ordnung definieren:

$$\varepsilon_2^{(2)} = \left(\frac{\partial \ln \gamma_2}{\partial x_3} \right)_{x_1 \to 1} \tag{4.191}$$

$$\varrho_2^{(2,3)} = \left(\frac{\partial^2 \ln \gamma_2}{\partial x_2 \, \partial x_3} \right)_{x_1 \to 1} \tag{4.192}$$

$$\varrho_2^{(3)} = \frac{1}{2} \left(\frac{\partial^2 \ln \gamma_2}{\partial x_3^2} \right)_{x_1 \to 1} . \tag{4.193}$$

Mit Einführung der entsprechenden Symbole geht Gl. (4.190) in die Form

$$\ln \gamma_2 = \ln \gamma_2^0 + \varepsilon_2^{(2)} x_2 + \varepsilon_2^{(3)} x_3 + \varrho_2^{(2)} x_2^2 + \varrho_2^{(2,3)} x_2 x_3 + \varrho_2^{(3)} x_3^2 \tag{4.194}$$

über. Eine ähnliche Gleichung ergibt sich, wenn die Wirkung des gelösten Stoffes 2 auf den gelösten Stoff 3 (für $x_1 \to 1$) ausgedrückt werden soll:

$$\ln \gamma_3 = \ln \gamma_3^0 + \varepsilon_3^{(3)} x_3 + \varepsilon_3^{(2)} x_2 + \varrho_3^{(3)} x_3^2 + \varrho_3^{(2,3)} x_2 x_3 + \varrho_3^{(2)} x_3^2 + \text{Terme höherer Ordnung} . \tag{4.195}$$

Zwischen den so definierten Wirkungsparametern bestehen *reziproke Beziehungen*, deren wichtigste die zwischen $\varepsilon_2^{(3)}$ und $\varepsilon_3^{(2)}$ ist. Sie läßt sich aus statistischen Betrachtungen der Atomkonfiguration in einer Dreistofflösung für $x_1 \to 1$ ableiten, oder auch aus den *Maxwell*schen Beziehungen. Diese Ableitung soll ihres Informationswertes wegen im folgenden durchgeführt werden. Nach *Maxwell* gilt:

$$\left(\frac{\partial \mu_2}{\partial n_3} \right)_{n_1, n_2} = \left(\frac{\partial \mu_3}{\partial n_2} \right)_{n_1, n_3} . \tag{4.196}$$

n sind die Molzahlen der entsprechenden Komponenten. Die Verknüpfung des chemischen Potentials mit der Aktivität liefert:

$$\left(\frac{\partial \ln a_2}{\partial n_3} \right)_{n_1, n_2} = \left(\frac{\partial \ln a_3}{\partial n_2} \right)_{n_1, n_3} .$$

Mit Einführung der Molenbrüche erhält man für die linke Seite der Gleichung:

$$\left(\frac{\partial \ln a_2}{\partial n_3} \right)_{n_1, n_2} = \left(\frac{\partial \ln a_2}{\partial x_2} \right) \left(\frac{\partial x_2}{\partial n_3} \right)_{n_1, n_2} + \left(\frac{\partial \ln a_2}{\partial x_3} \right) \left(\frac{\partial x_3}{\partial n_3} \right)_{n_1, n_2} .$$

Nun ist

$$x_2 = \frac{n_2}{n_1 + n_2 + n_3} = \frac{n_2}{\sum n} \quad \text{und} \quad x_3 = \frac{n_3}{n_1 + n_2 + n_3} = \frac{n_3}{\sum n}$$

und damit

$$\left(\frac{\partial x_2}{\partial n_3}\right)_{n_1, n_2} = -\frac{x_2}{\sum n} \quad \text{und} \quad \left(\frac{\partial x_3}{\partial n_3}\right)_{n_1, n_2} = \frac{1 - x_3}{\sum n}.$$

Eingesetzt erhält man

$$\left(\frac{\partial \ln a_2}{\partial n_3}\right)_{n_1, n_2} = \frac{1}{\sum n}\left[-x_2\left(\frac{\partial \ln a_2}{\partial x_2}\right) + (1 - x_3)\frac{\partial \ln a_2}{\partial x_3}\right].$$

Unter Einführung der Aktivitätskoeffizienten ergibt sich

$$\left(\frac{\partial \ln a_2}{\partial n_3}\right)_{n_1, n_2} = \frac{1}{\sum n}\left[-x_2\left(\frac{1}{x_2} + \frac{\partial \ln \gamma_2}{\partial x_2}\right) + (1 - x_3)\frac{\partial \ln \gamma_2}{\partial x_3}\right]$$

oder

$$\left(\frac{\partial \ln a_2}{\partial n_3}\right)_{n_1, n_2} = \frac{1}{\sum n}\left[\left(-1 - x_2\frac{\partial \ln \gamma_2}{\partial x_2}\right) + (1 - x_3)\frac{\partial \ln \gamma_2}{\partial x_3}\right].$$

Ähnlich läßt sich der rechte Term der Ausgangsgleichung formulieren:

$$\left(\frac{\partial \ln a_3}{\partial n_2}\right)_{n_1, n_3} = \frac{1}{\sum n}\left[\left(-1 - x_3\frac{\partial \ln \gamma_3}{\partial x_3}\right) + (1 - x_2)\frac{\partial \ln \gamma_3}{\partial x_2}\right].$$

Gemäß der *Maxwell*schen Beziehung ist nun

$$-x_2\frac{\partial \ln \gamma_2}{\partial x_2} + (1 - x_3)\frac{\partial \ln \gamma_2}{\partial x_3} = -x_3\frac{\partial \ln \gamma_3}{\partial x_3} + (1 - x_2)\frac{\partial \ln \gamma_3}{\partial x_2}.$$

Für den Fall, daß $x_2 \to 0$ und $x_3 \to 0$, d. h., man befindet sich im Bereich des reinen Lösungsmittels ($x_1 \to 1$), erhält man

$$\left(\frac{\partial \ln \gamma_2}{\partial x_3}\right)_{x_1 \to 1} = \left(\frac{\partial \ln \gamma_3}{\partial x_2}\right)_{x_1 \to 1}$$

oder

$$\varepsilon_2^{(3)} = \varepsilon_3^{(2)}. \tag{4.197}$$

Diese heute vielfach verwendete Umrechnungsbeziehung geht auf *C. Wagner* zurück. Umständlicher abzuleiten und daher nicht aufgeführt sind die Beziehungen, die zwischen den Wirkungsparametern 1. und 2. Ordnung bestehen. Sie lauten:

$$\varrho_2^{(2, 3)} + \varepsilon_2^{(3)} = 2\varrho_3^{(2)} + \varepsilon_2^{(2)} \tag{4.198}$$

bzw.

$$\varrho_3^{(2, 3)} + \varepsilon_3^{(2)} = 2\varrho_2^{(3)} + \varepsilon_3^{(3)}. \tag{4.199}$$

Für den Fall einer verdünnten *Mehrstofflösung* $1 - 2 - 3 - \dots - m$, wobei 1 das Lösungsmittel ist und $2 - 3 - \dots - m$ die gelösten Stoffe, ist das Verhalten einer Komponente i von den Konzentrationen aller mitgelösten Komponenten abhängig. Verfährt man nun wie im Fall

Tabelle 10. Wirkungsparameter e_i^j in Eisenschmelzen[1])

i	j								
	Ag	Al	As	Au	B	C	Ca	Ce	Co
Ag	−0,04	−0,08				0,22			
Al	−0,017	0,060				0,091	−0,047		
As						0,25			
Au									
B					0,088	0,22			
C	0,028	0,043	0,043		0,24	0,14	−0,098		0,008
Ca		−0,072				−0,34	−0,002		
Ce								0,015	
Co						0,021			0,002
Cr	−0,002				−0,049	−0,12			−0,019
Cu						0,066			
Ge						0,03			
H		0,013			0,05	0,06		0,0	0,0018
La									
Mg						0,15			
Mn					−0,035	−0,07		−0,0036	
Mo						−0,097			
N		−0,028	0,018		0,094	0,13			0,011
Nb						−0,49			
Ni					−0,015	−0,042	−0,067		
O	0,011	−1,17		−0,005	−0,40	−0,37		−0,57	0,008
P		0,037				0,13			0,004
Pb		0,021				0,066			0,0
Pt									
Rh									
S		0,035	0,0041	0,0042	0,13	0,11			0,0026
Sb									
Si		0,058			0,195	0,18	−0,067		
Sn						0,37			
Ta						−0,37			
Te									
Ti						−0,65			
U		0,059							
V						−0,34			
W						−0,15			
Zr						−0,71			

[1]) Aus Jahrbuch Stahl 1988, Hrsg.: Verein Deutscher Eisenhüttenleute, Verlag Stahleisen

Definitionen:
Aktivität $a_i = f_i$ [% i], Aktivitätskoeffizient $f_i = f_i^i f_i^j f_{ij}^k$, Wirkungskoeffizient $\lg f_i^j = e_i^j$ [% j]
Wechselwirkungsparameter e_i^j der im flüssigen Eisen bei 1600 °C gelösten Elemente (Massengehalte, 1%ige Lösung)

i	j								
	Cr	Cu	Ge	H	La	Mg	Mn	Mo	N
Ag	−0,01								
Al				0,24					−0,058
As									0,077
Au									
B	−0,007			0,49			−0,004		0,074
C	−0,024	0,016	0,008	0,67	−0,10	0,07	−0,012	−0,008	0,11
Ca									
Ce				−0,60			−0,016		
Co	−0,022			−0,14					0,032
Cr	−0,0010	0,016		−0,33			−0,0039	−0,0018	−0,18
Cu	0,018	−0,023		−0,24					0,026
Ge			0,007	0,41					
H	−0,0022	0,0005	0,01	0,0	−0,027		−0,0014	0,0022	
La				−4,3	0,029				
Mg									
Mn	0,0039			−0,31	−0,011		−0,003	0,0046	−0,091
Mo	−0,0003			−0,20			0,0048	−0,005	−0,10
N	−0,047	0,009					−0,02	−0,011	0,0
Nb				−0,61			−0,0093		−0,42
Ni	−0,0003			−0,25			−0,008		0,013
O	−0,037	−0,013		−3,1	−0,57		−0,03	−0,0035	0,057
P	−0,03	0,024		0,21			0,0	0,001	0,099
Pb	0,02	−0,028					−0,023	0,0	
Pt									
Rh				0,37					
S	−0,011	−0,0084	0,014	0,12			−0,026	0,003	0,01
Sb									0,043
Si	−0,0003	−0,014		0,64			0,033		0,014
Sn	0,015			0,12					0,09
Ta				−4,4			0,0016		0,027
Te									−0,42
Ti	0,055			−1,11			0,017		0,60
U									−1,82
V				−0,59			0,0056		−0,38
W				0,088			0,014		−0,072
Zr				−1,20			0,013		−4,1

der Dreistofflösung und entwickelt den Algorithmus des Aktivitätskoeffizienten γ_i in einer *Taylor*reihe in Abhängigkeit der Molenbrüche aller gelösten Stoffe, so erhält man:

$$\ln \gamma_i = \ln \gamma_i^0 + \sum_{j=2}^{m} \left(\frac{\partial \ln \gamma_i}{\partial x_j} \right)_{x_1 \to 1} x_j + \sum_{j=2}^{m} \left(\frac{\partial^2 \ln \gamma_i}{\partial x^2} \right)_{x_1 \to 1} x_j^2$$

$$+ \sum_{j=2}^{m-1} \sum_{k>j}^{m} \left(\frac{\partial^2 \ln \gamma_i}{\partial x_j \, \partial x_k} \right)_{x_1 \to 1} x_j x_k + \dots . \tag{4.200}$$

Bei hinreichend verdünnter Lösung können die Glieder höherer Ordnung vernachlässigt werden, so daß die Entwicklung von $\ln \gamma_i$ ausschließlich mit Hilfe der Wirkungsparameter 1. Ordnung vorgenommen werden kann:

$$\ln \gamma_i = \ln \gamma_i^0 + \varepsilon_i^{(2)} x_2 + \varepsilon_i^{(3)} x_3 + \dots + \varepsilon_i^{(m)} x_m . \tag{4.201}$$

Da bisher eine Vielzahl von ε-Werten aus Einzelexperimenten bestimmt wurden, besitzt diese Näherungsgleichung heute eine große Bedeutung bei metallurgischen Berechnungen (dabei wird $\ln \gamma_i^0 = 0$ gesetzt).

Oft ist es von praktischer Bedeutung anstelle der Molenbrüche die *Gewichtsprozente* bei der Konzentrationsangabe der Komponente zu verwenden; gleichzeitig wird vom natürlichen auf den *dekadischen* Logarithmus übergegangen. Mit Einführung des Standardzustandes der einprozentigen Lösung (d. h., $f_i^0 = 1$, bzw. $\lg f_i^0 = 0$) geht die letzte Gleichung (4.201) über in

$$\lg f_i = e_i^{(2)}(\% \, 2) + e_i^{(3)})(\% \, 3) + \dots + e_i^{(m)}(\% \, m) \tag{4.202}$$

mit den Definitionen

$$e_i^{(2)} = \left(\frac{\partial \lg f_i}{\partial (\% \, 2)} \right)_{(\% \, 1) \to 100\%} ; \quad e_i^{(3)} = \left(\frac{\partial \lg f_i}{\partial (\% \, 3)} \right)_{(\% \, 1) \to 100\%} ; \quad \dots \tag{4.203}$$

Auch diese Wirkungsparameter findet man oft tabellarisch aufgelistet. Für das Lösungsmittel Eisen sind in Tabelle 10 für eine Reihe von Dreistoffkombinationen die e-Werte für 1600 °C angegeben. Bei Kenntnis des e-Wertes läßt sich der ε-Wert berechnen und umgekehrt nach den Umrechnungsgleichungen

$$\varepsilon_i^{(j)} = 230 \, \frac{M_j}{M_1} \, e_i^{(j)} + \frac{M_1 - M_j}{M_1} \tag{4.204}$$

bzw.

$$e_i^{(j)} = \frac{1}{230} \left[(\varepsilon_i^{(j)} - 1) \frac{M_1}{M_j} + 1 \right]. \tag{4.205}$$

Dabei ist M_1 die Atommasse des Lösungsmittels 1 (bei Eisen 55,85) und M_j diejenige des gelösten Zusatzstoffes j.

4.5.2.2.4   Verknüpfung des Wirkungsparameters bei konstanter Aktivität mit der Sättigungskonzentration

Den bei *konstanter Aktivität* definierten Koeffizienten $Q_2^{(3)}$ können, wie vorher beschrieben, Wirkungsparameter zugeordnet werden. Im folgenden sollen zur besseren Unterscheidung die bei konstanter Aktivität ermittelten Wirkungsparameter mit ω und o bezeichnet werden.

Für ω und o gelten folgende Definitionsgleichungen:

$$\omega_2^{(3)} = \left[\frac{\partial \ln \gamma_2}{\partial x_3}\right]_{x_1 \to 1, a_2 = \text{const}} \tag{4.206}$$

$$o_2^{(3)} = \left[\frac{\partial \lg f_2}{\partial (\% \ 3)}\right]_{(\% \ 1) \to 100\%, a_2 = \text{const}} \tag{4.207}$$

Differenziert man die logarithmische Form der Beziehung

$$a_2 = \gamma_2 x_2$$

bei konstantem a_2, so erhält man

$$\partial \ln \gamma_2 = -\partial \ln x_2 \ .$$

Eingesetzt in die Gleichungen (4.206) und (4.207) erhält man

$$\omega_2^{(3)} = -\left[\frac{\partial \ln x_2}{\partial x_3}\right]_{x_1 \to 1, a_2 = \text{const}} \tag{4.208}$$

$$o_2^{(3)} = -\left[\frac{\partial \lg (\% \ 2)}{\partial (\% \ 3)}\right]_{(\% \ 1) \to 100\%, a_2 = \text{const}} \tag{4.209}$$

Die Ausdrücke zeigen deutlich, daß zur Bestimmung dieser Wirkungsparameter Messungen der Löslichkeitsverschiebungen hinreichend sind.
Mit Hilfe der Gleichungen

$$\Delta x_2^{(3)} = m x_3 \tag{4.210}$$

$$\Delta (\% \ 2)_2^{(3)} = m' (\% 3) \tag{4.211}$$

lassen sich die Koeffizienten mit den m- bzw. m'-Werten verknüpfen. Berücksichtigt man, daß

$$\frac{\partial x_2}{\partial x_3} = \frac{\partial \Delta x_2^{(3)}}{\partial x_3} ,$$

so ergibt sich mit Gl. (4.210)

$$\partial x_2 = m \ \partial x_3 \ .$$

Eingesetzt in Gl. (4.208) erhält man

$$\omega_2^{(3)} = -m \ \frac{\partial \ln x_2}{\partial x_2} = -\frac{m}{x_2} \ . \tag{4.212}$$

x_2 ist dabei die bei der vorgegebenen Aktivität bestehende Sättigungskonzentration des Stoffes 2 in der Zweistofflösung $1-2$. Die Bestimmung des Wirkungsparameters kann damit durch Auftragen von x_2 gegen x_3 vorgenommen werden (vgl. Abb. 66).

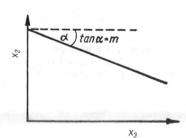

Abb. 66. Zur Bestimmung des Wirkungsparameters bei konstanter Aktivität (schematisch)

Ähnlich kann man für o ableiten:

$$o_2^{(3)} = - \frac{m}{2,3(\% \ 2)}.$$ (4.213)

Eine Transformationsbeziehung besteht auch zwischen ω und o:

$$o_2^{(3)} = \frac{1}{230}\left[(\omega_2^{(3)} - 1) \frac{M_1}{M_3} + 1 \right]$$ (4.214)

oder allgemein

$$o_i^{(j)} = \frac{1}{230}\left[(\omega_i^{(j)} - 1) \frac{M_1}{M_j} + 1 \right].$$ (4.215)

4.5.2.3   Systematik der Wirkungsparameter

Beim Versuch, die Wirkungsparameter im System $Fe-C-X$ nach einer gesetzmäßigen Ordnung zu gruppieren, erwies sich der Vergleich mit dem *periodischen System* der Elemente als nützlich. Trägt man die Wirkungsparameter $\omega_C^{(X)}$ gegen die Ordnungszahl der Zusatzelemente X auf, so ergibt sich ein einfacher Zusammenhang (Abb. 67).
Der Wert des Wirkungsparameters $\omega_C^{(X)} = 0$ trennt das Bild in eine obere und eine untere Hälfte. In der oberen Hälfte stehen jene Zusatzelemente, die den Kohlenstoff aus der Lösung verdrängen, d. h. aktivierend wirken, während die untere Hälfte die desaktivierenden Elemente enthält. Für Eisen (als Lösungsmittel) ist der Nulldurchgang in der 4. Periode. Nulldurchgänge befinden sich ebenfalls bei den Elementen, die mit dem Eisen gruppengleich sind (He, Ne, Ar, Kr, Xe, Ru, Os). Zu bemerken ist, daß auch Elemente mit kleiner oder geringer Löslichkeit im Eisen ebenfalls eine Wirkung besitzen sollten.
Der enge Zusammenhang zwischen Wirkungsparameter und periodischem System deutet darauf hin, daß die im Eisen gelösten Elemente im ionisierten Zustand vorliegen. Dieser Zustand fordert eine Abhängigkeit der Löslichkeiten vom chemischen Potential der Elektronen. Derartige Vermutungen wurden erstmals für die Wasserstofflöslichkeit in Metallen und Metallegierungen angestellt.
Überträgt man diese Gedankengänge auf das System $Fe-C-X$, so darf man annehmen, daß sich der Kohlenstoff unter Abgabe von Elektronen als positives Ion in der Schmelze löst. Über die Größe des Anteils des in Ionenform vorliegenden Kohlenstoffs, bezogen auf

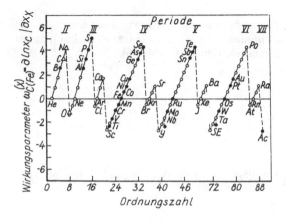

Abb. 67. Abhängigkeit des Wirkungsparameters in $Fe-C-X$-Schmelzen von
der Ordnungszahl des Zusatzelementes X
● experimentell nachgewiesen
△ durch Umrechnung erhalten
○ vermutet

den Gesamtanteil, sowie über die Anzahl der je Kohlenstoffatom abgespalteten Valenzelektronen kann noch keine genaue Auskunft gegeben werden. Nimmt man jedoch an, Kohlenstoff gibt freie Elektronen ab, so wird durch Zusatz von Legierungselementen, die ebenfalls Elektronen abgeben, das chemische Potential der Elektronen in der Lösung vergrößert. Nach dem Gesetz vom kleinsten Zwang verschiebt sich das Lösungsgleichgewicht derart, daß Kohlenstoff aus der Lösung gedrängt wird. Andererseits nehmen Elemente im negativen Teil der Systematik Elektronen beim Lösen auf, womit sich umgekehrte Wechselwirkungen ergeben. Ähnliche systematische Zusammenhänge ergeben sich auch für die Systeme $Ni - C - X$ und $Co - C - X$. Für die Systemgruppen $Fe - H - X$, $Fe - N - X$ und $Fe - O - X$ deuten sich ebenfalls Abhängigkeiten an, die jedoch im Vergleich zu den Kohlenwassersystemen nicht so transparent sind. Eine einheitliche Theorie dieser interessanten Systematik der Wechselwirkungsparameter steht bis heute aus.

4.5.3 Anwendung der *Gibbs-Duhem*-Gleichung auf ternäre Lösungen

Die *Gibbs-Duhem*-Gleichung (Abschn. 4.3.2) kann auf ternäre Lösungen angewendet werden und ermöglicht es, unter entsprechenden Randbedingungen die Aktivitäten von zwei Komponenten aus der Aktivität der dritten Komponente zu berechnen. Verschiedene Lösungswege sind vorgeschlagen worden, wobei die von *Schuhmann* entwickelte Methode heute am gebräuchlichsten ist.

Die *Gibbs-Duhem*-Gleichung für ein Dreikomponentensystem (T und $p = const$) lautet unter Verwendung der chemischen Potentiale (vgl. Gl. (4.18) mit der Identität $\mu_i = \bar{G}_i$):

$$n_1 \, d\mu_1 + n_2 \, d\mu_2 + n_3 \, d\mu_3 = 0 \,. \tag{4.216}$$

Für die Bedingung, daß μ_1 und n_3 konstant bleiben sollen, liefert die Division durch dn_2

$$n_2 \left(\frac{\partial \mu_2}{\partial n_2}\right)_{\mu_1, n_3} + n_3 \left(\frac{\partial \mu_3}{\partial n_2}\right)_{\mu_1, n_3} = 0 \,. \tag{4.217}$$

Die Differentiation der vorstehenden Gleichung nach μ_1 bei konstanten n_2 und n_3 ergibt:

$$n_2 \left(\frac{\partial^2 \mu_2}{\partial \mu_1 \, \partial n_2}\right)_{n_3} + n_3 \left(\frac{\partial^2 \mu_3}{\partial \mu_1 \, \partial n_2}\right)_{n_3} = 0 \,. \tag{4.218}$$

Alternativ kann die Ausgangsgleichung (4.216) aber auch durch $d\mu_1$ dividiert werden, wobei die Molzahlen n_2 und n_3 konstant bleiben mögen:

$$n_1 + n_2 \left(\frac{\partial \mu_2}{\partial \mu_1}\right)_{n_2, n_3} + n_3 \left(\frac{\partial \mu_3}{\partial \mu_1}\right)_{n_2, n_3} = 0 \,. \tag{4.219}$$

Differenziert man diese Gleichung nach n_2 bei Konstanthaltung von μ_1 und n_3, erhält man:

$$\left(\frac{\partial n_1}{\partial n_2}\right)_{\mu_1, n_3} + \left(\frac{\partial \mu_1}{\partial \mu_2}\right)_{n_2, n_3} + n_2 \left(\frac{\partial^2 \mu_2}{\partial \mu_1 \, \partial n_2}\right)_{n_3} + n_3 \left(\frac{\partial^2 \mu_3}{\partial \mu_1 \, \partial n_2}\right)_{n_3} = 0 \,. \tag{4.220}$$

Der Vergleich der Gln. (4.218) und (4.220) liefert den interessanten Zusammenhang

$$\left(\frac{\partial \mu_1}{\partial \mu_2}\right)_{n_2, n_3} = - \left(\frac{\partial n_1}{\partial n_2}\right)_{\mu_1, n_3} \,. \tag{4.221}$$

Diese Gleichung kann mit der Randbemerkung $n_2/n_3 = const$ bzw. $x_2/x_3 = const$ integriert werden. Wählt man das Molenbruchverhältnis, so erhält man:

$$\left[\mu_2^{II} = \mu_2^{I} - \int_{\mu_2^{I}}^{\mu_2^{II}} \left(\frac{\partial x_1}{\partial x_2}\right)_{\mu_1, x_3} d\mu_1 \right]_{x_2/x_3} \,. \tag{4.222}$$

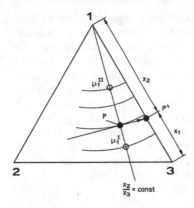

Abb. 68. Zur Integration der ternären *Gibbs-Duhem-*Gleichung

Abbildung 68 verdeutlicht das Integrationsverfahren. In dem Konzentrationsbereich $1-2-3$ seien bekannte Linien gleichen chemischen Potentials der Komponente 1 bekannt und eingetragen. Die Gerade von der Ecke 1 auf das Zweistoffsystem $3-2$ stellt einen der geforderten Integrationswege $x_2/x_3 = $ const dar. Die partielle Ableitung $(\partial x_1/\partial x_2)_{\mu_1, n_3}$ im Punkt P entspricht geometrisch der Tangente an die Isopotentiallinie im Schnittpunkt mit dem Integrationsweg. Die Steigung kann im Punkt P^I unmittelbar als Verhältnis der Tangentenabschnitte (x_1/x_2) auf der Konzentrationsachse $1-2$ entnommen werden. Tangentenschnittpunkte außerhalb des Konzentrationsdreiecks sind ebenfalls mathematisch relevant und führen zu negativen Werten der partiellen Ableitung. Anstelle des chemischen Potentials kann die Integration auch mit Verwendung der Aktivitätskoeffizienten durchgeführt werden:

$$\left[\ln \gamma_2^{II} = \ln \gamma_2^I - \int_{\ln \gamma_2^I}^{\ln \gamma_2^{II}} \left(\frac{\partial x_1}{\partial x_2} \right)_{\gamma_1, x_3} d \ln \gamma_1 \right]_{x_2/x_3} . \tag{4.223}$$

Geht man bei der Integration von $x_1 = 0$ aus, so entspricht $\ln \gamma_1^I$ den Werten von γ_1^0, d. h., der an Komponente 1 unendlich verdünnten Zweistofflösung $2-3$.
Gemäß Gl. (4.222) gestaltet sich der Lösungsweg wie folgt:

1. Auf konstanten x_2/x_3-Wegen werden für unterschiedliche (bekannte) μ_1-Werte durch Tangentenschnitte die Ableitungen $(\partial x_1/\partial x_2)_{\mu_1, x_2}$ bestimmt.
2. Diese werden gegen μ_1 aufgetragen.
3. Flächen unter diesen Kurven liefern das Integral.
4. Flächenwerte werden von $[\mu_2^I]_{x_2/x_3}$ abgezogen.
5. μ_1 wird gegen μ_2 aufgetragen.

Ist die Konzentrationsabhängigkeit von μ_1 im Dreistoffsystem analytisch erfaßbar, so ist die zeitaufwendige Integration durch Programmierung zu ersetzen.

Beispiele

Bestimmung der Stickstofflöslichkeit einer legierten Eisenschmelze

● Eine flüssige $Fe-Cr-Ni$-Legierung mit 18% Cr und 8% Ni besitzt bei 1600 °C einen Stickstoffgehalt von 2082 ppm, wenn sie unter normaler Luftatmosphäre erschmolzen wird. Durch experimentelle Untersuchungen ist bekannt, daß der in Eisen gelöste Stickstoff bei 1600 °C dem *Henry*schen Gesetz folgt.

a) Bis zu welchem Enddruck muß die Luftatmosphäre evakuiert werden, wenn die Schmelze nicht mehr als 200 ppm Stickstoff lösen soll?

b) Wieviel Stickstoff könnte eine *reine* Eisenschmelze bei 1600 °C
   i. bei dem unter *a)* errechneten Enddruck,
   ii. bei $p_{N_2} = 1$ bar und
   iii. unter Luftatmosphäre mit $p_{ges} = 1$ bar lösen?

gegeben:

$$\tfrac{1}{2}(N_2) \rightarrow [N]_{1\% \text{ in Fe}}$$

$$\lg K = -\frac{285}{T} - 1,21 \quad \text{gültig für 1550 °C bis 1700 °C}$$

$$e_N^{(Cr)} = -0,045 \qquad e_N^{(Ni)} = 0,01 \,.$$

Lösung

a) Aus der obigen Reaktionsgleichung und der Formulierung der Gleichgewichtskonstanten ergibt sich für die Aktivität des Stickstoffs in der Lösung:

$$a_{[N]}^\% = K\sqrt{p_{N_2}} \,.$$

Dieses ist ein allgemeiner Ausdruck des bekannten *Sievert*schen Gesetzes. Bei 1873 K errechnet sich aus der Temperaturfunktion K zu 0,0434. Nunmehr ist $a_{[N]}^\%$ nach

$$a_{[N]}^\% = f_N \% [N]$$

mit Hilfe der Wirkungsparameter zu berechnen:

$$\lg f_N = e_N^{(N)} \% [N] + e_N^{(Cr)} \% [Cr] + e_N^{(Ni)} \% [Ni]$$

$$= 0 + 18(-0,045) + 8 \cdot 0,01$$

$$\lg f_N = -0,73$$

$$f_N = 0,1862 \,.$$

Der Wert von $f_N < 1$ zeigt weiterhin an, daß die Stickstoffaktivität in einer Chrom−Nickel-Schmelze erniedrigt wird, woraus bereits eine Erhöhung der Stickstofflöslichkeit gefolgert werden kann. Für einen Stickstoffgehalt von 200 ppm (= 0,02%) ergibt sich nunmehr die Stickstoffaktivität zu

$$a_{[N]}^\% = 0,1862 \cdot 0,02 = 3,724 \cdot 10^{-3} \,.$$

Diese Aktivität entspricht dem Stickstoffdruck

$$p_{N_2} = \left(\frac{3,724 \cdot 10^{-3}}{0,0434}\right)^2$$

$$p_{N_2} = 7,36 \cdot 10^{-3} \text{ bar} = 7,36 \text{ mbar} \,.$$

Unter Anwendung des *Dalton*schen Gesetzes läßt sich der Enddruck der Luftatmosphäre berechnen:

$$p_{ges} = \frac{p_{N_2}}{x_{N_2}} = \frac{7,36}{0,79} = 9,32 \text{ mbar} \,.$$

b) Bei Anwendung des *Sievert*schen Quadratwurzelgesetzes für reines Eisen erhält man:

i. $\% \, N = 0{,}0434 \sqrt{0{,}00736} = 3{,}724 \cdot 10^{-3} \rightarrow 37{,}23 \, \text{ppm}$

ii. $\% \, N = 0{,}0434 \sqrt{1} = 0{,}0434 \qquad\qquad \rightarrow 434 \, \text{ppm}$

iii. $\% \, N = 0{,}0434 \sqrt{0{,}79} = 0{,}0386 \qquad \rightarrow 386 \, \text{ppm}$.

Der Vergleich des Ergebnisses von iii. mit dem Löslichkeitswert der legierten Schmelze zeigt, daß die aktivitätserniedrigende Wirkung des Chroms zu einer deutlichen Erhöhung des Stickstoffgehaltes der Schmelze führt.

Bestimmen Sie die Gleichgewichtskonzentrationen (in Gew.-%) von Sauerstoff und Aluminium bei der Desoxidation einer Eisenschmelze

- Die Temperatur der Eisenschmelze beträgt 1600 °C. Das Desoxidationsprodukt (Al_2O_3) liegt bereits in der Schmelze vor, über der ein Druck von a) 30 Torr $= 4 \cdot 10^{-2}$ bar und b) 1 bar herrscht.

gegeben:

$$\tfrac{1}{2}(O_2) \rightarrow [O] \tag{I}$$

mit $K_I = \dfrac{a_{[O]}}{\sqrt{p_{O_2}}}$ und $K_I(1873) = 2{,}95 \cdot 10^{-3}$

$$\langle Al_2O_3 \rangle \rightarrow 2\,[Al] + 3\,[O] \tag{II}$$

mit $K_{II} = \dfrac{a_{[Al]}^2 a_{[O]}^3}{a_{\langle Al_2O_3 \rangle}}$ und $K_{II}(1873) = 3{,}23 \cdot 10^{-14}$.

Die im Rahmen der Lösung benötigten Wirkungsparameter können Tabelle 10 entnommen werden. Die Gleichgewichtskonstanten gelten für den Standardzustand der einprozentigen Lösung (1 %).

Lösung

a) Um die Konzentrationen der gelösten Komponenten Sauerstoff und Aluminium zu bestimmen, muß deren Aktivität berechnet werden. Dazu können die Gleichgewichtskonstanten herangezogen werden. Aus der Reaktion (I) folgt unter Berücksichtigung des *Dalton*schen Partialdruckgesetzes:

$a_{[O]} = K_I \sqrt{p_{O_2}} = 2{,}95 \cdot 10^{-3} \cdot \sqrt{0{,}21 \cdot 4 \cdot 10^{-2}}$

$a_{[O]} = 2{,}7037 \cdot 10^{-4}$.

Da die Desoxidation (Desox.) der Eisenschmelze betrachtet wird, läuft Reaktion (II) von rechts nach links ab. Es ist somit:

$$K_{\text{Desox.}} = \frac{1}{K_{II}} = \frac{a_{\langle Al_2O_3 \rangle}}{a_{[Al]}^2 a_{[O]}^3} .$$

Da bereits reines Aluminiumoxid in der Eisenschmelze vorliegt, ist $a_{\langle Al_2O_3 \rangle} = 1$. Die Aktivität des gelösten Aluminiums berechnet sich nun nach:

$$a_{[Al]} = \sqrt{\frac{K_{II}}{a_{[O]}^3}} = \sqrt{\frac{3{,}23 \cdot 10^{-14}}{(2{,}7037 \cdot 10^{-4})^3}}$$

$a_{[Al]} = 4{,}04 \cdot 10^{-2}$.

Für den Standardzustand der einprozentigen Lösung gilt:

$a_{[i]} = f_i(\% \, i)$ (siehe Gl. (4.58))

$\lg a_{[i]} = \lg f_i + \lg (\% \, i)$.

Dieser Standardzustand ermöglicht es, bei bekannten Aktivitäten und bekannten Aktivitätskoeffizienten, die Konzentrationen der Komponenten in Gew.-% direkt zu berechnen. Für den Logarithmus des Aktivitätskoeffizienten gilt nach Gl. (4.202):

$\lg f_i = e_i^{(2)} (\% \, 2) + e_i^{(3)} (\% \, 3) + \ldots + e_i^{(m)} (\% \, m)$

Mit den der Tabelle 10 entnommenen Wirkungsparametern ist

$\lg f_O = 0 \, (\% \, [O]) + (-1,17) \cdot (\% \, [Al])$

$\lg f_{Al} = 0,06 \, (\% \, [Al]) + (-1,98) \, (\% \, [O])$.

Somit ergeben sich die Logarithmen der Aktivitäten zu

$\lg a_{[O]} = -1,17 \, (\% \, [Al]) + \lg (\% \, [O]) = -3,568$

$\lg a_{[Al]} = 0,06 \, (\% \, [Al]) - 1,98 \, (\% \, [O]) + \lg (\% \, [Al]) = -1,3936$

Die simultane Lösung des Gleichungssystems liefert folgende Konzentrationen:

$\% \, [O] = 3,0135 \cdot 10^{-4}$ Gew.-% $= 3,0135$ ppm

$\% \, [Al] = 4,0233 \cdot 10^{-2}$ Gew.-% $= 402,3$ ppm.

b) Der Rechenweg entspricht dem des Aufgabenteils a). Unter Luftatmosphäre von 1 bar Druck ergeben sich die Aktivitäten und deren Logarithmen zu

$a_{[O]} = 1,352 \cdot 10^{-3}$ mit $\lg a_{[O]} = -2,869$

$a_{[Al]} = 3,615 \cdot 10^{-3}$ mit $\lg a_{[Al]} = -2,442$.

Die Berechnung des Gleichungenpaares führt jetzt zu Gehalten von

$\% \, [O] = 13,65 \cdot 10^{-4}$ Gew.-% $= 13,55$ ppm

$\% \, [Al] = 3,635 \cdot 10^{-3}$ Gew.-% $= 36,35$ ppm.

Das Beispiel zeigt die Wirksamkeit des Desoxitationsmittels Aluminium, das auch unter Luftatmosphäre bereits zu einem Sauerstoffgehalt von 13,55 ppm in der Eisenschmelze führt. Die Evakuierung der Schmelze auf 30 Torr $= 4 \cdot 10^{-2}$ bar führt zu einer Verringerung des Sauerstoffgehaltes um rund 10 ppm, jedoch gleichzeitig zu einem stark erhöhten Aluminiumgehalt, bedingt durch Al_2O_3 als »Bodenkörper«.

5 Oberflächenerscheinungen

Bisher betrachteten wir koexistierende Phasen eines heterogenen Systems, ohne die Eigenschaften ihrer Grenzflächen und deren Einfluß auf das Gleichgewicht zu berücksichtigen. Dabei wurde jede Phase einschließlich ihrer Grenzfläche als homogen angesehen. Da aber die Materie im Innern einer Phase nicht den gleichen Bedingungen unterworfen ist wie in der Grenzfläche oder in ihrer Nähe, kann eine Vernachlässigung des Einflusses der Oberfläche möglicherweise zu Fehlern führen. Dieses ist leicht einzusehen, wenn man Abb. 69 betrachtet.

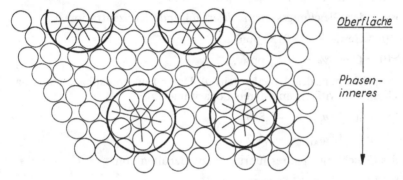

Abb. 69. Zwischenmolekulare Kräfte im Innern und an der Oberfläche einer Flüssigkeit

Auf die Teilchen im Innern der Flüssigkeit wirken nach allen Seiten hin die gleichen Kräfte. An der Oberfläche werden sie jedoch nur einseitig durch die eigene Phase beansprucht, wodurch eine nach innen gerichtete Resultierende vorhanden ist. Man bezeichnet die Kräfte, die nach innen wirken, als *Binnendruck* oder *Kohäsionsdruck*.

5.1 Vollständige kalorische Zustandsgleichung

Die Thermodynamik der Oberflächenerscheinungen wurde von *Gibbs* entwickelt, der die Randschicht als neue »Oberflächenphase« einführte. Sie unterscheidet sich von der »Volumenphase« dadurch, daß ihre Dicke sehr klein gegen ihre Ausdehnung ist, d. h., die Randschicht endlicher Dicke wird durch eine idealisierte, unendlich dünne Trennfläche ersetzt, die als Oberfläche bezeichnet wird. Berühren sich zwei Phasen, so spricht man von einer *Grenzfläche*. Gewöhnlich ist die Oberfläche einer Phase auch ihre Grenzfläche. Der Ausdruck »Grenzfläche« wird vornehmlich dann verwendet, wenn man betonen will, daß die betrachtete Fläche zwei *kondensierte* Phasen trennt.

Zur Vergrößerung der Oberfläche ist es notwendig, daß Teilchen aus dem Innern der Phase an die Oberfläche transportiert werden. Dieser Vorgang setzt eine Energiezufuhr voraus.

Daraus läßt sich folgern, daß Teilchen der Oberfläche eine Lageenergie besitzen, wodurch sie sich (wenn auch oft nur geringfügig) von den Teilchen im Innern der Phase unterscheiden. Diese *Oberflächenenergie* ist Bestandteil der gesamten inneren Energie und muß in der kalorischen Zustandsgleichung berücksichtigt werden, die in ihrer erweiterten Form lautet:

$$g = g(T, p, n_i, o)$$

oder

$$dg = \left(\frac{\partial g}{\partial T}\right)_{p,n_i,o} dT + \left(\frac{\partial g}{\partial p}\right)_{T,n_i,o} dp + \left(\frac{\partial g}{\partial n_i}\right)_{T,p,o} dn_i + \left(\frac{\partial g}{\partial o}\right)_{T,p,n_i} do. \tag{5.1}$$

Die Änderung der freien Enthalpie mit der Oberflächenänderung stellt die spezifische freie Oberflächenenthalpie σ dar, d. h.,

$$\left(\frac{\partial g}{\partial o}\right)_{T,p,n_i} = \sigma. \tag{5.2}$$

Damit erhält die *Gibbs*sche Fundamentalgleichung die Form

$$dg = -s\,dT + v\,dp + \sum \mu_i\,dn_i + \sigma\,do. \tag{5.3}$$

Integriert man die vorstehende Gleichung für T und $p = $ const, so erhält man

$$g = \sum n_i\mu_i + \sigma o, \tag{5.4}$$

wobei der Ausdruck σo die Oberflächenenergie darstellt.

Gl. (5.4) verdeutlicht, daß der stabile Zustand einer Phase (Minimalwert von g) mit dem kleinstmöglichen Wert der Oberfläche verbunden ist, da σ stets positive Werte besitzt. Flüssigkeitstropfen werden demnach bestrebt sein, möglichst die Kugelgestalt anzunehmen. Die spezifische freie Oberflächenenthalpie besitzt die Dimension $J\,m^{-2}$. Diese Dimension »Energie je Fläche« entspricht der Dimension einer Spannung »Kraft je Länge«. Daher wird gewöhnlich σ als *Oberflächenspannung* bezeichnet und mit der Dimension $N\,m^{-1}$ belegt. Da im Schrifttum vorwiegend noch die alten Einheiten vorherrschen, sei daran erinnert, daß

$$1\,\text{erg}\,\text{cm}^{-2} \cong 1\,\text{mJ}\,\text{m}^{-2} \quad \text{und} \quad 1\,\text{dyn}\,\text{cm}^{-1} \cong 1\,\text{mN}\,\text{m}^{-1}.$$

In Tabelle 11 sind die Oberflächenspannungen einiger wichtiger Flüssigkeiten angegeben.

Tabelle 11. Oberflächenspannung einiger wichtiger Flüssigkeiten

Flüssigkeit	Temperatur °C	Oberflächenspannung mJ m^{-2}
H_2O	100	59
H_2O	20	73
NaCl	910	106
Hg	20	480
Zn	650	750
Au	1120	1130
Cu	1150	1100
Stahl, 0,4% C	1600	1560
Stahlwerksschlacke	1600	400

Die Oberflächenspannung kann durch eine Reihe experimenteller Methoden bestimmt werden:

— Kapillarmethode (Messung der Steighöhe),
— Lamellenmethode,
— Masse abfallender Tropfen (Stalagmometer),
— Blasenentwicklungsdruckmethode,
— Methode des ruhenden Tropfens,
— Methode des schwebenden oszillierenden Tropfens,

wobei die drei letztgenannten Methoden für die Metallurgie von Bedeutung sind.

5.2   Abhängigkeit der Zustandsfunktionen von der Oberfläche

Geht man von der Definitionsgleichung (1.117) der freien Enthalpie aus,

$$g = u - Ts + pv \,,$$

und differenziert diese nach der Oberfläche, so erhält man

$$\left(\frac{\partial g}{\partial o}\right)_{T,p,n_i} = \left(\frac{\partial u}{\partial o}\right)_{T,p,n_i} - T\left(\frac{\partial s}{\partial o}\right)_{T,p,n_i} + p\left(\frac{\partial v}{\partial o}\right)_{T,p,n_i} . \tag{5.5}$$

Die Differentialquotienten auf der rechten Seite der Gleichung stellen die spezifische *Oberflächenenergie*, spezifische *Oberflächenentropie* und das spezifische *Oberflächenvolumen* dar (T, p, n_i = const).
Nach

$$h \equiv u + pv$$

ergibt sich für die spezifische *Oberflächenenthalpie*

$$\left(\frac{\partial h}{\partial o}\right)_{T,p,n_i} = \left(\frac{\partial u}{\partial o}\right)_{T,p,n_i} + p\left(\frac{\partial v}{\partial o}\right)_{T,p,n_i} . \tag{5.6}$$

Die spezifische Oberflächenentropie ist experimentell unmittelbar schwer zugänglich. Da jedoch die Anwendung des *Schwarz*schen Satzes auf Gl. (5.3),

$$\left(\frac{\partial s}{\partial o}\right)_{T,p,n_i} = -\left(\frac{\partial \sigma}{\partial T}\right)_{p,n_i,o} , \tag{5.7}$$

liefert, kann aus der Temperaturabhängigkeit der Oberflächenspannung diese Größe berechnet werden. Ebenso ist die spezifische Oberflächenenthalpie experimentell bestimmbar:

$$\left(\frac{\partial h}{\partial o}\right)_{T,p,n_i} = \sigma - T\left(\frac{\partial \sigma}{\partial T}\right)_{p,n_i,o} . \tag{5.8}$$

Da kondensierte Phasen kaum kompressibel sind, kann das spezifische Oberflächenvolumen vernachlässigt werden.

5.3   Molare Oberflächenspannung

Für einen Vergleich der Oberflächenenergien verschiedener Flüssigkeiten ist es zweckmäßig, diese Energie auf *ein* Mol Flüssigkeit zu beziehen, das einen *Kugelraum* ausfüllt.
Das Molvolumen einer Flüssigkeit wird durch ihre Molmasse und ihre Dichte bestimmt:

$$V = M/\varrho \,. \tag{5.9}$$

Die entsprechende Oberfläche ergibt sich zu

$$O' = \sqrt[3]{36\pi V^2} \,.$$ (5.10)

Ist σ die spezifische Oberflächenspannung, so besitzt ihre auf *ein* Mol bezogene Oberfläche die Oberflächenspannung

$$\sigma_M = \sigma O' \,.$$ (5.11)

Beim Vergleich der Oberflächenspannungen verschiedener Flüssigkeiten wird der geometrische Faktor $\sqrt[3]{36\pi}$ aus Gl. (5.10) vernachlässigt. Die *molare Oberflächenspannung* wird dann durch die Beziehung

$$\sigma_M = \sigma V^{2/3}$$ (5.12)

ausgedrückt.

5.4   Temperaturabhängigkeit der Oberflächenspannung

Die Oberflächenspannung nimmt mit steigender Temperatur meist linear ab. Sie erreicht bei Annäherung an die kritische Temperatur T_k den Wert Null. Damit ergibt sich folgende Temperaturabhängigkeit der Oberflächenspannung:

$$\sigma = k_s(T_k - T) \,.$$ (5.13)

Geht man auf die molare Oberflächenspannung über, so erhält man mit

$$k_E = k_s V^{2/3}$$ (5.14)

die Gleichung

$$\sigma_M = k_E(T_k - T) \,.$$ (5.15)

Die Temperaturabhängigkeit der Oberflächenspannung wird auch durch die Beziehung

$$\sigma = k_s[(T_k - \tau) - T]$$ (5.16)

oder

$$\sigma_M = k_E[(T_k - \tau) - T]$$ (5.17)

wiedergegeben. Hierbei ist τ eine empirisch zu ermittelnde Korrekturgröße, die dem Umstand Rechnung trägt, daß der lineare Ast der σ-T-Kurven bei Extrapolation bereits etwas unterhalb der kritischen Temperatur die Nullachse schneidet (Abb. 70).

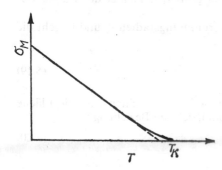

Abb. 70. Temperaturabhängigkeit der Oberflächenspannung σ_M (schematisch)

Auf der Grundlage des Theorems der übereinstimmenden Zustände folgerte *Eötvös* (1886), daß k_E für viele Flüssigkeiten, die unterhalb 200 bis 300 °C sieden, konstant und gleich $2,1 \cdot 10^{-7}$ J K^{-1} ist.

5.5   Erscheinungen an gekrümmten Oberflächen

5.5.1   Kapillardruck (Krümmungsdruck)

Als eine unmittelbare Folge der Oberflächenspannung besteht entlang einer gekrümmten Flüssigkeitsfläche ein Druckunterschied. Im Gegensatz zu der konvexen Krümmung ist der Druck an der konkaven Krümmung größer.

Um die Druckverhältnisse ableiten zu können, betrachten wir einen kugelförmigen Tropfen mit dem Radius r. Die Fläche und das Volumen des Tropfens sind gegeben durch

$$F = 4\pi r^2$$

und

$$v = (4/3)\pi r^3 \,.$$

Wird der Tropfen um dr vergrößert, so ergibt sich

$$dF = 8\pi r \, dr$$

bzw.

$$dv = 4\pi r^2 \, dr \,.$$

Der Aufwand an Volumenarbeit bei der Vergrößerung des Tropfens unter Einführung des Kapillardrucks p_K beträgt

$$p_K \, dv = p_K \, 4\pi r^2 \, dr \,.$$

Diese ist der Arbeit der Oberflächenspannung

$$\sigma \, dF = \sigma \, 8\pi r \, dr$$

gleichzusetzen;

$$p_K \, 4\pi r^2 \, dr = \sigma \, 8\pi r \, dr$$

oder

$$p_K = 2\sigma/r \,. \tag{5.18}$$

Der Kapillardruck ist ein *Differenzdruck*. Er ist um so größer, je kleiner der Radius des Tropfens ist.

Für eine allgemein gekrümmte Fläche mit den Hauptkrümmungsradien r_1 und r_2 geht die Gleichung in die allgemeinere Form über:

$$p_K = \sigma \left(\frac{1}{r_1} + \frac{1}{r_2} \right) \,. \tag{5.19}$$

Bei der Berechnung des Kapillardrucks einer *Seifenblase* ist zu beachten, daß die Fläche *doppelt* einzusetzen ist (Innen- und Außenfläche), womit sich die Beziehung

$$p'_K = 4\sigma/r \tag{5.20}$$

ergibt.

5.5.2   Kapillarität

Die Gl. (5.18) kann unmittelbar zur Messung der Oberflächenspannung von Flüssigkeiten angewendet werden. Ob eine Flüssigkeit in einer Kapillare steigt (H_2O im Glas) oder fällt (Hg im Glas), hängt von den Kohäsionskräften der Flüssigkeit und den Adhäsionskräften zwischen Kapillarwand und Flüssigkeit ab.

Diese Kräfte bestimmen den sogenannten *Kontaktwinkel* θ. Ist $\theta < 90°$, benetzt die Flüssigkeit die Wand; der Meniskus ist dabei konkav. Für $\theta > 90°$ ergibt sich ein konvexer Meniskus. In Abb. 71 wird der Fall $\theta < 90°$ dargestellt. Aus der geometrischen Bedingung (Abb. 72) $\theta + \beta = 90°$ bzw. $\beta + \gamma = 90°$ ergibt sich, daß der Winkel θ gleich dem Winkel γ ist.

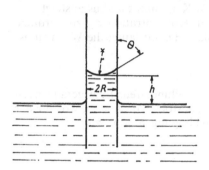   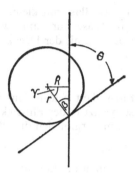

Abb. 71. Schematische Darstellung   Abb. 72. Zur Ableitung der Kapillarität
der Kapillarität

Daraus folgt die Beziehung

$$\cos \theta = R/r \, .$$

Mit Hilfe der Gl. (5.18) ergibt sich

$$p_K = 2\sigma(\cos \theta)/R \, . \tag{5.21}$$

Sind ϱ bzw. ϱ_0 die Dichte der Flüssigkeit bzw. der angrenzenden Phasen (Flüssigkeit oder Gas außerhalb der Kapillare), so kann das Gewicht G der Flüssigkeitssäule durch die Beziehung

$$G = \pi R^2 h(\varrho - \varrho_0) \, g \tag{5.22}$$

angegeben werden.

Die Kraft, die je Flächeneinheit die Druckdifferenz kompensiert, ist

$$F = gh(\varrho - \varrho_0) \, . \tag{5.23}$$

Im Kräftegleichgewicht muß der Kapillardruck (Gl. (5.21)) der Flüssigkeitssäule entgegenwirken, und es gilt

$$\sigma = \frac{1}{2} \, gh(\varrho - \varrho_0) \, \frac{R}{\cos \theta} \, . \tag{5.24}$$

Sind die Größen ϱ, R, θ, ϱ_0 und h bekannt bzw. gemessen, so kann die Oberflächenspannung mit Hilfe der Gl. (5.24) bestimmt werden. Bei Messungen unter Gasatmosphäre ($\varrho_0 \ll \varrho$) wird der Wert von ϱ_0 in Gl. (5.24) vielfach vernachlässigt.

5.5.3   Bildungsbedingungen von Gasblasen in Flüssigkeiten; Grenzen der Entgasung

Der Druck p in einer *aufsteigenden* Blase setzt sich im Gleichgewicht aus folgenden Anteilen zusammen:

– dem auf der Flüssigkeit lastenden Außendruck p_A,
– dem hydrostatischen Druck $\varrho g h$,
– dem Kapillardruck $2\sigma/r$.

Die sich daraus ergebende Gleichung

$$p = p_A + \varrho g h + 2\sigma/r \tag{5.25}$$

zeigt, daß der Druck in der Blase mit kleiner werdendem Krümmungsradius ansteigt. Wachstumsfähig ist eine Blase nur dann, wenn der der Konzentration c_∞ zugeordnete *Sättigungsdruck* p_∞ größer ist als der Druck p in der Blase. Damit lautet die Wachstumsbedingung

$$p < p_\infty \, ;$$

es kann das in der Flüssigkeit gelöste Gas in die Blase diffundieren. Eine gerade noch wachstumsfähige Blase besitzt in der Flüssigkeit eine Mindesttiefe von $h = 2r$, wobei r der Radius der Blase ist. Damit ergibt sich die Wachstumsbedingung $p = p_\infty$ zu

$$p_\infty = p_A + 2g\varrho r + 2\sigma/r \, . \tag{5.26}$$

Nach Umformung erhält man die Lösung

$$r_{1,2} = \frac{p_\infty - p_A}{4\varrho g} \pm \sqrt{\frac{(p_\infty - p_A)^2}{(4\varrho g)^2} - \frac{\sigma}{\varrho g}} \, . \tag{5.27}$$

r_1 und r_2 sind reelle Werte, wobei der kleinere Wert der Radius der kleinsten noch gerade wachstumsfähigen Blase ist, die an die Oberfläche gelangt.
Der Wert der Wurzel in Gl. (5.27) kann imaginär werden. Die Größe unter der Wurzel ergibt, daß in übersättigten Flüssigkeiten, deren Sättigungsdruck kleiner ist als der Wert

$$p_{min} = p_A + 4\sqrt{\varrho\sigma g} \, , \tag{5.28}$$

grundsätzlich keine wachstumsfähigen Blasen entstehen. Diese Bedingung zeigt, daß selbst im Höchstvakuum kein Sieden oder Entgasen möglich ist, wenn der Sättigungsdruck den Wert $4\sqrt{\varrho\sigma g}$ unterschreitet. Diese Grenze liegt bei Metallschmelzen hoch (in der Größe von mehreren mbar), weil Metalle sowohl hohe Oberflächenspannungen als auch hohe Dichten besitzen. Bei Stahlschmelzen beträgt der Sättigungsdruck, bei dem keine Gasblasen wachsen können, etwa 10 mbar. Dieser Wert wird für Wasserstoff, Stickstoff und Sauerstoff bei den Konzentrationen von 3 ppm, 40 ppm und 10 ppm erreicht.
Bei organischen Flüssigkeiten liegt diese Grenze in der Größenordnung von 0,1 mbar und hat auf dem Gebiet der Vakuumdestillationstechnik zur Entwicklung spezieller Methoden geführt (Molekular-Destillation).

5.5.4   Dampfdruck kleiner Tröpfchen; *Kelvin*sche Gleichung

Eine der Folgeerscheinungen der Grenzflächenspannung ist die Tatsache, daß der Dampfdruck eines Tröpfchens mit abnehmendem Krümmungsradius zunimmt.
Betrachtet werden soll der kugelförmige Tropfen einer reinen Flüssigkeit (II), die mit ihrem Dampf (I) im Gleichgewicht steht. Der Radius des Tropfens sei r. Das mechanische

Gleichgewicht des Tropfens wird durch den Krümmungsdruck bestimmt:

$$\mathrm{d}p(\mathrm{II}) - \mathrm{d}p(\mathrm{I}) = \mathrm{d}(2\sigma/r).$$ (5.29)

Für das thermodynamische Gleichgewicht zwischen den zwei Phasen gilt

$$\mathrm{d}\mu(\mathrm{I}) = \mathrm{d}\mu(\mathrm{II}).$$

Nach dem 2. Hauptsatz der Thermodynamik ist

$$\mathrm{d}\mu = -s\,\mathrm{d}T + v\,\mathrm{d}p$$

bzw. bei konstanter Temperatur

$$v(\mathrm{I})\,\mathrm{d}p(\mathrm{I}) = v(\mathrm{II})\,\mathrm{d}p(\mathrm{II}).$$ (5.30)

Unter Anwendung des idealen Gasgesetzes aus

$$v(\mathrm{I}) = RT/p(\mathrm{I})$$ (5.31)

erhält man mit den Gln. (5.29), (5.30) und (5.31) den Ausdruck

$$\mathrm{d}p(\mathrm{I})\,\frac{\dfrac{RT}{p(\mathrm{I})} - v(\mathrm{II})}{v(\mathrm{II})} = \mathrm{d}(2\sigma/r).$$ (5.32)

Da das Molvolumen der Gasphase (I) größer ist als das der flüssigen Phase (II), d. h.,

$$v(\mathrm{I}) \gg v(\mathrm{II}),$$

ergibt sich

$$\frac{RT}{v(\mathrm{II})}\,\frac{\mathrm{d}p(\mathrm{I})}{p(\mathrm{I})} = \mathrm{d}(2\sigma/r).$$ (5.33)

Das Molvolumen der Flüssigkeit $v_i(\mathrm{II})$ möge konstant sein. Die Gl. (5.33) kann dann in den Grenzen der Krümmung Null und $1/r$ integriert werden. Die zugehörigen Dampfdrücke seien $p(\mathrm{I}) = p_\infty$ (Dampfdruck über einer ebenen Grenzfläche) und p (bei einer Krümmung $1/r$). Die Integration liefert die *Kelvin*-Gleichung

$$\ln\frac{p}{p_\infty} = \frac{2\sigma}{r}\,\frac{v(\mathrm{II})}{RT}$$ (5.34)

oder mit $v(\mathrm{II}) = M/\varrho$, wobei M die Molmasse und ϱ die Dichte der Flüssigkeit bedeuten, die Beziehung

$$\ln\frac{p}{p_\infty} = \frac{2M\sigma}{RT\varrho r}.$$ (5.35)

Danach steigt mit abnehmendem Radius der Dampfdruck eines Tröpfchens.
Unter Verwendung der Näherungsbeziehung

$$\ln(\ln + x) \approx x$$ (5.35)

erhält man

$$\frac{p - p_\infty}{p_\infty} \approx \frac{2\sigma}{r}\,\frac{v(\mathrm{II})}{RT}.$$ (5.36)

Umgekehrt tritt eine Dampfdruckerniedrigung in kleinen Hohlräumen auf, die rings mit Flüssigkeit umgeben sind. Daher gelten auch bei konkaven Oberflächen die für den

Dampfdruck an Tröpfchen abgeleiteten Gln. (5.35) und (5.36), wobei der Radius r negativ eingesetzt wird. Als Folge des durch die *Kelvin*-Gleichung beschriebenen Vorgangs ist das Auftreten von Kondensations- und Siedeverzügen zu beobachten. Kleine Tröpfchen bzw. Bläschen, die unter den Gleichgewichtsbedingungen der kompakten Phase nicht existent sein können, verdampfen bzw. kondensieren.

Trägt man die *Kelvin*-Gleichung graphisch auf (Abb. 73), so ist ersichtlich, daß das Entstehen eines Tröpfchens/Bläschens (ohne Fremdeinwirkung) erschwert ist, da mit abnehmendem Radius der Dampfdruck exponentiell zunimmt.

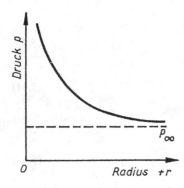

Abb. 73. Graphische Darstellung der *Kelvin*-Gleichung

5.5.5 Sublimationsdruck, Lösungsgleichgewicht und Schmelzpunkterniedrigung

Wie der Dampfdruck von Flüssigkeiten nimmt auch der Sublimationsdruck (kristalliner) fester Stoffe mit dem Zerteilungsgrad zu. Diese bestehende Instabilität kleiner Kriställchen gegenüber größeren muß dazu führen, daß diese – ähnlich wie Flüssigkeitströpfchen – infolge ihres erhöhten Sublimationsdruckes zugunsten der größeren verschwinden.

Wird der Dampfdruck p durch die Löslichkeit L ersetzt, so ergibt sich eine der *Gibbs-Thomson*-Gleichung ähnliche Beziehung (L_∞ = Löslichkeit einer ebenen Grenzfläche):

$$\ln \frac{L}{L_\infty} = \frac{2M\sigma}{RT\varrho r}. \tag{5.37}$$

Weiterhin kommt in der *Erniedrigung des Schmelzpunktes* die geringe Stabilität der Keime gegenüber einem großen Kristall zum Ausdruck. Die Differenz des Schmelzpunktes eines kleinen würfelförmigen Kriställchens mit der Kantenlänge r gegenüber der ausgebreiteten Phase ergibt sich mit der *Clausius-Clapeyron*-Gleichung zu

$$\frac{T_\infty - T}{T_\infty} = \frac{\Delta T}{T_\infty} = \frac{2\sigma M}{H(s \to l)\, r\varrho} \tag{5.38}$$

T_∞ Schmelztemperatur der ausgebreiteten Phase = $T(s \to l)$
T Schmelztemperatur eines Keims mit der Kantenlänge r
$H(s \to l)$ Schmelzenthalpie.

Die Schmelzpunkte liegen demnach um so tiefer, je kleiner die Kriställchen sind; bei genügend großen Kristallen nähern sie sich dem normalen Schmelzpunkt. Hohe Schmelzpunkterniedrigungen von mehreren Hundert Grad wurden experimentell an kleinsten Kristallen bestätigt.

Beispiel

- In zwei Kilometer Höhe befindet sich bei 15 °C ein Wassertropfen mit dem Radius $r = 10^{-6}$ cm. Die spezifische freie Oberflächenenergie beträgt 70 mJ m^{-2}.
  a) Wie groß ist der Wasserdampfdruck in dieser Höhe?
  b) Wie groß ist die Übersättigung des Tropfens gegenüber seiner Umgebung?

gegeben: $\lg p = -2,961 \cdot 10^3 \dfrac{1}{T} - 5,13 \cdot \lg T + 21,133$.

Lösung

a) Bei 15 °C (288 K) herrscht unmittelbar über dem Meeresspiegel (NN) ein Wasserdampfdruck p_{H_2O} von:

$$p_{H_2O} = 0,01718 \text{ bar} .$$

Der Ansatz, der zur *Kelvin*schen Gleichung (Gl. (5.33)) führt, lautet:

$$\frac{RT}{V} \frac{dp}{p} = d\left(\frac{2\sigma}{r}\right)$$

oder

$$d \ln p = d\left(\frac{2\sigma V}{rRT}\right) .$$

Wird für $2\sigma/r$ der Kapillardruck eingeführt, für diesen jedoch der Ausdruck $p = -\varrho gh$ (Barometergleichung) verwendet, und gleichzeitig das Volumen durch $V = M/\varrho$ ersetzt, erhält man

$$d \ln p = -\frac{gM}{RT} d(h) .$$

Die Integration in den Grenzen $p = p_{H_2O}$ für $h = 0$ und $p = p_{H_2O}^*$ für $h = h$ liefert das Verhältnis der Dampfdrücke

$$\ln \frac{p_{H_2O}^*}{p_{H_2O}} = -\frac{gMh}{RT} .$$

Der Wasserdampfdruck in 2000 m Höhe beträgt somit:

$$p_{H_2O}^* = 1718 \cdot \exp\left(-\frac{9,81 \cdot 2000 \cdot 18 \cdot 10^{-3}}{8,314 \cdot 288}\right)$$

$$p_{H_2O}^* = 1718 \cdot 0,863$$

$$p_{H_2O}^* = 1482,634 \text{ Pa} .$$

b) Um die Übersättigung zu bestimmen, wird der mit dem Radius des Tropfens berechnete Wasserdampfdruck p_r zu $p_{H_2O}^*$ ins Verhältnis gesetzt. Diese Beziehung kann jedoch nicht unmittelbar in die Kelvinsche Gleichung eingesetzt werden, da die Drücke auf einen Standardzustand bezogen werden müssen. Als solcher bietet sich zwanglos der Wasserdampfdruck bei NN ($= p_{H_2O}$) an. Somit lautet die erweiterte *Kelvin*sche Gleichung:

$$\ln \frac{p_r}{p_{H_2O}^*} = \ln \frac{p_r}{p_{H_2O}} - \ln \frac{p_{H_2O}^*}{p_{H_2O}} = \frac{2M\sigma}{RT\varrho r} + \frac{gMh}{RT} .$$

Es ist:

$$\ln \frac{p_r}{p_{H_2O}^*} = \frac{2 \cdot 18 \cdot 10^{-3} \cdot 70 \cdot 10^{-3}}{8{,}314 \cdot 288 \cdot 10^3 \cdot 10^{-8}} + \frac{9{,}81 \cdot 2000 \cdot 18 \cdot 10^{-3}}{8{,}314 \cdot 288}$$

$$\frac{p_r}{p_{H_2O}^*} = \exp (0{,}12)$$

$$\frac{p_r}{p_{H_2O}^*} = 1{,}275 .$$

Die Übersättigung beträgt somit 12,75%.

Das Ergebnis zeigt, daß es in 2000 m Höhe zu einer Bildung von Wassertröpfchen kommen müßte, vorausgesetzt eine spontane Keimbildung liegt vor.

5.6   Benetzung an Oberflächen

5.6.1   *Young*sche Randwinkelgleichung

Zwischen einem Flüssigkeitstropfen und der Oberfläche einer festen Phase bildet sich ein charakteristischer *Randwinkel* aus, der durch die Grenzflächenenergie der koexistierenden Phasen bestimmt wird. Den Sonderfall einer gemeinsamen Grenzfläche stellt der Kontakt einer Flüssigkeit mit einem Festkörper und einem Gas dar, wie es Abb. 74 zeigt.

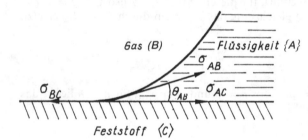

Abb. 74. Schematische Darstellung einer Grenzfläche zwischen Flüssigkeit, Festkörper und Gas

Der Randwinkel θ_{AB} wird im Gleichgewichtsfall durch die einzelnen Grenzflächenspannungen bestimmt:

$$\sigma_{BC} = \sigma_{AB} \cos \theta_{AB} + \sigma_{AC}$$

oder

$$\cos \theta_{AB} = \frac{\sigma_{BC} - \sigma_{AC}}{\sigma_{AB}} \tag{5.39}$$

σ_{BC} Grenzflächenspannung fest/gasförmig
σ_{AB} Grenzflächenspannung flüssig/gasförmig
σ_{AC} Grenzflächenspannung fest/flüssig.

Die Gl. (5.39) stellt die *Young*sche Randwinkelgleichung dar. Der Randwinkel als Ausdruck der Benetzung ist in Abb. 75 für verschiedene Fälle dargestellt. Aus der Abbildung ergibt sich folgender Sachverhalt:

– bei $\theta > 90°$ ist $\sigma_{AC} > \sigma_{BC}$, d. h., die Flüssigkeit benetzt nicht,
– bei $\theta < 90°$ ist $\sigma_{AC} < \sigma_{BC}$; d. h., die Flüssigkeit benetzt den Festkörper.

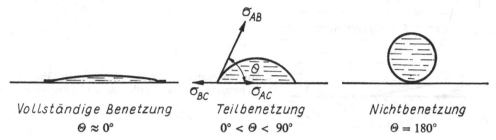

Abb. 75. Unterschiedliche Benetzung durch einen Flüssigkeitstropfen

Messungen des Randwinkels θ können optisch vorgenommen werden. In Tabelle 12 sind einige Randwinkel zwischen Flüssigkeiten und Feststoffen angegeben.

Tabelle 12. Benetzungswinkel zwischen Flüssigkeit und Festphase

Flüssigkeit	Festphase	Benetzungswinkel θ °
Wasser	Glas	0
Zink	Kupfer	25
Wasser	ZnS	30
Blei	Stahl	70
Wasser	Stahl	70 ... 90
Wasser	Paraffinwachs	110
Quecksilber	Glas	130 ... 150
Quecksilber	Stahl	150

Vom Randwinkel hängt es u. a. ab, ob spezifisch schwerere Körper auf spezifisch leichteren Flüssigkeiten schwimmen. Voraussetzung für das Schwimmen ist, daß die Körper nicht benetzt werden.

5.6.2 Adhäsionsarbeit

Die *Adhäsionsarbeit* ist diejenige Energie, die benötigt wird, um eine Flüssigkeit von einem Festkörper in Gegenwart eines Gases zu trennen:

$$W_{AC} = \sigma_{AB} + \sigma_{BC} - \sigma_{AC}. \qquad (5.40)$$

Im Falle einer Grenzfläche gasförmig/fest/flüssig erhält man durch Substitution (Abb. 76) mit Gl. (5.39)

$$W_{AC} = \sigma_{AB}(1 + \cos \theta) \qquad (5.41)$$

W_{AC} Adhäsionsarbeit
σ_{AB} Oberflächenspannung der Flüssigkeit
θ Randwinkel.

Da σ_{AB} und θ experimentell meßbar sind, kann mit dieser Gleichung auch die Adhäsionsarbeit W_{AC} bestimmt werden. Ist der Randwinkel $\theta = 0°$, so erhält man aus Gl. (5.41) die Beziehung

$$W_{AC} = 2\sigma_{AB}. \qquad (5.42)$$

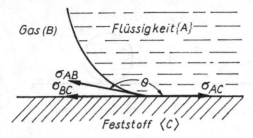

Abb. 76. Schematische Darstellung einer Grenz-fläche zwischen Gas, Festkörper und Flüssigkeit

Beispiel

● Berechnen Sie den Dampfdruck eines Silicium-Tropfens mit einem Durchmesser von $20 \cdot 10^{-10}$ m bei 1800 °C!

gegeben: Dichte $\varrho = 2{,}33 \text{ g cm}^{-3}$

Molmasse $M = 28 \text{ g mol}^{-1}$

Oberflächenspannung $\sigma = 850 \text{ mN m}^{-1}$

Lösung

Mit der *Kelvin*-Gleichung ergibt sich

$$\ln p = \ln p_\infty + \frac{2M\sigma}{RT\varrho r}.$$

Der Dampfdruck (in Torr) der ausgebreiteten Phase p_∞ ergibt sich mit der Reihen-funktion

$$\lg p_\infty = -20900 T^{-1} - 0{,}565 \lg T + 10{,}90.$$

Mit $T = 2073$ K erhält man $p_\infty = 8{,}79 \cdot 10^{-2}$ Torr $\triangleq 11{,}72$ Pa.
Mit den obigen Werten und dem Wert der allgemeinen Gaskonstanten von $8{,}314 \text{ J(mol K)}^{-1}$
erhält man den erhöhten Dampfdruck über dem Silicium-Tröpfchen:

$$p = p_\infty \exp 0{,}593$$

$$p = 21{,}2 \text{ Pa}.$$

Dieser Wert ist etwa doppelt so hoch wie der Dampfdruck der ausgebreiteten Phase.

● Bestimmen Sie die Grenzflächenspannung zwischen einer festen und flüssigen Phase

– bei völliger Benetzung
– bei völliger Nichtbenetzung

und ermitteln Sie die Adhäsionsarbeit für beide Fälle!

gegeben: Die Oberflächenspannung einer Flüssigkeit betrage an ihrem Schmelzpunkt
1788 mN m^{-1}. Die Oberflächenspannung der festen Phase wird durch die Beziehung

$$\sigma_{BC} \approx (4/3)\,\sigma_{AB}$$

gegeben (Nomenklatur s. Abb. 76).

Lösung

Nach Abb. 76 bildet sich am Rand des Tropfens entsprechend der Darstellung in Abb. 77 folgendes Kräftedreieck aus:

$$\sigma_{BC} = \sigma_{AC} + \sigma_{AB} \cos \theta\,.$$

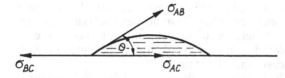

Abb. 77. Zur Erläuterung der *Young*schen Gleichung

Durch Einsetzen von

$$\sigma_{BC} = (4/3)\,\sigma_{AB}$$

ergibt sich

$$\sigma_{AC} = (4/3)\,\sigma_{AB} - \sigma_{AB} \cos \theta$$
$$= \sigma_{AB}[(4/3) - \cos \theta]\,.$$

völlige Benetzung

Bei völliger Benetzung ergibt sich

$$\theta = 0°\,, \quad \text{d. h.,} \quad \cos \theta = 1\,,$$
$$\sigma_{AC} = 596\,\text{mN m}^{-1}$$

völlige Nichtbenetzung

Bei völliger Nichtbenetzung ist

$$\theta = 180°\,, \quad \text{d. h.,} \quad \cos \theta = -1\,,$$
$$\sigma_{AC} = 4172\,\text{mN m}^{-1}\,.$$

Adhäsionsarbeit

Für die Adhäsionsarbeit gilt nach Gl. (5.41)

$$W_{AC} = \sigma_{AB}(1 + \cos \theta)\,.$$

Für völlige Benetzung erhält man

$$W_{AC} = 2 \cdot 1788\,\text{mN m}^{-1} = 3576\,\text{mN m}^{-1}$$

und für den Fall völliger Nichtbenetzung

$$W_{AC} = 0\,\text{mN m}^{-1}\,.$$

5.7   Adsorption

Moleküle an der Oberfläche kondensierter Phasen sind in der Lage, an der nach außen gerichteten Seite weitere Teilchen zu binden. Dieser Vorgang wird als *Adsorption* bezeichnet. Erfolgt die Bindung der Moleküle durch *van-der-Waals*-Kräfte, so liegt physikalische Adsorption vor, bei der die Molekülstruktur durch die ausgeübten Kräfte nicht geändert wird. Bei der Anlagerung der Moleküle an das Adsorbens wird Wärme (Adsorptionswärme) frei, die in der Größenordnung der Kondensationsenthalpie von Dämpfen liegt ($< 50\,\mathrm{kJ\,mol^{-1}}$). Nachdem *eine* Schicht von Molekülen (Atomen) auf der Feststoffoberfläche adsorbiert ist, können Moleküle (Atome) in weiteren Schichten adsorbiert werden; die Bindungskräfte nehmen allerdings ab. Schließlich erfolgt nur noch Kondensation.

Bei der *Chemisorption* werden die Moleküle von der Oberfläche durch Valenzkräfte gleicher Größenordnung wie bei der chemischen Bindung gebunden. Die Bindung kann hetero- oder homöopolarer Natur sein und hängt vom elektronischen Zustand des Moleküls und des Feststoffs ab. Da bei der Chemisorption Valenzkräfte wirken, sind die beobachteten Chemisorptionsenthalpien verglichen mit der physikalischen Adsorption bedeutend höher. Sie können Werte von $500\,\mathrm{kJ\,mol^{-1}}$ erreichen und übersteigen.

Bei Adsorptionsvorgängen heißt die stoffaufnehmende Phase *Adsorbens*, die stoffabgebende Phase *Adsorptiv*, und der Anteil der stoffabgegebenen Phase, welcher vom Adsorbens aufgenommen wird, ist das *Adsorpt*. Die Adsorptionsphase, die als *Adsorbat* bezeichnet wird, baut sich durch Wechselwirkung zwischen einem Adsorbens und einem Absorpt auf.

5.7.1   *Gibbs*sches Modell der Grenzfläche

Zur thermodynamischen Behandlung der Grenzflächenphasen nach *Gibbs* betrachtet man zunächst ein System aus zwei Phasen α und β, die durch eine Grenzschicht getrennt sind (s. Abb. 78).

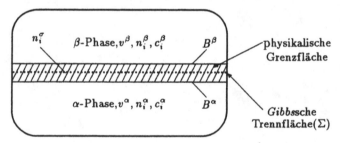

Abb. 78. Die Grenzfläche zwischen zwei benachbarten Phasen α und β

Die Dicke des Übergangsgebiets, d. h. des Zwischenphasengebiets (schraffiert in Abb. 78), wird durch die Festlegung der Begrenzungsfläche B^α und B^β so gewählt, daß die beiden Phasen α und β bis B^α und B^β homogene Zustandseigenschaften besitzen. Infolgedessen beträgt die Konzentration einer betreffenden Komponente i in der α-Phase bis B^α einheitlich c_i^α und die in der β-Phase bis B^β einheitlich c_i^β.

Weiterhin wird angenommen, daß innerhalb des Bereichs zwischen B^α und B^β sich die Zustandseigenschaften homogen parallel zur *Gibbs*schen Trennfläche Σ verändern.

Da bei ebener Grenzfläche die zur Vergrößerung der Grenzfläche erforderliche mechanische Arbeit nicht mehr von der Wahl der Lage der *Gibbs*schen Trennfläche Σ abhängig ist, kann deren Lage *willkürlich* gelegt werden, ohne daß durch sie die Inkonsistenz des Modell-Systems beeinflußt wird. Dieses ist darauf zurückzuführen, daß (als unmittelbare Folge der Grenzflächenspannung) bei einer planen Oberfläche kein Druckunterschied entlang ihre Ausdehnung besteht. Die von *Gibbs* eingeführte hypothetische Trennfläche, die keine Dicke und somit kein Volumen besitzt, wird willkürlich innerhalb des Zwischenphasengebietes und parallel zu den Flächen B^α und B^β gelegt (s. Abb. 79). Die beiden Phasen α und β sollen sich ohne Änderung ihrer Eigenschaften bis an die Trennfläche Σ erstrecken. Somit

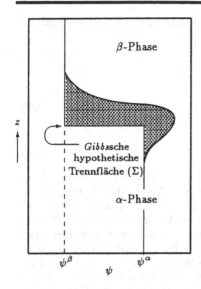

Abb. 79. Reale und hypothetische Änderung einer extensiven Größe ψ in der zur Grenzfläche vertikalen z-Richtung

wird eine beliebig extensive Variable ψ (z. B. die freie Enthalpie) des Gesamtsystems beschrieben durch die Summe der Anteile in den Phasen α und β zuzüglich des Anteils, der auf die *Gibbs*sche Grenzfläche entfällt (s. Gl. 5.43).
Mathematisch formuliert ergibt sich

$$\psi = \psi^\alpha + \psi^\beta + \psi^\sigma, \tag{5.43}$$

wobei ψ^α, ψ^β und ψ^σ beliebige extensive Größen für die α-, β- und Grenzflächenphasen bezeichnen.
Für die innere Energie gilt

$$u = u^\alpha + u^\beta + u^\sigma, \tag{5.44}$$

für die freie Enthalpie

$$g = g^\alpha + g^\beta + g^\sigma \tag{5.45}$$

und für die Entropie

$$s = s^\alpha + s^\beta + s^\sigma. \tag{5.46}$$

Bei diesem Konzept wird die extensive Größe der Grenzfläche ψ^σ durch die schraffierte Fläche in Abb. 79 wiedergegeben. Die Volumina v^α und v^β können durch die Lage der Trennebene Σ ebenfalls willkürlich festgelegt werden. Wird anstelle der allgemeinen extensiven Größe ψ die Molzahl einer Komponente i in die Gl. (5.43) eingesetzt, so kann die Adsorption definiert werden. Mit der Einführung der Konzentration in die Gl. (5.43) erhält man die Gesamtmolzahl der Komponente i im System

$$\begin{aligned} n_i &= v^\alpha c_i^\alpha + v^\beta c_i^\beta + o\Gamma_i \\ &= n_i^\alpha + n_i^\beta + n_i^\sigma \end{aligned} \tag{5.47}$$

mit

$$\Gamma_i \equiv \frac{n_i^\sigma}{o}. \tag{5.48}$$

Die absolute Adsorption Γ_i mit Dimension »Stoffmenge je Flächeneinheit« wird als Oberflächenkonzentration oder als **Adsorption einer Komponente** i je Flächeneinheit bezeichnet.

Aus der Definition (5.48) und Gleichung (5.47) ergibt sich eine andere Form der Adsorptionsgleichung:

$$\Gamma_i = \frac{n_i - c_i^\alpha v^\alpha - c_i^\beta v^\beta}{o}$$

$$= \frac{n_i - c_i^\alpha v + (c_i^\alpha - c_i^\beta)\, v^\beta}{o} \tag{5.49}$$

mit

$$v = v^\alpha + v^\beta . \tag{5.50}$$

Wie aus Abb. 79 entnommen wird, stellt die *absolute* Adsorption Γ_i eine der Differenz lokaler Konzentration entsprechende integrale Eigenschaften dar. Die Adsorption Γ_i einer Komponente i ist natürlich noch davon abhängig, in welcher Lage der Trennfläche zwischen B^α un B^β gelegt wird. Daher ist bei der Behandlung der absoluten Adsorption stets der Hinweis erforderlich, auf welche Lage der Trennfläche sie sich bezieht. Aus der obigen Definition (5.49) ist weiter ersichtlich, daß Γ_i von der Lage der *Gibbs*schen Grenzfläche Σ abhängig ist, da die Größen v^α und v^β durch die Position der Trennfläche bestimmt werden. Mit der Erkenntnis, daß die Behandlung des Problems durch Einführung der absoluten Adsorption keine vergleichbaren Ergebnisse liefert, wurde ebenfalls durch *Gibbs* das Konzept der *relativen* Adsorption eingeführt. Es wird im folgenden besprochen.

5.7.2   Relative Adsorption

Bei der absoluten Adsorption ist die an der Grenzfläche adsorbierte Stoffmenge einer Komponente je nach der Wahl der Position der *Gibbs*schen Trennfläche Σ unterschiedlich. Bei der Bestimmung der relativen Adsorption wird nach *Gibbs* die Trennfläche so gelegt, daß die Adsorption *einer* Bezugskomponente (hier 1) gleich null ist (s. Abb. 80). Gleichung (5.49) ergibt mit Einführung der Bezugskomponente 1:

$$\Gamma_1 = \frac{n_1 - c_1^\alpha v + (c_1^\alpha - c_1^\beta)\, v^\beta}{o} . \tag{5.51}$$

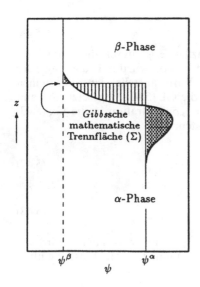

Abb. 80. Wahl der Lage der *Gibbs*schen Trennfläche, bei der $\Gamma_1^{(1)} = 0$

Wird die von der Lage der *Gibbs*schen Trennfläche abhängige, d. h. nicht direkt experimentell zugängliche, Größe v^β in den Gleichungen (5.49) und (5.51) eliminiert, so erhält man:

$$\Gamma_i - \Gamma_1 \frac{c_i^\alpha - c_i^\beta}{c_1^\alpha - c_1^\beta} = \frac{1}{o} \left[(n_i - vc_i^\alpha) - (n_1 - vc_1^\alpha) \frac{c_i^\alpha - c_i^\beta}{c_1^\alpha - c_1^\beta} \right]. \tag{5.52}$$

Die linke Seite der Gleichung wird als relative Adsorption $\Gamma_i^{(1)}$ definiert:

$$\Gamma_i^{(1)} \equiv \Gamma_i - \Gamma_1 \frac{c_i^\alpha - c_i^\beta}{c_1^\alpha - c_1^\beta}. \tag{5.53}$$

Aus der Gleichung (5.52) ist ersichtlich, daß die rechte Seite ausschließlich systemkonstante (experimentell bestimmbare) Größen enthält. Das bedeutet zugleich, daß die relative Adsorption nicht von der Lage der Trennfläche abhängig ist.

5.7.3   *Gibbs*sche Adsorptionsisotherme

Die Zustandsfunktion der inneren Energie für ein Multikomponentensystem kann wie folgt ausgedrückt werden:

$$u = u(s, v, o, n) \tag{5.54}$$

mit

$$n = \sum_{i=1}^{r} n_i \,,$$

wobei u die innere Energie, s Entropie, v das Volumen, o die Grenzfläche und n_i die Molzahl der Komponente i des Gesamtsystems sind.

Das totale Differential der obigen Gleichung (5.54) ergibt sich zu

$$\mathrm{d}u = \left(\frac{\partial u}{\partial s}\right)_{v,o,n} \mathrm{d}s + \left(\frac{\partial u}{\partial v}\right)_{s,o,n} dv + \left(\frac{\partial u}{\partial o}\right)_{s,v,n} \mathrm{d}o + \sum_{i=1}^{r} \left(\frac{\partial u}{\partial n_i}\right)_{s,v,o,n_{j \neq i}} \mathrm{d}n_i \,. \tag{5.55}$$

Mit der Einführung der bekannten Definitionen

$$\left(\frac{\partial u}{\partial s}\right)_{v,o,n} = -T \,, \tag{5.56}$$

$$\left(\frac{\partial u}{\partial v}\right)_{s,o,n} = p \,, \tag{5.57}$$

$$\left(\frac{\partial u}{\partial o}\right)_{s,v,n} = \sigma \tag{5.58}$$

und

$$\left(\frac{\partial u}{\partial n_i}\right)_{s,v,o,n_{j \neq i}} = \mu_i \tag{5.59}$$

geht Gleichung (5.55) über in

$$\mathrm{d}u = -T \,\mathrm{d}s + p \,\mathrm{d}v + \sigma \,\mathrm{d}o + \sum_{i=1}^{r} \mu_i \,\mathrm{d}n_i \,, \tag{5.60}$$

wobei σ die Oberflächenspannung und μ_i das chemische Potential einer Komponente i im Gesamtsystem sind.

Analog definiert man die innere Energie für die beiden inneren Phasen α und β, die zunächst nicht durch eine Grenzschicht verbunden sein sollen (Term σ do entfällt),

$$\mathrm{d}u^{\alpha} = -T^{\alpha}\,\mathrm{d}s^{\alpha} + p^{\alpha}\,\mathrm{d}v^{\alpha} + \sum_{i=1}^{r} \mu_i^{\alpha}\,\mathrm{d}n_i^{\alpha} \tag{5.61}$$

und

$$\mathrm{d}u^{\beta} = -T^{\beta}\,\mathrm{d}s^{\beta} + p^{\beta}\,\mathrm{d}v^{\beta} + \sum_{i=1}^{r} \mu_i^{\beta}\,\mathrm{d}n_i^{\beta}\,. \tag{5.62}$$

Mit den Gleichgewichtsbedingungen $T = T^{\alpha} = T^{\beta}$, $p = p^{\alpha} = p^{\beta}$ und $\mu_i = \mu_i^{\alpha} = \mu_i^{\beta}$, und den Gleichungen (5.60), (5.61) und (5.62) erhält man nunmehr bei Einführung des Grenzflächengleichgewichts:

$$\mathrm{d}(u - u^{\alpha} - u^{\beta}) = -T\,\mathrm{d}(s - s^{\alpha} - s^{\beta}) + p\,\mathrm{d}(v - v^{\alpha} - v^{\beta})$$

$$+ \sigma\,\mathrm{d}o + \sum_{i=1}^{r} \mu_i\,\mathrm{d}(n_i - n_i^{\alpha} - n_i^{\beta})\,. \tag{5.63}$$

Aus den Beziehungen (5.44), (5.46), (5.50) und (5.63) ergibt nunmehr das totale Differential der inneren Energie für die Grenzfläche:

$$\mathrm{d}u^{\sigma} = -T\,\mathrm{d}s^{\sigma} + \sigma\,\mathrm{d}o + \sum_{i=1}^{r} \mu_i\,\mathrm{d}n_i^{\sigma}\,. \tag{5.64}$$

Mit Hilfe der bekannten *Gibbs-Duhem*-Gleichung bei konstantem T erhält man aus Gleichung (5.64):

$$o\,\mathrm{d}\sigma + \sum_{i=1}^{r} n_i^{\sigma}\,\mathrm{d}\mu_i = 0\,. \tag{5.65}$$

Eine Umstellung der Gleichung (5.65) liefert die *Gibbs*sche isotherme Oberflächengleichung:

$$\mathrm{d}\sigma = -\sum_{i=1}^{r} \Gamma_i\,\mathrm{d}\mu_i\,. \tag{5.66}$$

Die von *Gibbs* abgeleitete wichtige Gleichung (5.66) für die Adsorption gibt an, wie die Konzentration eines Bestandteils in der Grenzfläche berechnet werden kann, wenn die Änderung der Grenzflächenspannung mit der Zusammensetzung bekannt ist. Die allgemeine Formulierung nach Gleichung (5.66) ist jedoch für eine praktische Auswertung nicht zu verwenden. Anders sieht es jedoch aus, wenn die *Gibbs*sche Adsorptionsisotherme auf die *relative* Adsorption bezogen wird. Bei $\Gamma_1^{(1)} = 0$ kann die Gleichung (5.66) wie folgt ausgedrückt werden:

$$\mathrm{d}\sigma = -\sum_{i=1}^{r} \Gamma_i^{(1)}\,\mathrm{d}\mu_i$$

$$= -RT \sum_{i=1}^{r} \Gamma_i^{(1)}\,\mathrm{d}\ln a_i\,. \tag{5.67}$$

Daraus ergibt sich die relative Adsorption in Verknüpfung mit der Grenzflächenspannung und dem chemischen Potential bzw. der Aktivität zu

$$\Gamma_i^{(1)} = -\left(\frac{\partial\sigma}{\partial\mu_i}\right)_{T,p,\mu_{j\neq i,1}}$$

$$= -\frac{1}{RT}\left(\frac{\partial\sigma}{\partial\ln a_i}\right)_{T,p,x_{j\neq i,1}}. \tag{5.68}$$

Diese Beziehung ist als *Gibbs*sche *Adsorptionsisotherme* in die Literatur eingegangen. Aus Gleichung (5.68) ist ersichtlich, daß die partielle Ableitung der Grenzflächenspannung nach dem chemischen Potential einer Komponente *i* die Zahl der adsorbierten Mole der Komponente *i* in der Grenzfläche bezüglich der Komponente 1 (des Adsorbens) darstellt. Für das ideale System gilt nach Gleichung (5.68):

$$\Gamma_i^{(1)} = -\frac{1}{RT}\left(\frac{\partial \sigma}{\partial \ln x_i}\right)_{T,p,x_{j \neq i,1}} \tag{5.69}$$

oder

$$\Gamma_i^{(1)} = -\frac{1}{RT}\left(\frac{\partial \sigma}{\partial \ln p_i}\right)_{Tp_{j \neq i,1}}. \tag{5.70}$$

Diese Gleichungen stellen modifizierte Formen der *Gibbs*schen *Adsorptionsisotherme* dar. Sie verknüpfen die Anreicherung bzw. Verarmung der Grenzschicht an dem gelösten Stoff mit der Konzentrations- oder Partialdruckabhängigkeit der Grenzflächenspannung, d. h., mit ihrer Hilfe kann experimentell überprüft werden, ob der betreffende gelöste Stoff in Bezug zum Lösungsmittel in der Grenzflächenphase angereichert oder aus ihr verdrängt wird. Hierzu trägt man σ gegen $\ln x_i$ oder $\ln p_i$ auf und bestimmt die Steigung der Kurve. Steigt die Kurve, nennt man den gelösten Stoff *kapillarinaktiv*, bei negativer Steigung *kapillaraktiv*. Das letztere Verhalten zeigen *Sauerstoff* und *Schwefel* bei vielen Metallschmelzen.

5.7.4   *Langmuir*sche Adsorptionsisotherme

Zur (thermodynamischen) Beschreibung der Adsorption in fest-gasförmigen oder flüssig-gasförmigen Systemen wurde erstmals von *Langmuir* eine Adsorptionsisothermengleichung aufgestellt, welche in letzter Zeit für metallurgische Prozesse, die mit einer monoatomaren Adsorption verbunden sind, an Bedeutung gewinnt. Ferner verdient die von *Langmuir* aufgestellte Adsorptionsisotherme besondere Aufmerksamkeit, da durch Verknüpfung mit der *Gibbs*schen Adsorptionsisotherme zahlreiche experimentelle Werte in erster Nährung hinreichend interpretiert werden können. Dies betrifft insbesondere die *kapillarflächenaktiven* Elemente, deren Adsorption im allgemeinen in der monoatomaren Oberflächenschicht abläuft.

Die *Langmuir*sche Adsorptionsisothermengleichung wird aus einer kinetischen Betrachtung des Adsorptions- und Desorptionsvorganges der Gasatome an der Oberfläche abgeleitet. Die Adsorptionsrate eines Gases *i* ist proportional den noch freien Hohlräumen (z. B. Leerstellen) in der Oberfläche und auch der Häufigkeit, mit der die Atome auf die Oberfläche stoßen. Dabei ist die Stoßhäufigkeit bzw. die Adsorptionsgeschwindigkeit direkt proportional dem Gaspartialdruck p_i des betreffenden Gases im untersuchten System. Die Desorptionsrate soll abhängig von der Oberflächenkonzentration der adsorbierten Teilchen sein. Diesem kinetischen Mechanismus liegt folgende Reaktion zugrunde:

$$i(\text{gas}) \rightleftharpoons [i]_{\text{Me}} + v^s = i^s (a \text{ ds}). \tag{5.71}$$

Hierin kennzeichnet v^s einen freien Oberflächenplatz, d. h. eine Leerstelle, $i(\text{gas})$ einen gasförmigen Stoff, $[i]_{\text{Me}}$ den im Metall gelösten Zustand des gasförmigen Stoffs i und i^s den adsorbierten Stoff in einer Oberflächenleerstelle des Metalls.

Wird die Konzentration der noch freien Leerstellen pro Oberflächeneinheit als Γ^{v^s} definiert, so ergibt sich

$$\Gamma^{v^s} = \Gamma_i^{sat} - \Gamma_i, \tag{5.72}$$

wobei Γ_i^{sat} die Gesamtzahl der Oberflächenleerstellen, d. h. die Sättigungsoberflächenkonzentration und Γ_i die Oberflächenkonzentration der adsorbierten Teilchen i pro Oberflächeneinheit darstellt.

Daraus ergibt sich die Adsorptionsgeschwindigkeit in Abhängigkeit des Gaspartialdrucks p_i:

$$\frac{d\Gamma_i}{dt} = k^A(\Gamma_i^{sat} - \Gamma_i)\, p_i - k^D \Gamma_i\,, \tag{5.73}$$

wobei k^A und k^D die Geschwindigkeitskonstanten jeweils der Adsorption und Desorption sind.

Für den Gleichgewichtsfall zwischen beiden gegenläufigen Vorgängen und mit der Einführung der Gleichgewichtskonstanten K erhält man:

$$\frac{\Gamma_i}{\Gamma_i^{sat}} = \frac{K p_i}{1 + K p_i} \tag{5.74}$$

mit

$$K = \frac{k^A}{k^D}\,. \tag{5.75}$$

Es ist üblich, die temperaturabhängige Gleichgewichtskonstante K als den *Langmuir*schen Adsorptionskoeffizienten zu bezeichnen.

Wird auf der linken Seite der Gl. (5.74) $\dfrac{\Gamma_i}{\Gamma_i^{sat}}$ als Bedeckungsgrad θ_i des betreffenden Stoffs i definiert, so erhält man die *Langmuir*sche Adsorptionsisothermengleichung:

$$\theta_i = \frac{K p_i}{1 + K p_i} \quad \text{oder} \quad \frac{\theta_i}{1 - \theta_i} = K p_i \tag{5.76}$$

mit der vorgenannten Definition

$$\theta \equiv \frac{\Gamma_i}{\Gamma_i^{sat}}\,. \tag{5.77}$$

Hinsichtlich des Partialdrucks p_i und des Adsorptionskoeffizienten K sind für die *Langmuir*sche Adsorptionsisothermengleichung folgende zwei *Grenzfälle* vorstellbar:

Bei sehr niedrigen Partialdrücken p_i oder kleinen K-Werten, nämlich $K p_i \ll 1$, folgt aus der Gl. (5.76):

$$\theta_i = K p_i\,, \tag{5.78}$$

d. h., im Bereich niedriger Partialdrücke ist der Bedeckungsgrad dem Partialdruck proportional.

Bei $K p_i \gg 1$ ergibt sich

$$\theta_i \rightarrow 1\,. \tag{5.79}$$

Der Ausdruck (5.79) besagt, daß bei höheren Partialdrücken und/oder großen Adsorptionskoeffizienten die Oberfläche vollständig mit adsorbierten Teilchen bedeckt wird (d. h., $\Gamma_i \gg \Gamma^{vs}$ oder $\Gamma_i \approx \Gamma_i^{sat}$).

Den Zusammenhang zwischen Partialdruck p_i und Bedeckungsgrad θ zeigt schematisch Abb. 81.

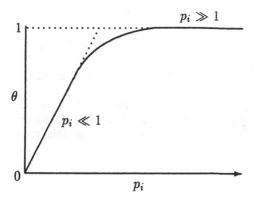

Abb. 81. Schematische Darstellung der Adsorption nach *Langmuir*

5.7.5   Herleitung eines Lösungsmodells für die Oberfläche

Zur Beschreibung der thermodynamischen Eigenschaften eines beliebigen Systems mit mehreren unabhängigen Bestandteilen wird die *Gibbs*sche Fundamentalgleichung herangezogen. Sie enthält die Temperatur T und den Druck p als unabhängige Variablen, welche einer Messung zugänglich sind. Mit Hilfe der *Gibbs*schen Fundamentalgleichung kann die *Gibbs*sche freie Enthalpie der Oberflächenphase[1]) in einem Multikomponentensystem wie folgt ausgedrückt werden:

$$g^\sigma = g(T, p, o, n^\sigma) \tag{5.80}$$

mit

$$n^\sigma = \sum_{i=1}^{r} n_i^\sigma \, ,$$

wobei g^σ die *Gibbs*sche freie Enthalpie, T die Temperatur, p der Druck, o die (gesamte) Oberfläche und n_i^σ die Molzahl einer Komponente i in der Oberflächenphase sind. Das totale Differential der Gl. (5.80) bei konstantem p und T liefert:

$$\begin{aligned}
dg^\sigma &= \left(\frac{\partial g^\sigma}{\partial o}\right)_{T,p,n^\sigma} do + \left(\frac{\partial g^\sigma}{\partial n_1^\sigma}\right)_{T,p,o,n_{j\neq1}^\sigma} dn_1^\sigma \\
&\quad + \left(\frac{\partial g^\sigma}{\partial n_2^\sigma}\right)_{T,p,o,n_{j\neq2}^\sigma} dn_2^\sigma + \dots + \left(\frac{\partial g^\sigma}{\partial n_r^\sigma}\right)_{T,p,o,n_{j\neq r}^\sigma} dn_r^\sigma \\
&= \left(\frac{\partial g^\sigma}{\partial o}\right)_{T,p,n^\sigma} do + \sum_{i=1}^{r} \left(\frac{\partial g^\sigma}{\partial n_i^\sigma}\right)_{T,p,o,n_{j\neq i}^\sigma} dn_i^\sigma \, .
\end{aligned} \tag{5.81}$$

Mit der Einführung der bekannten Definitionen

$$\left(\frac{\partial g^\sigma}{\partial o}\right)_{T,p,n^\sigma} = \sigma \tag{5.82}$$

und

$$\left(\frac{\partial g^\sigma}{\partial n_i^\sigma}\right)_{T,p,o,n_{j\neq i}^\sigma} = \mu_i^\sigma \quad (i = 1, 2, 3, \dots, r) \tag{5.83}$$

---

[1]) Dazu ist zu bemerken, daß man in den Oberflächenthermodynamik zwischen der *Gibbs*schen freien Enthalpie der Oberflächenphase G^σ und der spezifischen freien Oberflächenenergie σ unterscheiden muß.

geht Gl. (5.81) über in

$$dg^\sigma = \sigma\,do + \sum_{i=1}^{r} \mu_i^\sigma\,dn_i^\sigma\,,\tag{5.84}$$

wobei σ die Oberflächenspannung und μ_i^σ das chemische Potential der Komponente i in der Oberflächenphase ist.

Nach dem Gleichgewichtsprinzip sind die chemischen Potentiale der jeweiligen koexistierenden Phasen in einem betrachteten System gleich. Erfolgt die Zustandsänderung eines heterogenen Systems unter Beibehaltung des Gleichgewichtes, so haben die folgenden Gleichungen Gültigkeit:

$$\mu_i = \mu_i^b = \mu_i^\sigma \qquad (i = 1, 2, 3, \ldots, r)\tag{5.85}$$

oder

$$d\mu_i = d\mu_i^b = d\mu_i^\sigma \qquad (i = 1, 2, 3, \ldots, r)\,,\tag{5.86}$$

wobei μ_i, μ_i^b und μ_i^σ das chemische Potential der Komponente i für das Gesamtsystem, für die innere Phase (b = »bulk phase«) sowie für die Oberflächenphase darstellen.

Für das chemische Potential läßt sich schreiben:

$$\mu_i = \mu_i^0 + RT \ln a_i \qquad (i = 1, 2, 3, \ldots, r)\,.\tag{5.87}$$

Hierin bedeutet μ_i^0 das chemische Standardpotential und a_i die chemische Aktivität der Komponente i.

Wegen der Identitäten (Gl. (5.85)) kann Gl. (5.84) auf folgender Weise ausgedrückt werden:

$$dg^\sigma = \sigma\,do + \sum_{i=1}^{r} \mu_i\,dn_i^\sigma\,.\tag{5.88}$$

Differenziert man die Gl. (5.88) nach n_i^σ mit Konstanthaltung von Temperatur, Druck und Oberflächenspannung, so erhält man

$$\left(\frac{\partial g^\sigma}{\partial n_i^\sigma}\right)_{T,p,\sigma,n_{j\neq i}^\sigma} = \sigma\left(\frac{\partial o}{\partial n_i^\sigma}\right)_{T,p,\sigma,n_{j\neq i}^\sigma} + \mu_i\,.\tag{5.89}$$

Die auf der rechten Seite der Gl. (5.89) stehende Ableitung, d. h. $\left(\dfrac{\partial o}{\partial n_i^\sigma}\right)_{T,p,n_{j\neq i}^\sigma}$, stellt die (partielle) Änderung der Oberfläche nach der Molzahl einer Komponente i in der Oberflächenphase dar. Mit Hilfe der *Gibbs-Duhem*-Gleichung und Einführung der partiellen molaren Oberflächen $\bar{O}_i$ der Komponenten i erhält man die Gesamtoberfläche o in Form eines totalen Differentials:

$$do = \bar{O}_1\,dn_1^\sigma + \bar{O}_2\,dn_2^\sigma + \ldots + \bar{O}_r\,dn_r^\sigma$$

$$= \sum_{i=1}^{r} \bar{O}_i\,dn_i^\sigma\tag{5.90}$$

mit

$$\bar{O}_i = \left(\frac{\partial o}{\partial n_i^\sigma}\right)_{T,p,n_{j\neq i}^\sigma} \qquad (i = 1, 2, 3, \ldots, r)\,.\tag{5.91}$$

Mit der Beziehung (5.91) liefert die Gl. (5.89):

$$\left(\frac{\partial g^\sigma}{\partial n_i^\sigma}\right)_{T,p,\sigma,n_{j\neq i}^\sigma} = \sigma\bar{O}_i + \mu_i \qquad (i = 1, 2, 3, \ldots, r)\,.\tag{5.92}$$

Nimmt man an, daß die Massenänderung nur in einer monomolekularen Oberflächenschicht erfolgt, so kann der oben genannte Ausdruck als das chemische Potential einer Monoschicht definiert werden. Wird folglich die linke Seite der Gl. (5.92) analog dem chemischen Potential der inneren Phase definiert, kann wie folgt geschrieben werden:

$$\left(\frac{\partial g^m}{\partial n_i^m}\right)_{T,\,p,\,\sigma,\,n_{j\neq i}^m} = \zeta_i^m\,,$$ (5.93)

und weiter

$$\zeta_i^m = \zeta_i^{0,\,m} + RT\,\ln a_i^m\,,$$ (5.94)

wobei $\zeta_i^{0,\,m}$ das chemische Standardpotential und a_i^m die chemische Aktivität der Komponente i in der Monoschicht sind.
Mit der Beziehung (5.93) ergibt sich die Gl. (5.92) zu

$$\zeta_i^m - \mu_i = \sigma\bar{O}_i\,.$$ (5.95)

Der Ausdruck ζ_i^m, dem man die Bedeutung eines äquivalenten chemischen Potentials einer monomolekularen Oberflächenschicht geben könnte, wird irrtümlich oft als chemisches Potential der Oberflächenphase bezeichnet. Es unterscheidet sich allerdings deutlich von μ_i^σ; das äquivalente chemische Potential ζ_i^m enthält zusätzlich den Term $\sigma\bar{O}_i$. ζ_i^m ist somit zusätzlich abhängig von der partiellen molaren Oberfläche $\bar{O}_i$.
Mit der Randbedingung $\sigma \to \sigma_i^0$ und $x_i^m \to 1$ bei $x_i \to 1$ erhält man mit der Gl. (5.95)

$$\zeta_i^{0,\,m} - \mu_i^0 = \sigma_i^0 O_i \quad (i = 1, 2, 3, \dots, r)\,.$$ (5.96)

Verknüpft man die Gln. (5.87), (5.94), (5.95) und (5.96), so erhält man:

$$\sigma = \frac{\sigma_i^0 O_i}{\bar{O}_i} + \frac{RT}{\bar{O}_i}\ln\frac{a_i^m}{a_i^b}\,.$$ (5.97)

Die Größe $\bar{O}_i$ ist experimentell kaum zugänglich. Daher vernachlässigt man in erster Näherung die Dichteabhängigkeit des Systems, d. h., die partielle molare Oberfläche $\bar{O}_i$ wird als molare Oberfläche O_i der reinen Komponente i angesehen. Damit geht die Gl. (5.97) in die bekannte Gleichung von *Butler* über:

$$\sigma = \sigma_i^0 + \frac{RT}{O_i}\ln\frac{a_i^m}{a_i^b}\,.$$ (5.98)

Die *Butler*sche Oberflächengleichung ist wichtiger Ausgangspunkt zur Berechnung der Adsorption in Zwei- und Mehrstoffsystemen.
Mit Einführung der Aktivitätskoeffizienten in Gl. (5.98) erhält man:

$$\sigma = \sigma_i^0 + \frac{RT}{O_i}\ln\frac{x_i^m}{x_i^b} + \frac{RT}{O_i}\ln\frac{\gamma_i^m}{\gamma_i^b}\,,$$ (5.99)

wobei γ_i^b und γ_i^m die Aktivitätskoeffizienten jeweils für die Innen- und Oberflächenphase sind.
Aus der obigen Gl. (5.99) erkennt man, in Analogie zur idealen Lösung, daß die ersten zwei Terme auf der rechten Seite das perfekte Oberflächenlösungsmodell und der dritte Term die partiellen Überschußgrößen der jeweiligen Phasen darstellen.
Mit der Einführung der partiellen (molaren) freien Überschußenthalpie für die beiden Phasen

$$\Delta\bar{G}_i^{xs} = RT\,\ln\gamma_i^b \quad (i = 1, 2, 3, \dots, r)$$ (5.100)

und

$$\Delta\bar{G}_i^{xs,\,m} = RT\,\ln\gamma_i^m \quad (i = 1, 2, 3, \dots, r)$$ (5.101)

nimmt Gl. (5.99) die folgende Form an:

$$\sigma = \sigma_i^0 + \frac{RT}{O_i} \ln \frac{x_i^m}{x_i^b} + \frac{1}{O_i}(\Delta \bar{G}_i^{xs,\,m} - \Delta \bar{G}_i^{xs}), \tag{5.102}$$

wobei $\Delta \bar{G}_i^{xs}$ und $\Delta \bar{G}_i^{xs,\,m}$ die partiellen molaren freien Überschußenthalpien jeweils für die innere und Oberflächenphase sind.

Nimmt man sowohl die innere Phase wie auch die Oberflächenphase vereinfachend als *ideale* Lösungen an, so gelangt man unmittelbar von der *Butler*schen Gleichung zum *perfekten Lösungsmodell für die monomolekulare Oberflächenschicht*:

$$\sigma = \sigma_i^0 + \frac{RT}{O_i} \ln \frac{x_i^m}{x_i^b}. \tag{5.103}$$

Bei Berechnungen der Oberflächenspannungen in Zwei- und Mehrstoffsystemen wird — vergleichbar der *Raoult*schen Geraden für die ideale Lösung — die Kurve der perfekten Lösung als Vergleich mit eingezeichnet, um die Interpretation des Adsorptionsverhaltens zu erleichtern.

Gleichung 5.103 läßt sich für ein Zweistoffsystem 1 – 2 wie folgt umschreiben:

$$x_1^b \exp \frac{O_1(\sigma - \sigma_1^0)}{RT} = 1 - x_2^b \exp \frac{O_2(\sigma - \sigma_2^0)}{RT}. \tag{5.104}$$

Die Einführung der Näherung $\exp(\psi) = 1 + \psi$ für beide Exponentialausdrücke der Gl. (5.104) liefert

$$x_1^b \left\{ 1 + \frac{O_1(\sigma - \sigma_1^0)}{RT} \right\} = 1 - x_2^b - x_2^b \left\{ \frac{O_2(\sigma - \sigma_2^0)}{RT} \right\}. \tag{5.105}$$

Mit $x_1^b + x_2^b = 1$ erhält man die Oberflächenspannung der perfekten Oberflächenlösung explizit zu

$$\sigma = \frac{x_1^b \sigma_1^0 O_1 + x_2^b \sigma_2^0 O_2}{x_1^b O_1 + x_2^b O_2}. \tag{5.106}$$

Für den Fall, daß $O_1 = O_2$, ergibt sich als einfachster Verlauf der Oberflächenspannung eines Zweistoffsystems die geradlinige Verbindung zwischen den Oberflächenspannungen der reinen Stoffe σ_1^0 und σ_2^0.

Die Anwendung der Gleichung von *Butler* (5.98) zur Berechnung der Oberflächenspannung binärer flüssiger Legierungen setzt die Kenntnis der Aktivitäten der beiden Komponenten (in der Innenphase; „bulk") im gesamten Konzentrationsbereich des Zweistoffsystems voraus. Die Konzentrationsabhängigkeit des Aktivitätskoeffizienten kann auf vielfältige Weise ausgedrückt werden (siehe Kapitel „Thermodynamik der Mischphasen"). Eine rein mathematische Beschreibung der Meßwerte bietet sich z. B. abgeleitet vom Modell der subregulären Lösung durch eine Vier-Parameter-Funktion an in der allgemeinen Form:

$$\ln \gamma_1^b = (1 - x_1^b)^2 [2x_1^b a_1 + (1 - 2x_1^b) a_2 + x_1^b \{ x_1^b (3 - 4x_1^b) a_3 + 2(1 - x_1^b)(1 - 2x_1^b) a_4 \}]$$
$$\tag{5.107}$$

und

$$\ln \gamma_2^b = (1 - x_2^b)^2 [(1 - 2x_2^b) a_1 + 2x_2^b a_2 + x_2^b \{ 2(1 - x_2^b)(1 - 2x_2^b) a_3 + x_2^b (3 - 4x_2^b) a_4 \}]$$
$$\tag{5.108}$$

mit $\ln \gamma_1^b$ und $\ln \gamma_2^b$ als Logarithmi der Aktivitätskoeffizienten der Komponenten 1 und 2 in der Innenphase, bzw. x_1^b und x_2^b den entsprechenden Molenbrüchen. a_1 bis a_4 sind Konstanten, die durch Regression aus den Meßdaten zu ermitteln sind.

Die allgemeine Form der Gl. (5.107) und (5.108) ist

$$\ln \gamma_i^b = f(a_1, \ldots, a_4, x_i^b). \tag{5.109}$$

Die Aktivitäten, bzw. Aktivitätskoeffizienten der (Monolayer-)Oberflächenphase sind nicht direkt zugänglich. Aus statistischen Überlegungen läßt sich jedoch näherungsweise ableiten:

$$\ln \gamma_i^\sigma = \frac{Z^\sigma}{Z} f^\sigma(a_1, \ldots, a_4, x_i^\sigma) \tag{5.110}$$

mit $Z^\sigma/Z = 9/12$; d. h., die Koordinationszahl der Innenphase (12 für die dichteste Kugelpackung) wird in der Oberflächenphase auf 9 reduziert. Gleichung (5.110) gilt natürlich insbesondere im Bereich der verdünnten Lösungen, d. h.,

$$\ln \gamma_i^{0,\sigma} = \frac{Z^\sigma}{Z} \ln \gamma_i^0. \tag{5.111}$$

Die molare Oberfläche O_i der Komponenten i kann bei vorgegebener Temperatur aus Dichteangaben wie folgt berechnet werden:

$$O_i = kN^{1/3}V_i^{2/3}. \tag{5.112}$$

k geometrischer Faktor mit dem Wert 1,091 für die dichteste Kugelpackung
N *Avogadro*zahl
V_i Molvolumen der Komponente i.

Durch Gleichsetzen der *Butler*schen Gleichung in der Form (5.99) mit Gl. (5.110) läßt sich die Oberflächenkonzentration x_i^σ berechnen, da die Größen σ_i^0, O_i, x_i^b sowie γ_i^b bekannt sind. Für ein Zweistoffsystem ergibt sich letztlich:

$$\frac{1}{O_1}\left\{\ln(1 - x_2^\sigma) + \frac{Z^\sigma}{Z} f_1^\sigma(a_1, \ldots, a_4, x_2^\sigma)\right\} - \frac{1}{O_2}\left\{\ln x_2^\sigma + \frac{Z^\sigma}{Z} f_2^\sigma(a_1, \ldots, a_4, x_2^\sigma)\right\}$$

$$- \left[\frac{1}{O_1}\{\ln(1 - x_2^b) + \ln \gamma_1^b\} - \frac{1}{O_2}\{\ln x_2^b + \ln \gamma_2^b\} - \frac{1}{RT}(\sigma_1^0 - \sigma_2^0)\right] = 0. \tag{5.113}$$

Gleichung (5.113) stellt eine nichtlineare Funktion dar. Sie kann durch ein geeignetes Iterationsverfahren, z. B. die *Sekantenmethode* nach x_i^σ gelöst werden. Aus den berechneten x_i^σ-Werten bei gegebener chemischer Zusammensetzung wird die Oberflächenspannung durch Wiedereinsetzen von x_i^σ in die *Butler*sche Gleichung berechnet.

Beispiel

Eisen-Schwefel-Legierung

- Es wurden Messungen der Oberflächenspannung des Eisens in Abhängigkeit vom Schwefelgehalt bei $T = 1600\,°C$ durchgeführt. Die Meßwerte sind in der Tabelle I aufgeführt. Bestimmen Sie die Funktion $\sigma_{Fe,S} = f(\ln c_S)$ und berechnen Sie die relative Adsorption Γ_S^{Fe}. Stellen Sie die Funktion in einem $\sigma_{Fe,S}$-c_S-Diagramm dar ($\sigma_{Fe,S}$ in mN m^{-1}, c_S in Atom-%).

gegeben:

Tabelle I. Oberflächenspannung des Systems Eisen-Schwefel bei 1873 K

c_S Atom-%	$\sigma_{Fe,S}$ mN m^{-1}
0	1900
0,05	1471,6
0,1	1344,2
0,12	1317
0,2	1253
0,47	1099,3
1,72	846,3

Lösung

Für ideale verdünnte Lösungen ($x_S \sim c_S$) gilt:

$$\Gamma_S^{Fe} = -\frac{1}{RT}\left(\frac{\partial \sigma}{\partial \ln c_S}\right)$$

bzw.

$$\left(\frac{\partial \sigma}{\partial \ln c_S}\right) = -RT\Gamma_S^{Fe}.$$

Die Trennung der Variablen führt zu

$$d\sigma = -RT\Gamma_S^{Fe}\, d \ln c_S$$

und integriert

$$\sigma = -RT\Gamma_S^{Fe} \ln c_S + C.$$

Die Integrationskonstante C kann bestimmt werden, wenn $\sigma(\ln c_S = 0)$ bzw. $\sigma(c_S = 1)$ bekannt ist. Setzt man die partielle Ableitung der Oberflächenspannung nach $\ln c$ in die letzte Gleichung ein, erhält man die Geradenfunktion für den Fall, daß σ gegen $\ln c_S$ aufgetragen wird:

$$\sigma = \left(\frac{\partial \sigma}{\partial \ln c_S}\right) \ln c_S + C.$$

Für $\ln c_S$ ergeben sich die in der Tabelle II ausgewiesenen Werte.

Tabelle II

c_S	$\ln c_S$
0,05	−2,9517
0,1	−2,2538
0,12	−1,966
0,2	−1,5413
0,47	−0,755
1,72	0,548

Abbildung 82 zeigt, daß die Meßwerte hinreichend mit der durch eine Regression erhaltenen *Geradengleichung*

$$\sigma_{Fe,S} = 957,2 - 178,07 \ln c_S \quad mN\, m^{-1}$$

beschrieben werden können. Die Regression liefert direkt den Wert der Oberflächenspannung bei $c_S = 1$, d. h., die Integrationskonstante $C = 957,2$. Der Wert des Differentialquotienten ist $-178,07$.

Die relative Adsorption ergibt sich mit $R = 8,314 \cdot 10^3$ mJ (mol K)$^{-1}$ und $T = 1873$ K zu

$$\Gamma_S^{Fe} = -\frac{1}{RT}(-178,07)$$

$$\Gamma_S^{Fe} = 11,435 \cdot 10^{-10} \, mol\, cm^{-2}.$$

Abbildung 83 zeigt den Verlauf der Oberflächenspannung der Eisen-Schwefel-Legierung als Funktion der Schwefelkonzentration c_S [in Atom-%].

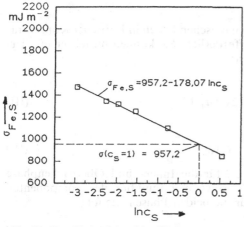

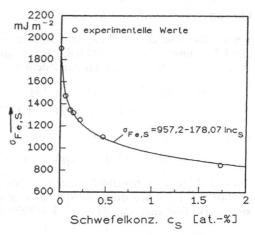

Abb. 82. Der Verlauf der Oberflächenspannung in Abhängigkeit vom Logarithmus der Schwefelkonzentration

Abb. 83. Der Verlauf der Oberflächenspannung in Abhängigkeit von der Schwefelkonzentration

Die Aufgabe zeigt, daß die Zugabe von 1 Atom-% Schwefel ($5{,}765 \cdot 10^{-3}$ Gew.-%) bereits zu einer Halbierung der Oberflächenspannung, verglichen mit der des reinen Eisens (1900 mN m^{-1}) führt. Schwefel gehört demnach (neben Sauerstoff) zu den stark oberflächenaktiven Elementen.

Berechnung der Oberflächenspannung mit Hilfe der Oberflächenlösungsmodelle

gegeben: Die thermodynamischen Daten zur Berechnung der Oberflächenspannung im flüssigen Fe−Cu System bei 1873 K sind wie folgt gegeben:

Element	σ_i^0 mN m^{-1}	O_i m^2 mol^{-1}
Fe	1843	36900
Cu	1224	38000

$a_1 = 2{,}169 \quad a_2 = 2{,}292 \quad a_3 = -0{,}867$
$a_4 = -1{,}129$

Zur Vorhersage der Oberflächenspannung flüssiger Legierungen aus ihren thermodynamischen Randdaten werden die folgenden Oberflächenlösungsmodelle verwendet:
− *Butler*sche Gleichung

$$\sigma = \sigma_i^0 + \frac{RT}{O_i} \ln \frac{a_i^\sigma}{a_i} = \sigma_i^0 + \frac{RT}{O_i} \left[\ln \frac{x_i^\sigma}{x_i} + \ln \frac{\gamma_i^\sigma}{\gamma_i} \right], \tag{I}$$

− perfektes Lösungsmodell

$$x_1 \exp \frac{O_1(\sigma - \sigma_1^0)}{RT} = 1 - x_2 \exp \frac{O_2(\sigma - \sigma_2^0)}{RT}. \tag{II}$$

Lösung

Bei der *Butler*schen Gleichung sind die thermodynamischen Daten in Form der Konzentrationsabhängigkeit der Aktivitätskoeffizienten erforderlich. Sie können mittels einer Vier-Parameter-Funktion wie folgt dargestellt werden:

$$\ln \gamma_1 = (1 - x_1)^2 [2x_1 a_1 + (1 - 2x_1) a_2$$
$$+ x_1\{x_1(3 - 4x_1) a_3 + 2(1 - x_1) (1 - 2x_1) a_4\}] \tag{III}$$

$$\ln \gamma_2 = (1 - x_2)^2 [(1 - 2x_2) a_1 + 2x_2 a_2$$
$$+ x_2\{2(1 - x_2) (1 - 2x_2) a_3 + x_2(3 - 4x_2) a_4\}] . \tag{IV}$$

Da der Aktivitätskoeffizient einer Komponente i für die Innen- und Oberflächenphase proportional den Koordinationszahlen Z und Z^σ sowie eine Funktion der Komponenten sind, verknüpft man den Aktivitätskoeffizient für die beiden Phasen wie folgt:

$$\ln \gamma_i^\sigma = \frac{Z^\sigma}{Z} \ln \gamma_i . \tag{V}$$

Wird der Struktur der flüssigen Phase als dichteste Kugelpackungen angenommen, so sind die Koordinationszahlen für die Innen- und Oberflächenphasen zu $Z = 12$ und $Z^\sigma = 9$ festgelegt.

Die *Butler*sche Gleichung wird nun für ein Zweistoffsystem in die nachfolgende Form umgestellt:

$$\frac{1}{O_1}\left\{\ln \frac{x_1^\sigma}{x_1} - \ln \frac{\gamma_1^\sigma}{\gamma_1}\right\} - \frac{1}{O_2}\left\{\ln \frac{x_2^\sigma}{x_2} - \ln \frac{\gamma_2^\sigma}{\gamma_2}\right\} + \frac{\sigma_1^0 - \sigma_2^0}{RT} = 0 . \tag{VI}$$

Tabelle I. Die berechneten Oberflächenkonzentrationen und Oberflächenspannungen mit Hilfe der Oberflächenmodelle im System Fe−Cu bei 1873 K

x_{Cu}		0,0	0,1	0,2	0,3	0,4	0,5	0,6	0,7	0,8	0,9	1,0
Perfekte	x_{Cu}^σ	0,0	0,333	0,527	0,655	0,746	0,815	0,868	0,911	0,946	0,975	1,0
Lösung	σ	1843	1717	1621	1544	1480	1424	1375	1332	1293	1257	1224
Butler-	x_{Cu}^σ	0,0	0,875	0,921	0,931	0,937	0,943	0,951	0,958	0,965	0,975	1,0
Gleichung	σ	1843	1459	1365	1337	1321	1304	1287	1270	1257	1243	1224

Zur Berechnung der Oberflächenspannung mit Hilfe der *Butler*schen Gleichung (I) müssen zuerst die unbekannten Oberflächenkonzentrationen x_i^σ ermittelt werden. Dies geschieht durch Lösung der umgeformten *Butler*schen Gleichung (VI) zusammen mit den Beziehungen (III), (IV) und (V). Daraus erhält man die Oberflächenspannung durch Einsetzen der bekannten x_i^σ in die *Butler*sche Gleichung (I). Das perfekte Lösungsmodell liefert außerdem die Aussage, in welchem Maße das Adsorptionsverhalten von dem einer idealen Lösung abweicht.

In Tabelle I sind die berechneten Oberflächenkonzentrationen und Oberflächenspannungen zusammengestellt. Zum Vergleich ist auch die berechnete Oberflächenkonzentration flüssiger Fe−Cu Legierungen in Abb. 84a dargestellt. Da beim System Fe−Cu die Innenphase stark positiv von der idealen Lösung abweicht, zeigt der Verlauf der Oberflächenspannung

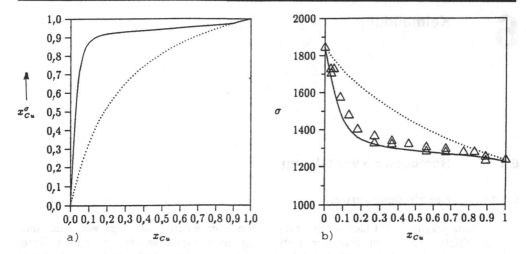

Abb. 84. a) Verlauf der berechneten Oberflächenkonzentration x_{Cu}^{σ} gegen die der inneren Phase x_{Cu} im System Fe–Cu bei 1873 K
b) Vergleich der berechneten Oberflächenspannungen mit den experimentellen Werten des Systems Fe–Cu bei 1873 K
· · · perfekte Lösung, ——— *Butler*-Gleichung, △ Experiment

eine negative Abweichung von der perfekten Lösung für die Oberflächenphase (Abb. 84b). Abbildung 84a zeigt demzufolge, daß durch die oberflächenaktive Wirkung von Kupfer in Eisenschmelzen eine starke Anreicherung in der Oberflächenphase bereits bei geringer Konzentration des Kupfers einsetzt.

6   Keimbildung

6.1   Homogene Keimbildung

6.1.1   Keimbildungsarbeit

Zur Bildung gekrümmter Flächen wird ein größerer Energiebetrag benötigt, verglichen mit ebenen Flächen. Für den Fall der Entstehung einer Gasblase ist der erforderliche Bildungsdruck umgekehrt proportional der Krümmung der Oberfläche. Er kann sehr hoch werden, wenn die Gasblase molekulare Abmessungen besitzt. Das Problem einer Keimbildung — d. h. der Bildung einer neuen Phase, die von der ursprünglichen durch eine Grenzfläche getrennt ist — besteht überall dort, wo eine Phasenumwandlung stattfindet.
Bei der Erstarrung von flüssigem Metall müssen z. B. — in Abwesenheit von Fremdkeimen — Eigenkeime der festen Phase in der Schmelze entstehen. Ist die Umwandlung reversibel, d. h. im Gleichgewicht, so existiert nur *eine* Temperatur, bei der die flüssige Phase im Gleichgewicht mit der festen ist. Diese Temperatur ist die thermodynamische Erstarrungstemperatur $T(s \rightarrow l)$ der Flüssigkeit, vorausgesetzt, es entsteht eine ausgebreitete Phase. Bildet sich dagegen in einer Schmelze ein fester Keim (annähernd) kugeliger Gestalt mit dem Radius r, so beträgt die freie Bildungsenthalpie

$$\Delta g_K = \Delta g_V + \Delta g_O = V \, \Delta G_V + O \, \Delta G_O \, . \tag{6.1}$$

Aus Gl. (6.1) ist ersichtlich, daß sich bei einer Erstarrung zu dem bei ebenen Grenzflächen thermodynamisch bedingten Energiebetrag Δg_V ein weiterer Betrag Δg_O addiert, der durch die Bildung einer (gekrümmten) Grenzfläche gegeben ist. ΔG_O stimmt mit der Grenzflächenspannung σ überein. ΔG_V ist die Differenz der auf das Einheitsvolumen bezogenen freien Enthalpie des festen und flüssigen Zustands, d. h.,

$$\Delta G_V = G_V(s) - G_V(l) = \frac{\varrho(s)}{M} \, G(s) - \frac{\varrho(l)}{M} \, G(l) \tag{6.2}$$

$\varrho(s)$	Dichte der festen Phase	V	Kugelvolumen $= \frac{4}{3}\pi r^3$
$\varrho(l)$	Dichte der flüssigen Phase	O	Kugeloberfläche $= 4\pi r^2$
M	Atommasse		

Bei der Gleichgewichts-Erstarrungstemperatur wird der Wert von ΔG_V gleich Null, unterhalb dieser ist er negativ und oberhalb positiv (Abb. 85).
Werden unter Berücksichtigung eines kugelförmigen Keimes V und O in Gl. (6.1) eingesetzt, so ergibt sich

$$\Delta g_K = \Delta G_V \, \tfrac{4}{3}\pi r^3 + 4\pi r^2 \sigma \, . \tag{6.3}$$

Mit dem 2. Hauptsatz der Thermodynamik erhält man aus Gl. (6.3)

$$\Delta g_K = -H(s \rightarrow l) \, \frac{\Delta T}{T(s \rightarrow l)} \, \frac{4}{3} \, \pi r^3 + 4\pi r^2 \sigma \, , \tag{6.4}$$

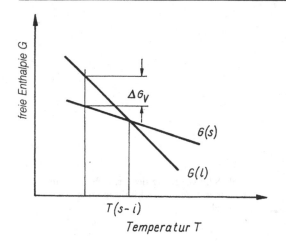

Abb. 85. *Gibbs*sche Energie für die feste und die flüssige Phase eines Einstoffsystems in Abhängigkeit von der Temperatur (schematisch)

wobei

$H(\mathrm{s} \to \mathrm{l}) = H(\mathrm{l}) - H(\mathrm{s})$ die molare Erstarrungsenthalpie und

$\Delta T = T(\mathrm{s} \to \mathrm{l}) - T$ die Unterkühlung sind.

Mit der Tatsache, daß Δg_V stets negative und Δg_O stets positive Werte annimmt und daß Δg_V in dritter, Δg_0 dagegen in zweiter Potenz von r abhängig ist, durchläuft die Kurve für Δg_K ein Maximum (Abb. 86). Dem Maximum der Δg-Kurve entspricht ein *kritischer Radius* r^* des Keimes. Unterhalb dieser Größe ist der Keim instabil und löst sich wieder auf, weil er gegen eine Erhöhung der freien Enthalpie wachsen müßte. Dagegen ist der Keim oberhalb r^* stabil und wachstumsfähig, weil Δg_K mit wachsendem Radius abnimmt.
Die Größe des kritischen Radius r^* ergibt sich aus der Ableitung

$$\left(\frac{\partial \Delta g_K}{\partial r}\right)_{r=r^*} = 0\,. \tag{6.5}$$

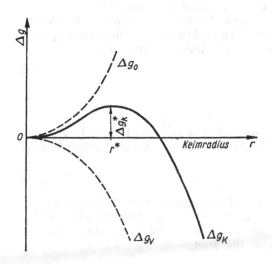

Abb. 86. Änderung der *Gibbs*schen Energie Δg bei der Bildung eines kugelförmigen Keims in Abhängigkeit vom Keimradius r

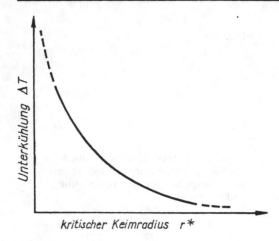

Abb. 87. Änderung des kritischen Keimradius mit der Unterkühlung einer
Schmelze

Sie liefert mit der Gl. (6.4)

$$r^* = \frac{2\sigma T(s \to l)}{\Delta T H(s \to l)} \qquad (6.6)$$

oder mit Gl. (6.3)

$$r^* = -2\sigma/\Delta G_V . \qquad (6.7)$$

Der kritische Radius r^* ist nach Gl. (6.6) eine Funktion von ΔT. Je größer ΔT ist, um so kleiner wird r^*, d. h., je größer die Unterkühlung ist, um so kleiner können die Keime sein, die wachstumsfähig sind. Am Schmelzpunkt wird der kritische Radius unendlich groß, da ΔT gegen Null geht. Dieser Verlauf ist in Abb. 87 dargestellt.

Durch Einsetzen von r^* aus Gl. (6.7) in Gl. (6.3) erhält man die *Gibbs*sche Keimbildungs-energie Δg_K^* (besser freie Keimbildungsenthalpie):

$$\Delta g_K^* = + \frac{16}{3} \pi \frac{\sigma^3}{(\Delta G_V)^2} . \qquad (6.8)$$

Sie hängt von der Größe des Keimes ab und muß bis zur kritischen Größe r^* aufgewendet werden. Erst von da ab ist der Keim stabil und wächst unter Energiegewinn.

Die *Gibbs*sche Keimbildungsenergie Δg_K^* ist mit jenem Arbeitsbetrag identisch, der bei der Bildung eines wachstumsfähigen Keimes aufzuwenden ist. Mit dem Kapillardruck p_K eines (kugelförmig gedachten) Keimes erhält man für die Keimbildungsarbeit A_K

$$A_K = \Delta g_K^* = p_K V + \sigma O . \qquad (6.9)$$

Der Kapillardruck beträgt nach Gl. (5.18)

$$p_K = 2\sigma/r .$$

Für den speziellen Fall eines kugelförmigen Keimes mit $O = 4\pi r^2$ und $V = (4/3)\,\pi r^3$ ergibt sich mit Gl. (6.3) unter besonderer Berücksichtigung, daß die Volumenarbeit negativ einzusetzen ist,

$$A_K = 4\pi r^2 \sigma - (8/3)\,\pi r^2 \sigma = (1/3)\,\sigma O , \qquad (6.10)$$

d. h., die Keimbildungsarbeit beträgt 1/3 der Grenzflächenenergie Kristall/Schmelze.

Die Keimbildungsarbeit ist nach Gl. (6.4) von der Unterkühlung abhängig und wird bei der Schmelztemperatur unendlich groß. Sie nimmt ab, wenn die Temperatur unter die Schmelztemperatur sinkt, wie es Abb. 88 schematisch zeigt.

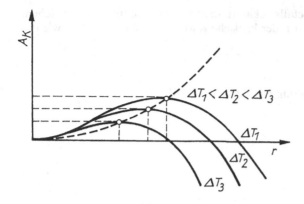

Abb. 88. Abhängigkeit der Keimbildungsarbeit A_K vom Keimbildungsradius r und
der Temperatur T (schematisch)

6.1.2   Erstarrung einer Flüssigkeit bei homogener Keimbildung

Die homogene Keimbildung wird durch eine Unterkühlung der Schmelze ermöglicht. Bei der homogenen Keimbildung und der nachfolgenden Erstarrung sind zwei Phasen (fest/flüssig) beteiligt. Bei der Erstarrung wird Wärme frei; diese muß abgeführt werden. Daraus ergibt sich die wichtige Tatsache, daß die Erstarrungsgeschwindigkeit proportional der Geschwindigkeit der Wärmeabfuhr ist. Ist diese gering oder sogar blockiert, so verringert sich der Unterkühlungsgrad ΔT. Mit steigender Abkühlungsgeschwindigkeit wächst der Unterkühlungsgrad. Einen schematischen Temperaturverlauf bei der Erstarrung zeigt Abb. 89. Untersuchungen haben gezeigt, daß die Metalle relativ hohe Unterkühlungsgrade besitzen. Für die Feststellung der maximalen Unterkühlung der Metalle muß ein heterogener Keimbildungsprozeß (z. B. durch Einschlüsse, Wandeffekt usw.) ausgeschaltet werden. Die maximale Unterkühlung zeichnet sich als ein markanter Punkt des Stoffes aus. Zwischen dem Schmelzpunkt der Metalle und der maximalen Unterkühlung besteht ein annähernd geradliniger Zusammenhang (Abb. 90).

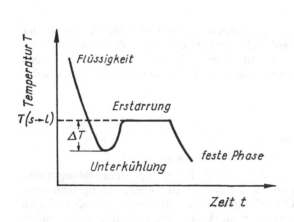

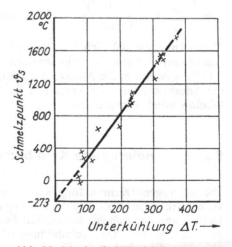

Abb. 89. Verlauf der Temperatur bei der Erstarrung (schematisch)

Abb. 90. Maximale Unterkühlung von Metallen in Abhängigkeit von ihrem Schmelzpunkt

Ist die maximale Unterkühlung eines Metalls bekannt, so kann bei bekannter Grenzflächen-spannung und Schmelzenthalpie $\Delta H(\text{s} \rightarrow \text{l})$ der kritische Radius berechnet werden, wie das folgende Beispiel zeigt.

Beispiel

● Berechnen Sie den kritischen Keimbildungsradius von Gold!

gegeben: $T(\text{s} \rightarrow \text{l}) = 1336\,\text{K}$

$$\Delta T \quad = 240\,\text{K}$$

$$\sigma \quad = 132\,\text{mJ m}^2$$

$$H(\text{s} \rightarrow \text{l}) = 12{,}76\,\text{kJ mol}^{-1}$$

$$M \quad - 197\,\text{g mol}^{-1}$$

$$\varrho \quad = 19{,}3\,\text{g cm}^{-3}$$

Lösung

Eingesetzt in die Gl. (6.6)

$$r^* = \frac{2\sigma T(\text{s} \rightarrow \text{l})}{\Delta T H(\text{s} \rightarrow \text{l})}$$

erhält man

$$r^* = 1{,}15 \cdot 10^{-4}\,\text{mol m}^{-2}\,.$$

Durch Multiplikation dieses Ergebnisses mit dem Molvolumen $V = M/\varrho$ erhält man

$$r^* = 1{,}2 \cdot 10^{-7}\,\text{cm}\,.$$

Der Atomradius von Gold ist $1{,}44 \cdot 10^{-10}$ m. Es passen somit in einen kritischen Keim, wenn die Goldatome lückenlos im Keim eingesetzt werden,

$$n = \frac{V_{\text{Keim}}}{V_{\text{Au}}} = \frac{(1{,}2 \cdot 10^{-7})^3}{(1{,}44 \cdot 10^{-8})^3} = 578\,\text{Atome}.$$

Unter Annahme, daß sich 30% dieses Volumens durch die Kugelgestalt der Atome bei der Anordnung im Keim als Lücke erweisen, ergibt sich eine Zahl von etwa 400 Atomen je Keim. Obgleich zweifellos die Annahme der Kugelgestalt für einen Keim fraglich ist, dürfte doch die Anzahl der für einen kritischen Keim hinreichenden Atome durchaus im Bereich der Glaubwürdigkeit liegen.

6.2 Heterogene Keimbildung

Die heterogene Keimbildung setzt voraus, daß die in Form der Keimbildungsarbeit vorhandene Energiebarriere zur Bildung eines wachstumsfähigen Keimes herabgesetzt wird. Dieses kann dadurch geschehen, daß die Grenzflächenenergien der koexistierenden Phasen verändert werden. Die Keimbildung ist demnach stark von den interatomaren Kräften abhängig, die zwischen den Teilchen der angrenzenden Phasen wechselseitig herrschen. Da die Kräfte der Keimphase zur Unterlage wegen deren Benetzung größer als diejenigen innerhalb der Mutterphase sind, ist die heterogene Keimbildung gegenüber der homogenen energetisch bevorzugt, weil dadurch eine Verringerung der freien Enthalpie erreicht wird. Heterogene Keimbildung wird einsetzen, wenn

$$\Delta g_K^*(\text{heterogen}) < \Delta g_K^*(\text{homogen}) . \tag{6.11}$$

Für die heterogene Keimbildung muß die Bedingung gegeben sein, daß der *Keim seine Unterlage benetzt.* Eine gute Benetzbarkeit ist dann gegeben, wenn die Grenzflächenspannung zwischen Keim und Unterlage möglichst gering ist. Nach den Ausführungen im Abschnitt 5.6.1 leiten Unterlagen dann eine heterogene Keimbildung ein, wenn der Benetzungswinkel $\theta < 180°$ ist. Der günstigste Wert der heterogenen Keimbildung wird bei völliger Benetzbarkeit ($\theta = 0°$) erreicht.

Volmer konnte zeigen, daß unter Berücksichtigung des Benetzungswinkels die zur Bildung eines Keimes erforderliche Energie (Keimbildungsarbeit A_K) um den Faktor

$$f(\theta) = \frac{(2 + \cos \theta)(1 - \cos \theta)^2}{4} \tag{6.12}$$

kleiner ist als unter den Bedingungen der homogenen Keimbildung.
Mit der im Abschnitt 6.1.1 abgeleiteten Gl. (6.8) erhält man somit für die heterogene Keimbildung die Beziehung

$$A_{K_{\text{het}}} = \frac{16\pi\sigma^3}{3(\Delta G_V)^2} \frac{(2 + \cos \theta)(1 - \cos \theta)^2}{4} . \tag{6.13}$$

Wird bei völliger Unbenetzbarkeit der Unterlage der Wert von $\cos \theta$ gleich -1, so ergibt sich für den *Volmer*-Faktor der Wert 1; eine Keimbildungserleichterung findet nicht statt. Ist dagegen völlige Benetzbarkeit vorhanden, so wird der *Volmer*-Faktor und damit auch die Keimbildungsarbeit gleich Null.

7 Galvanische Zellen und elektrochemische Gleichgewichtsdiagramme

Die *Elektrochemie* befaßt sich mit Vorgängen, die durch *Beziehungen zwischen elektrischer und chemischer Energie* gekennzeichnet sind. An dieser Stelle soll nur eine kurz gefaßte Einführung in die Theorie galvanischer Zellen und der thermodynamischen Korrosion gegeben werden. Galvanische Zellen unter Einsatz von Feststoffelektrolyten sind ein fester Bestandteil der metallurgischen Versuchstechnik geworden. Angesichts der großen wirtschaftlichen Bedeutung der Korrosion sollte zumindest ihre *thermodynamische* Beschreibung in Form der elektrochemischen Gleichgewichtsdiagramme erfolgen, um so mehr, als diese Schaubilder gleichzeitig die Grundlage der Hydrometallurgie darstellen.

7.1 Galvanische Zellen

7.1.1 Normalpotential

Mit Hilfe galvanischer Zellen ist es möglich, chemische in elektrische Energie umzuwandeln. Dieser Vorgang läßt sich anschaulich durch die Beschreibung des *Daniell*-Elements darstellen.

Taucht man einen Zinkstab in eine Kupfersulfatlösung, so wird nach einiger Zeit metallisches Kupfer am Zinkstab abgeschieden. Wiederholt man den Versuch mit einem Kupferstab und einer Zinksulfatlösung, so ist keine Zinkabscheidung zu beobachten. Daraus kann geschlossen werden, daß die Reaktion

$$Zn + Cu^{2+} \rightarrow Zn^{2+} + Cu \tag{7.1}$$

einseitig nur in Richtung des Pfeils verläuft. Gl. (7.1) läßt erkennen, daß Zinkatome zu Zinkionen oxidiert werden,

$$Zn \rightarrow Zn^{2+} + 2e, \tag{7.2}$$

während gleichzeitig eine Reduktion der Kupferionen stattfindet,

$$Cu^{2+} + 2e \rightarrow Cu. \tag{7.3}$$

Der Austausch von Elektronen ist nur dann möglich, wenn eine Potentialdifferenz vorhanden ist. Schaltet man die beschriebene Anordnung in Form des sogenannten *Daniell*-Elements (Abb. 91), so mißt man zwischen den beiden eingetauchten Stäben eine Zellspannung von 1,1 V, die die treibende Kraft (*elektromotorische Kraft* EMK) dieser galvanischen Zelle kennzeichnet. Dabei werden die beiden *Halbelemente* Zn/ZnSO$_4$ und Cu/CuSO$_4$ durch ein Diaphragma getrennt, das als Stromschlüssel die Ionenwanderung ermöglicht, eine schnelle Durchmischung der Lösungen durch gegenseitige Diffusion jedoch verhindert. Die Zelle wird vereinfachend gekennzeichnet durch

$$Zn/ZnSO_4/CuSO_4/Cu. \tag{7.4}$$

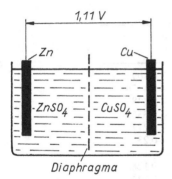

Abb. 91. *Daniell*-Element

Die Schrägstriche bedeuten Phasengrenzen, an denen sich die Eigenschaften sprunghaft ändern. Bei einer Zelle vom Typ

$$Ag/AgNO_3/CuSO_4/Cu \tag{7.5}$$

wird eine EMK von $-0,46\,V$ gemessen. In diesem Falle fließen die Elektronen in umgekehrter Richtung vom weniger edleren Kupfer zum edleren Silber.
Da das Potential eines Halbelements nicht unmittelbar gemessen werden kann, gibt man der *Normalwasserstoffelektrode* (Platinblech taucht in eine 1aktive ($c_{H^+} = 1,153\,mol\,l^{-1}$) Chlorwasserstoffsäure und wird von Wasserstoff umspült) definitionsgemäß für alle Temperaturen das Potential Null. Die Aktivitäten der an der Elektrodenreaktion beteiligten Ionen besitzen den Wert 1. Das Vorzeichen des Potentials einer Elektrode, die mit der Normalwasserstoffelektrode zu einer Zelle zusammengestellt wird, ergibt sich daraus, ob die Elektrode Elektronenempfänger oder -spender gegenüber Wasserstoff ist. Im ersten Falle erhält die EMK ein Plus-, im zweiten Fall ein Minuszeichen. Wird die Reaktion unter Standardbedingungen (298 K; Aktivität der Ionen gleich Eins) betrieben, so werden die anfallenden Potentiale *Normal- oder Standardpotentiale* genannt und (meist) mit E^0 bezeichnet.

7.1.2   Elektrochemische Spannungsreihe

Ordnet man die Normalpotentiale in einer Reihe, wobei oben die Halbelemente mit dem größten negativen und unten die mit dem größten positiven Potential stehen, so bezeichnet man diese Anordnung als *elektrochemische Spannungsreihe* (Tab. 13).
Aus der Spannungsreihe ergeben sich folgende Aussagen:

— höherstehende Elemente geben Elektronen an tieferstehende ab,
— höherstehende Elemente gehen gegenüber tieferstehenden bevorzugt in Lösung,
— je negativer das Normalpotential, um so stärker ist die Reduktionskraft des Metalls,
— je positiver das Normalpotential, um so stärker ist die Oxydationskraft der Ionen.

Auch für die Nichtmetalle läßt sich eine Spannungsreihe aufstellen (Tab. 14), wobei nunmehr die Ionen das Reduktionsmittel darstellen.
Die Vereinigung zweier Halbelemente liefert ein *galvanisches Element*, dessen EMK sich als Differenz der Potentiale der Halbzellen ergibt:

$$E = E_K - E_A \tag{7.6}$$

E_K Katodenpotential
E_A Anodenpotential.

Tabelle 13. Elektrochemische Spannungsreihe der Metalle

Red	Ox	E^0 V	Red	Ox	E^0 V
Li	Li^+	−3,045	Fe	Fe^{2+}	−0,409
Rb	Rb^+	−2,925	Cd	Cd^{2+}	−0,4026
K	K^+	−2,924	In	In^{3+}	−0,338
Cs	Cs^+	−2,923	Tl	Tl^+	−0,3363
Ba	Ba^{2+}	−2,90	Co	Co^{2+}	−0,277
Sr	Sr^{2+}	−2,89	Ni	Ni^{2+}	−0,23
Ca	Ca^{2+}	−2,76	Sn	Sn^{2+}	−0,1364
Na	Na^+	−2,7109	Pb	Pb^{2+}	−0,1263
Mg	Mg^{2+}	−2,375	$\frac{1}{2}D_2$	D^+	−0,044
Ce	Ce^{3+}	−2,335	$\frac{1}{2}H_2$	H^+	0,0000
Nd	Nd^{3+}	−2,246	Cu	Cu^{2+}	+0,3402
Np	Np^{3+}	−1,9	Cu	Cu^+	+0,522
Al	Al^{3+}	−1,706	2 Hg	Hg_2^{2+}	+0,7961
Mn	Mn^{2+}	−1,029	Ag	Ag^+	+0,7996
Zn	Zn^{2+}	−0,7628	Hg	Hg^{2+}	+0,851
Ga	Ga^{3+}	−0,560	Pd	Pd^{2+}	+0,987
Cr	Cr^{2+}	−0,557	Au	Au^{3+}	+1,42

Tabelle 14. Elektrochemische Spannungsreihe einiger Nichtmetalle

Red → Ox	E^0 V	Red → Ox	E^0 V
$Te^{2-} \rightarrow Te$	−0,915	$J^- \rightarrow \frac{1}{2}J_2$	+0,5355
$Se^{2-} \rightarrow Se$	−0,78	$Br^- \rightarrow \frac{1}{2}Br_2$	+1,0652
$S^{2-} \rightarrow S$	−0,51	$Cl^- \rightarrow \frac{1}{2}Cl_2$	+1,3583
$2\,OH^- \rightarrow \frac{1}{2}O_2 + H_2O$	+0,401	$F^- \rightarrow \frac{1}{2}F_2$	+2,87

So findet man für das Normalpotential des *Daniell*-Elements aus den Werten der Spannungsreihe (Tab. 13):

$$E^0 = 0{,}3402 \text{ V} - (-0{,}7628) \text{ V}$$

$$E^0 = 1{,}103 \text{ V} .$$

Dieser Wert ist identisch mit der (stromlos) gemessenen Zellspannung, wobei sich am edleren Metall Kupfer die Katode und am unedleren Metall Zink die Anode ausbildet.

7.1.3   Einzelpotential; *Nernst*sche Gleichung

Die Elektrodenpotentiale stehen in unmittelbarem Zusammenhang mit der freien Enthalpie des Systems, also seiner Arbeitsfähigkeit beim isothermen und reversiblen Ablauf:

$$\Delta G = -zFE \tag{7.7}$$

z Wertigkeit
F *Faraday*-Konstante ($F = 96487 \text{ J mol}^{-1} \text{ V}^{-1}$).

zF ist diejenige Ladungsmenge, die zur Überführung von 1 Mol der potentialbestimmenden Ionenart benötigt wird. Dabei entspricht die als positiv betrachtete EMK der galvanischen

Zelle einer negativen Größe der von der Zelle abgegebenen Energie. Mit Gl. (7.7) läßt sich somit leicht aus thermodynamischen Tabellen das Potential einer galvanischen Zelle berechnen, wie in folgendem Beispiel für die *Daniell*-Zelle gezeigt wird.

Beispiel

• Aus thermodynamischen Daten soll das Normalpotential einer *Daniell*-Zelle $Zn + Cu^{2+}$ $\rightleftharpoons Cu + Zn^{2+}$ berechnet werden.

Lösung

Da die Zelle unter Normalbedingungen arbeiten soll, müssen die Aktivitäten der in Lösung befindlichen Ionen gleich 1 sein. Dieses trifft bei gesättigten Lösungen zu, so daß die vorstehende Reaktion der *Daniell*-Zelle auch geschrieben werden kann als

$$Zn_{(S)} + CuSO_{4(S)} = Cu_{(S)} + ZnSO_{4(S)}\,.$$

Für Standardbedingungen ergibt sich aus den Tabellenwerken:

	$Zn_{(S)}$	$CuSO_{4(S)}$	$Cu_{(S)}$	$ZnSO_{4(S)}$	
$\Delta H^0(298)$	0	-770900	0	-981360	$[J\ mol^{-1}]$
$S^0(298)$	41,63	109,2	33,14	110,54	$[J\ (K\ mol)^{-1}]$

$$\Delta G^0 = -210460 + 7,15 \cdot 298 = -208329 \ [J\ mol^{-1}]$$

$$E^0 = -\frac{-208329}{2 \cdot 96487} = 1,08 \ [V]$$

Der Wert steht in befriedigender Übereinstimmung mit der Differenz der Einzelpotentiale.

Normalpotentialen liegt immer die Bedingung der Standardtemperatur und einaktiven Lösung zugrunde. Einzelpotentiale, die für beliebige Konzentrationen und Temperaturen gültig sind, lassen sich mit Hilfe der *Nernst*schen Gleichung berechnen:

$$E = E^0 + \frac{RT}{zF} \ln a \,. \tag{7.8}$$

Die vorstehende Gleichung macht u. a. verständlich, warum bereits in Lösung vorhandene Ionen eine hemmende Wirkung auf den weiteren Lösungsvorgang ausüben. Wird z. B. die Ionenkonzentration in der Lösung um eine Zehnerpotenz erhöht, so ergibt sich, wenn Aktivität und Konzentration proportional sein sollen, folgender Unterschied in der molaren partiellen freien Enthalpie:

$$\Delta \bar{G}_i = RT \ln a_i = RT \ln 10$$

oder in Volt ausgedrückt:

$$\Delta E = E - E_0 = \frac{RT}{zF} \ln 10 \tag{7.9}$$

bei 298 K

$$\Delta E = \frac{8,314 \ J(mol\ K)^{-1} \cdot 298\ K \cdot 2,3}{z \cdot 96487 \ J\ mol^{-1}\ V^{-1}} = \frac{0,059}{z} \ V\,.$$

Bei Konzentrationserniedrigung fällt der Wert von ΔE negativ an.

Bei Zink ergibt sich z. B. mit dem Normalpotential von $-0,7628$ V bei Erniedrigung der Zinkionenkonzentration in der Lösung um eine Zehnerpotenz eine EMK von

$$E = -0,7628 \text{ V} - (0,059/2) \text{ V} = -0,7923 \text{ V} \, .$$

Der negative EMK-Wert zeigt an, daß Zink gegen seine verdünntere Lösung unedler ist. Dieses Verhalten gilt allgemein für alle Metalle.

Mit Hilfe der *Nernst*schen Gleichung ist man auch in der Lage, die für viele Naturvorgänge bedeutsame Zersetzungsspannung des Wassers zu berechnen. Hierzu benutzen wir den in Tabelle 13 aufgeführten Wert von $+0,401$ V für die Entladung des OH^--Ions, um die Spannung für den Vorgang

$$2\,H_2(g) + O_2(g) \rightleftharpoons 2\,H^+ + 2\,OH^- \qquad\qquad (7.10)$$

zu berechnen. Dabei ist zu berücksichtigen, daß neutrales Wasser bei 25 °C H^+- und OH^--Ionen in einer Konzentration von $c = 10^{-7}$ mol l^{-1} enthält, wodurch sich die Werte der Normalpotentiale verschieben.

Für die H_2-Elektrode (Katode) gilt

$$E_K = 0 + \frac{RT}{zF} \ln 10^{-7}$$

$$= \frac{8,314 \text{ J (mol K)}^{-1} \cdot 298 \text{ K}}{1 \cdot 96487 \text{ J mol}^{-1} \text{ V}^{-1}} 2,3 \cdot (-7)$$

$$= -0,413 \text{ V} \, .$$

Für die O_2-Elektrode (Anode) gilt

$$E_A = +0,401 \text{ V} + \frac{RT}{(-1)\,F} \ln 10^{-7}$$

$$= +0,401 \text{ V} + (-0,059 \text{ V})\,(-7) = +0,814 \text{ V} \, .$$

Die *Zersetzungsspannung* ist die Mindestspannung, die an eine Zelle angelegt werden muß, damit ein Elektrolysestrom fließt. Liegen keine Überspannungen vor, ist sie gleich, aber entgegengesetzt gerichtet der nach der *Nernst*schen Gleichung berechenbaren EMK, d. h.,

$$E_Z = E_A - E_K$$

$$= 0,814 \text{ V} - (-0,413 \text{ V})$$

$$= 1,229 \text{ V} \, .$$

Diese Spannung muß also mindestens aufgewendet werden, um Wasser zwecks Gewinnung von H_2 und O_2 durch Elektrolyse zu zersetzen. Praktisch sind allerdings höhere Spannungen erforderlich *(Überspannung)*.

7.1.4   Abhängigkeit der EMK von der Temperatur

Es gelten

$$\Delta G = \Delta H + T \left(\frac{\partial \, \Delta G}{\partial T} \right)_p$$

und

$$\Delta G = -zFE \, .$$

Die Differentiation der letzten Gleichung nach T ergibt

$$\left(\frac{\partial \Delta G}{\partial T}\right)_p = -zF\left(\frac{\partial E}{\partial T}\right)_p. \tag{7.12}$$

In die erste Gleichung eingesetzt, erhält man

$$\Delta G = \Delta H - zFT\left(\frac{\partial E}{\partial T}\right)_p$$

$$-zFE = \Delta H - zFT\left(\frac{\partial E}{\partial T}\right)_p$$

$$\Delta H = -zF\left[E - T\left(\frac{\partial E}{\partial T}\right)_p\right]. \tag{7.13}$$

Diese Gleichung ermöglicht es, Enthalpien aus der Temperaturabhängigkeit der EMK zu berechnen.

Beispiel

● Berechnen Sie die Reaktionswärme einer gegebenen Zelle bei 300 K!

gegeben: Die EMK der Zelle wurde bei 300 K zu 1,1 V gemessen. Der Temperaturkoeffizient wurde zu $4 \cdot 10^{-5}$ V K^{-1} ermittelt. Der Ladungsaustausch war 1 Ladung je Ion.

Lösung

$$\Delta H = -zF\left[E - T\left(\frac{\partial E}{\partial T}\right)_p\right]$$

$$= -1 \cdot 96487\,\text{J mol}^{-1}\,\text{V}^{-1}\,(1,1\,\text{V} - 300\,\text{K} \cdot 4 \cdot 10^{-5}\,\text{V K}^{-1})$$

$$= 105\,\text{kJ mol}^{-1}.$$

7.1.5   EMK-Messungen zur Bestimmung thermodynamischer Zustandsgrößen

EMK-Messungen ermöglichen es, die freie Enthalpie als Ausdruck der chemischen Affinität unmittelbar und mit großer Genauigkeit zu messen. Bedingung ist, daß es gelingt, sie in zwei (an getrennten Elektroden verlaufende) Teilreaktionen zu zerlegen.

Diese Voraussetzungen können bei Zellen mit *Diffusionspotential* beeinträchtigt sein. Sie besitzen zwei aneinandergrenzende Phasen, zwischen denen der Ionenaustausch stattfindet. An den Phasengrenzen der zwei Elektrolytlösungen unterschiedlicher Konzentrationen bzw. unterschiedlicher Zusammensetzung treten infolge Diffusion der Ionen Potentialdifferenzen auf, die mit in die EMK der Zelle eingehen. Diese Diffusionspotentiale erfordern einen erweiterten Lösungsansatz der in der Zelle ablaufenden Vorgänge; wir unterscheiden deshalb grundsätzlich zwischen Zellen ohne Diffusionspotential und Zellen mit Diffusionspotential (z. B. Konzentrationszellen).

7.1.5.1 Galvanische Zellen ohne Diffusionspotential

Ein Beispiel für eine Zelle *ohne* Diffusionspotential ist die Zelle

$$Pb(1)/PbO(1)/O_2, \quad (Pt)$$

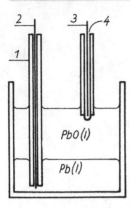

Abb. 92. Bleioxidbildungszelle

(s. Abb. 92). Die Anode besteht aus flüssigem Blei, wobei die Zuführung durch einen tonerdeummantelten Eisendraht vorgenommen wird. Die Katode ist ein sauerstoffumspülter Platindraht, und der Elektrolyt besteht aus flüssigem Bleioxid.
Die in der Zelle ablaufende Reaktion, deren Triebkraft durch die EMK der Zelle kompensatorisch gemessen werden kann,

$$Pb(1) + \tfrac{1}{2} O_2(g) \rightleftharpoons PbO(1), \tag{7.14}$$

setzt sich aus den beiden Teilreaktionen

$$Pb \rightleftharpoons Pb^{2+} + 2e \quad \text{(Anodenreaktion)} \tag{7.15}$$

$$\tfrac{1}{2} O_2 + 2e \rightleftharpoons O^{2-} \quad \text{(Katodenreaktion)} \tag{7.16}$$

zusammen.
Bei Einhaltung der Standardbedingungen (reine Stoffe, $p_{O_2} = 1$ bar) ergibt sich nach

$$\Delta G^0 = -zFE^0$$

die freie Standardenthalpie der Bildung von PbO aus den Elementen. Die auf diese Weise experimentell bestimmte Abhängigkeit des ΔG^0-Wertes von der Temperatur steht in guter Übereinstimmung mit der aus bekannten thermochemischen Daten berechneten Funktion. Setzt man dem PbO-Elektrolyten ein weiteres Oxid (z. B. SiO$_2$) zu, welches chemisch stabiler als PbO ist und keinen Anteil an elektrischer Leitfähigkeit einbringt, so wird die Zell-EMK entsprechend der Beziehung

$$E = E^0 - \frac{RT}{zF} \ln \frac{a_{PbO \, (in \, PbO-SiO_2)}}{p_{O_2}^{1/2}} \tag{7.17}$$

verändert. Damit ist man in der Lage, die PbO-Aktivität (bezogen auf reines PbO) im System PbO/SiO$_2$ zu bestimmen.

7.1.5.2   Konzentrationszellen

Eine Zelle mit gleichen Elektroden in einer Lösung unterschiedlicher Konzentration wird Konzentrationszelle genannt. Bei einer solchen Zelle tritt ein Diffusionspotential auf. Große Bedeutung in der Metallurgie hat die Sauerstoff-Konzentrationszelle erlangt, die einen Feststoff (z. B. CaO/stabilisiertes ZrO$_2$) als Elektrolyten besitzt. Es hat sich herausgestellt, daß ein solcher Feststoffelektrolyt in bestimmten Bereichen der Temperatur und des Sauerstoffdrucks ein nahezu reiner Ionenleiter ist.

Der allgemeine Zellaufbau entspricht dem Typ

$$O_2 \text{ (Druck I)}, Pt/ZrO_2(CaO)/Pt, O_2 \text{ (Druck II)} . \tag{7.18}$$

Sie besitzt die Zellreaktion

$$O_2 \text{ (Druck II)} \rightleftharpoons O_2 \text{ (Druck I)}$$

mit der Zell-EMK von

$$E = -\frac{RT}{4F} \ln \frac{p_{O_2(I)}}{p_{O_2(II)}} . \tag{7.19}$$

Mit Hilfe einer Referenzelektrode (Luft: $p_{O_2} = 0,21$ bar) ist man somit in der Lage, den Sauerstoffpartialdruck technischer Gasgemische zu messen.

Die Sauerstoffdrücke an den Elektroden brauchen nicht unbedingt durch gasförmigen Sauerstoff vorgegeben zu werden. In vielen Fällen ist es einfacher, hierzu Metall-Metalloxid-Paare zu verwenden, z. B. die Paare M/MO und Me/MeO. Damit erhält man die Zelle

$$M/MO/ZrO_2(CaO)/MeO/Me . \tag{7.20}$$

Durch die Einstellung der chemischen Gleichgewichte

$$M + \tfrac{1}{2} O_2 \rightleftharpoons MO \tag{7.21}$$

und

$$Me + \tfrac{1}{2} O_2 \rightleftharpoons MeO \tag{7.22}$$

ist bei konstanter Temperatur der Sauerstoffdruck an der Anode ($p_{O_2}(M, MO)$) und an der Katode ($p_{O_2}(Me, MeO)$) festgelegt. Die Zell-EMK ergibt sich damit zu

$$E = -\frac{RT}{2F} \ln \frac{p_{O_2}^{1/2}(M, MO)}{p_{O_2}^{1/2}(Me, MeO)} \tag{7.23}$$

oder

$$E = -\frac{RT}{4F} \ln \frac{p_{O_2}(M, MO)}{p_{O_2}(Me, MeO)} . \tag{7.24}$$

Wird z. B. das Metall M in einem weiteren Metall gelöst, dessen *Metalloxid-Sauerstoffgleichgewichtsdruck* höher liegt als der des Systems M/MO, so ist man unter diesen Bedingungen in der Lage, die Aktivität des gelösten Metalls [M] in der Legierung wie folgt zu bestimmen:

$$[M] \mid MO \mid ZrO_2(CaO) \mid Me \mid MeO . \tag{7.25}$$

Dabei ergibt sich folgender EMK-Wert:

$$E' = -\frac{RT}{4F} \ln \frac{p_{O_2}([M], MO)}{p_{O_2}(Me, MeO)} . \tag{7.26}$$

Ersetzt man das Verhältnis der Sauerstoffdrücke durch die Metallaktivität

$$a_M = \frac{p_{O_2}^{1/2}(M, MO)}{p_{O_2}^{1/2}([M], MO)} , \tag{7.27}$$

erhält man mit den Gln. (7.24) und (7.26) die Beziehung

$$E - E' = -\frac{RT}{2F} \ln a_M . \tag{7.28}$$

Wird die vorher beschriebene Zelle in der Form vereinfacht,

$$[M] \mid MO \mid ZrO_2(CaO) \mid [M] \mid MO \,, \tag{7.29}$$

daß Katode und Anode aus dem gleichen Metall-Metalloxid-System bestehen, so erhält man für die EMK

$$E = -\frac{RT}{2F} \ln \frac{p_{O_2}^{1/2}([M], MO)}{p_{O_2}^{1/2}([M], MO)} \tag{7.30}$$

oder

$$E = -\frac{RT}{2F} \ln a_M \,. \tag{7.31}$$

Entsprechend ergibt sich für ein Oxid, z. B. MO, in Lösung

$$M \mid (MO) \mid ZrO_2(CaO) \mid M \mid MO \,, \tag{7.32}$$

$$E = \frac{RT}{2F} \ln a_{MO} \,. \tag{7.33}$$

Diese Technik wird u. a. zur Bestimmung der Aktivität von Komponenten in Schlakkensystemen ($PbO - SiO_2$) angewendet:

$$Pb(1) \mid PbO \text{ (in } PbO - SiO_2, 1) \mid ZrO_2(CaO) \mid Pb(1) \mid PbO(1) \,.$$

Der schematische Aufbau dieser Konzentrationszelle ist in Abb. 93 dargestellt.

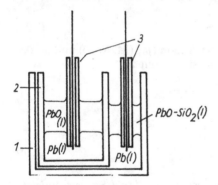

Abb. 93. Aufbau einer Konzentrationszelle zur Bestimmung der PbO-Aktivität in flüssigen $PbO - SiO_2$-Schmelzen

1 Tiegel, *2* Feststoffelektrolyt, *3* Schutzrohre

Beispiel

gegeben: Zur Bestimmung der PbO-Aktivität in einer $PbO - SiO_2$-Schlacke wurden mit der Zelle

$$Pb(1) \mid PbO(1) \mid ZrO_2(CaO) \mid Pb(1) \mid PbO \text{ (in } PbO - SiO_2(1))$$

EMK-Messungen bei unterschiedlichen Temperaturen durchgeführt. Die Aktivität läßt sich für die obige Zelle durch die Beziehung

$$-\ln a_{PbO} = 2FE/RT$$

aus den EMK-Messungen berechnen.

Für die Temperaturabhängigkeit der elektromotorischen Kraft (EMK) ergaben sich lineare Abhängigkeiten. Die Messungen lieferten folgende Ergebnisse bei 1000 °C:

x_{PbO}	0,836	0,708	0,604	0,517	0,447	0,386
EMK V	0,017	0,041	0,0685	0,0935	0,1125	0,127

• Bestimmen Sie den Aktivitätsverlauf von PbO im binären System PbO/SiO_2!

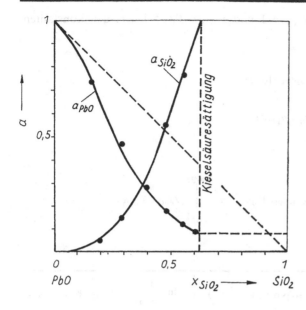

Abb. 94. Die Aktivitäten der Komponenten im System PbO−SiO$_2$

Lösung

Durch Einsatz der EMK-Werte in die vorstehende Gleichung erhält man unmittelbar die auf reines flüssiges PbO bezogene PbO-Aktivität:

x_{PbO}	0,836	0,708	0,604	0,517	0,447	0,386
a_{PbO}	0,734	0,474	0,287	0,182	0,129	0,099

Abbildung 94 zeigt die graphische Darstellung dieses Sachverhalts.

- Berechnen Sie die Aktivität der Kieselsäure mit Hilfe der *Gibbs-Duhem*-Gleichung unter Verwendung der α-Funktion und unter Berücksichtigung der Tatsache, daß die Sättigung der Kieselsäure bei $x_{SiO_2} = 0,625$ experimentell ermittelt wurde!

Lösung

Die Berechnung der SiO$_2$-Aktivität aus der PbO-Aktivität geht von der modifizierten *Gibbs-Duhem*-Gleichung (4.109) aus:

$$\ln \gamma_A = -x_B x_A \alpha_B - \int_{x_A = 1}^{x_A = x_A} \alpha_B \, dx_A .$$

Eingesetzt erhält man

$$\ln \gamma_{SiO_2} = -x_{PbO} x_{SiO_2} \alpha_{PbO} - \int_{x_{SiO_2} = 1}^{x_{SiO_2}} \alpha_{PbO} \, dx_{SiO_2} .$$

Mit der Kenntnis, daß die Kieselsäuresättigung ($a_{SiO_2} = 1$) bei $x_{SiO_2} = 0,625$ liegt, läßt sich das Integral auf der rechten Seite der Gleichung umformen in

$$\int_{1}^{x_{SiO_2}} \alpha_{PbO} \, dx_{SiO_2} = \int_{1}^{0,625} \alpha_{PbO} \, dx_{SiO_2} + \int_{0,625}^{x_{SiO_2}} \alpha_{PbO} \, dx_{SiO_2} .$$

15 Thermodynamik

Das Integral zwischen den Grenzen $x_{SiO_2} = 1$ und $x_{SiO_2} = 0,625$ liefert den konstanten Wert

$$\int_1^{0,625} \alpha_{PbO}\, dx_{SiO_2} = -\ln \gamma_{SiO_2} - x_{PbO}x_{SiO_2}\alpha_{PbO}|_{0,625}$$

$$= -\ln \frac{1}{0,625} - (x_{PbO}x_{SiO_2}\alpha_{PbO})|_{0,625} \,.$$

Eingesetzt erhält man:

$$\int_1^{x_{SiO_2}} \alpha_{PbO}\, dx_{SiO_2} = -\ln \frac{1}{0,625} - (x_{PbO}x_{SiO_2}\alpha_{PbO})|_{0,625} + \int_{0,625}^{x_{SiO_2}} \alpha_{PbO}\, dx_{SiO_2} \,.$$

Tabelle I

x_{PbO}	a_{PbO}	γ_{PbO}	x_{SiO_2}	$x_{SiO_2}^2$	$(a_{PbO}-a_{PbO}x_{SiO_2})$	x_{PbO}	$-\int \dots$	$\ln \frac{1}{0,625}$	$\ln \gamma_{SiO_2}$	γ_{SiO_2}	a_{SiO_2}
0,836	0,734	0,877	0,164	0,026	−4,88	0,146	−	0,47	−	−	−
0,708	0,474	0,668	0,292	0,085	−4,719	0,361	−1,531	0,47	−0,699	0,496	0,145
0,604	0,287	0,475	0,396	0,156	−4,747	0,319	−1,028	0,47	−0,238	0,787	0,312
0,517	0,182	0,351	0,483	0,233	−4,475	0,302	−0,629	0,47	0,143	1,153	0,557
0,447	0,129	0,287	0,553	0,305	−4,074	0,191	−0,332	0,47	0,328	1,388	0,768
0,386	0,099	0,255	0,614	0,376	−3,615	0,041	−0,038	0,47	0,472	1,603	0,984
0,375	−	−	0,625	−	−3,48	0	0	0,47	0,47	1,6	1,0

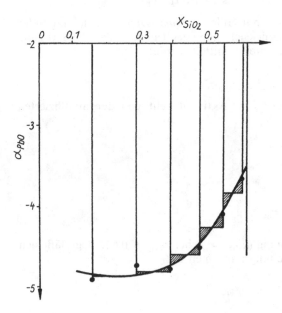

Abb. 95. Graphische Integration zur Bestimmung der SiO$_2$-Aktivität im System Pb−SiO$_2$

Mit der anfänglichen *Gibbs-Duhem*-Gleichung ergibt sich:

$$\ln \gamma_{SiO_2} = -(x_{PbO} x_{SiO_2} \alpha_{PbO})$$

$$-\left[-\ln \frac{1}{0,625} - (x_{PbO} x_{SiO_2} \alpha_{PbO})|_{0,625} + \int\limits_{0,625}^{x_{SiO_2}} \alpha_{PbO}\, dx_{SiO_2} \right]$$

oder zusammengefaßt:

$$\ln \gamma_{SiO_2} = \ln \frac{1}{0,625} + (-\alpha_{PbO} x_{PbO} x_{SiO_2})|_{0,625}^{x_{SiO_2}} - \int\limits_{0,625}^{x_{SiO_2}} d\alpha_{PbO}\, dx_{SiO_2}.$$

Mit der graphischen Integration des Integrals, wie sie in Abb. 95 dargestellt ist, ergibt sich die schrittweise Berechnung der Kieselsäureaktivität, wie sie in Tabelle I durchgeführt ist. Die Kieselsäureaktivität wurde bereits in Abb. 94 mit aufgenommen. Die Aktivitäten beider Schlackekomponenten verändern sich im Bereich der Kieselsäuresättigung nicht, da sich in diesem *heterogenen Gebiet nur die Mengenanteile* der koexistierenden Phasen (flüssig-feste Kieselsäure) *verändern.*

7.2   Elektrochemische Gleichgewichtsdiagramme

7.2.1   Redoxgleichgewichte

Als Redoxreaktionen bezeichnet man aus den Teilreaktionen

Reduktion: Elektronen- bzw. Ladungs-Aufnahme,

z. B. $Me^{2+} + 2e \rightarrow Me$ und

Oxidation: Elektronen- bzw. Ladungs-Abgabe,

z. B. $Me \rightarrow Me^{2+} + 2e$

zusammengesetzte Reaktionen. Die sich ergebenden Redoxgleichgewichte sollen im folgenden anhand eines typischen Metalls (Me) schematisch dargestellt werden.
In wäßriger Lösung, in der das Metall, Sauerstoff, Ionen und Hydroxide sowie Wassermoleküle auftreten, können verschiedene Reaktionen und Verbindungen vorliegen, von denen einige hier herausgegriffen und betrachtet werden sollen:

$$2\,Me + 4\,H^+ + O_2 = 2\,Me^{2+} + 2\,H_2O \tag{R1}$$

$$4\,Me^{2+} + 4\,H^+ + O_2 = 4\,Me^{3+} + 2\,H_2O \tag{R2}$$

$$Me^+ + 2\,H_2O = Me(OH)_2 + 2\,H^+ \tag{R3}$$

$$Me^+ + 3\,H_2O = Me(OH)_3 + 3\,H^+ \tag{R4}$$

$$Me(OH)_2 = MeO_2^{2-} + 2\,H^+ \tag{R5}$$

$$Me(OH)_3 = MeO_2^- + H^+ + H_2O \tag{R6}$$

$$2\,Me + 2\,H_2O + O_2 = 2\,Me(OH)_2 \tag{R7}$$

$$4\,Me^{2+} + 10\,H_2O + O_2 = 4\,Me(OH)_3 + 8\,H^+ . \tag{R12}$$

Neben dem *p*H-Wert der Lösung ist als zweite charakteristische Eigenschaft deren Oxidationspotential zu nennen. Stellt man den Logarithmus des Sauerstoffpartialdruckes, lg p_{O_2}, als Funktion des *p*H-Wertes dar, ergibt sich für $T = 25\,°C$ Abb. 96. Hier werden

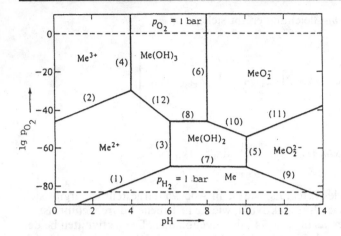

Abb. 96. Schematische Darstellung der Redoxgleichgewichte eines Metalls Me in wäßriger Lösung

schematisch die sich aus den Reaktionen R1 bis R6 und deren Kombinationen, z. B. zu R12 ($= R2 + 4 \cdot R4$), ergebenden Gleichgewichtslinien, (1) bis (12) gezeigt. Beispielhaft sind hier die aus der Gleichgewichtskonstante folgenden Funktionen für vier Reaktionen herausgestellt. Dabei werden die Komponenten, Me und H_2O sowie die festen Hydroxide $Me(OH)_2$ und $Me(OH)_3$ als reine Stoffe behandelt (vgl. Abschnitt 2.2.5.1).

$$R1: \quad \lg p_{O_2} = 4\,pH + 2\lg a_{Me^{2+}} - \lg K_{R1} \tag{F1}$$

$$R3: \quad 0 = 2\,pH + \lg a_{Me^{2+}} + \lg K_{R3} \tag{F3}$$

$$R7: \quad \lg p_{O_2} = -2\lg K_{R7} \tag{F7}$$

$$R12: \quad \lg p_{O_2} = -8\,pH - 4\lg a_{Me^{2+}} + \lg K_{R12}. \tag{F12}$$

Die Steigung der Gleichgewichtslinien ist positiv, wenn Sauerstoff und Wasserstoffionen (H^+) gemeinsam auf einer Seite der Reaktionsgleichung stehen. Entsprechend ergibt sich für eine Reaktion ohne Sauerstoffbeteiligung eine horizontale iso-$\lg p_{O_2}$-Kurve, ohne die Beteiligung von Wasserstoff eine vertikale iso-pH-Kurve.
Da die Aktivitäten der Reaktionskomponenten abhängig von deren Konzentrationen in der wäßrigen Lösung sind, verschieben sich die Gleichgewichtslinien bei Konzentrationsänderungen in der Lösung, d. h. während des Redoxprozesses. Zum Beispiel würde eine Verringerung der Aktivität des zweiwertigen Metalls, $a_{Me^{2+}}$, um eine Zehnerpotenz zu einer Verschiebung der Gleichgewichtslinie (1) nach unten um zwei logarithmische Einheiten führen (siehe Funktion F1). Gleichzeitig würde die Gleichgewichtslinie (12) um vier logarithmische Einheiten nach oben verschoben werden (siehe F12).
Weiterhin sind in Abb. 96 die isobaren für $p_{O_2} = 1$ bar und $p_{H_2} = 1$ bar dargestellt. Bei $T = 25\,°C$ ergibt sich aus der freien Dissoziationsenthalpie des Wassers nach

$$2\,H_2O = 2\,H_2 + O_2 \quad \Delta G^0 = -474{,}6\ \text{kJ mol}^{-1}$$

bei $p_{H_2} = 1$ bar ein Gleichgewichtspartialdruck des Sauerstoffs von $p_{O_2} = 10^{-83}$ bar ($\lg p_{O_2} = -83$).
Der Abbildung 96 ist zu entnehmen, daß das reine Metall (Me) nur unterhalb des Linienzuges (1)−(7)−(9) stabil ist. Höhere Sauerstoffpartialdrücke überführen es je nach dem pH-Wert in ein Kation (Me^{2+}), ein Hydroxid ($Me(OH)_2$) oder das Anion (MeO_2^{2-}). Es muß noch einmal betont werden, daß Abb. 96 rein schematisch ist. So können auch andere Anionen, Kationen oder Hydroxide gebildet werden.

Es wurde bereits ausgeführt, daß Redoxreaktionen mit einem Ladungsaustausch verbunden sind. Es ist daher möglich, die Redoxgleichgewichte auch mittels der EMK bzw. des Potentials zu beschreiben. Hier tritt der elektrische Strom an die Stelle des Sauerstoffs als Elektronenlieferant. Dieses soll im folgenden gezeigt werden.

7.2.2 *Pourbaix*-Diagramm

Die *thermodynamische Korrosionstheorie* ist auf der Spannungsreihe der Metalle aufgebaut. Sie geht davon aus, daß Wasser elektrolytisch dissoziiert ist und daß sich in seiner Gegenwart mit einem Metall ein *Lokalelement* bilden kann, das mit einer galvanischen Zelle vergleichbar ist. Die *Nernst*sche Gleichung fordert für diesen Fall, daß die Korrosion von der Konzentration der Wasserstoffionen, d. h. vom *p*H-Wert der wäßrigen Lösung abhängt. *Pourbaix* schlug 1945 den Typ eines Gleichgewichtsdiagramms vor, das das thermodynamische Korrosionsverhalten eines Metalls übersichtlich beschreibt. Diese in gewisser Weise als »elektrochemische Phasendiagramme« zu bezeichnenden Schaubilder werden heute allgemein *Pourbaix-Diagramme* genannt. Im folgenden soll der Grundgehalt dieser Diagramme erläutert werden.

Für eine Reaktion

$$a\mathrm{A} + x\mathrm{H_2O} \rightleftharpoons b\mathrm{B} + \dots + y\mathrm{H^+} + z\,\mathrm{e^-} \tag{7.34}$$

läßt sich wie bei Elektrodenvorgängen das Potential berechnen. Ausgangspunkt ist die *Nernst*sche Gleichung (7.8)

$$E = E^0 + \frac{RT}{zF} \ln a$$

$$E^0 = \frac{\sum \Delta G^0}{zF}.$$

Damit ergibt sich für die *Nernst*sche Gleichung

$$E = \frac{\sum \Delta G^0}{zF} + \frac{2{,}3RT}{zF} (b \lg a_\mathrm{B} + y \lg a_{\mathrm{H^+}} + \dots - a \lg a_\mathrm{A} - x \lg a_{\mathrm{H_2O}}). \tag{7.35}$$

Berücksichtigt man, daß der Faktor vor der Klammer

$$\Delta E = 0{,}059/z$$

die Erhöhung der Ionenkonzentration um eine Zehnerpotenz darstellt und daß

$$-\lg a_{\mathrm{H^+}} \equiv p\mathrm{H}, \tag{7.36}$$

so geht die vorstehende Gl. (7.35) über in

$$E = \frac{\sum \Delta G^0}{zF} - \frac{0{,}059}{z} yp\mathrm{H} + \frac{0{,}059}{z} (b \lg a_\mathrm{B} + \dots - a \lg a_\mathrm{A} - x \lg a_{\mathrm{H_2O}}). \tag{7.37}$$

Für Wasser kann bei verdünnten Lösungen $a_{\mathrm{H_2O}} \approx 1$ angenommen werden, und die Gl. (7.37) vereinfacht sich zu

$$E = \frac{\sum \Delta G^0}{zF} - \frac{0{,}059y}{z} p\mathrm{H} + \frac{0{,}059}{z} (b \lg a_\mathrm{B} + \dots - a \lg a_\mathrm{A}). \tag{7.38}$$

Diese Geradengleichung ist Grundlage des *Pourbaix*-Diagramms, in dem das *Potential E gegen den pH-Wert aufgetragen wird.*

Zunächst stellt sich die Frage, wie die Reaktion der Normalelektrode

$$2\,H^+ + 2\,e^- \rightleftharpoons H_2 \tag{7.39}$$

in diesem Diagramm verläuft.
Definitionsgemäß ist für diese Reaktion $E^0 = 0$. Mit $z = 2$ und $y = 2$ erhält man

$$E = -0,059\,pH\,. \tag{7.40}$$

Für die Reaktion

$$2\,H_2O \rightleftharpoons O_2 + 4\,H^+ + 4\,e^- \tag{7.41}$$

wird mit

$$
E^0 = \frac{\sum \Delta G^0}{zF} = \frac{\Delta G^0_{O_2} + 4\,\Delta G^0_{H^+} - 2\,\Delta G^0_{H_2O}}{4F}
$$

$$
= \frac{(0 + 0 - 2 \cdot -237290)\,\text{J mol}^{-1}}{4 \cdot 96487\,\text{J mol}^{-1}\,\text{V}^{-1}} = 1,229\,\text{V}\,.
$$

Mit $z = -4$ und $y = -4$ ergibt sich

$$E = 1,229 - 0,059\,pH\,. \tag{7.42}$$

Im *Pourbaix*-Diagramm stellen die beiden Reaktionen Parallelen dar, die im Abstand von 1,229 V voneinander verlaufen (Abb. 97). Diese Spannung ist der thermodynamische Mindestbetrag, um Wasser gemäß den vorgenannten Elektrodenreaktionen zu zersetzen.

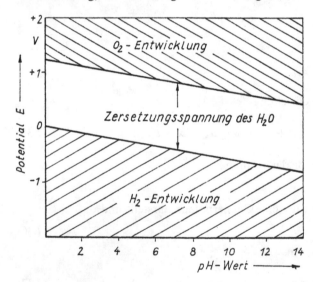

Abb. 97. pH-Potential-Diagramm
der Wasserzersetzung

Reaktionen, bei denen *keine Elektronen* ausgetauscht werden, sind *reine chemische Reaktionen* und als solche vom Potential unabhängig. Sie laufen allerdings bei ganz bestimmten pH-Werten ab, wie sich leicht zeigen läßt.
Für die chemische Reaktion

$$a\text{A}^+ + x\text{H}_2\text{O} \rightleftharpoons b\text{B} + y\text{H}^+\,, \tag{7.43}$$

z. B.

$$\text{Zn}^{2+} + 2\,\text{H}_2\text{O} \rightleftharpoons \text{Zn(OH)}_2 + 2\,\text{H}^+\,, \tag{7.44}$$

gilt mit Einführung der Gleichgewichtskonstanten K

$$\sum \Delta G^0 = 2{,}3RT \lg K$$

$$\lg K = \frac{b\,\Delta G_B + y\,\Delta G_{H^+} - a\,\Delta G_{A^+} - x\,\Delta G_{H_2O}}{2{,}3RT} \tag{7.45}$$

oder

$$\lg K = \frac{2{,}3RT\,(b\lg a_B + y\lg a_{H^+} - a\lg a_{A^+} - x\lg a_{H_2O})}{2{,}3RT} \tag{7.46}$$

oder

$$\lg K = b\lg a_B - y\,p\mathrm{H} - a\lg a_{A^+}. \tag{7.47}$$

Damit läßt sich der $p\mathrm{H}$-Wert angeben, bei dem sich die Reaktion vollzieht:

$$p\mathrm{H} = \frac{b\lg a_B - a\lg a_{A^+} - \lg K}{y}. \tag{7.48}$$

7.2.2.1   *E-p*H-Diagramm von Zink

Die *Pourbaix*-Diagramme erfordern es, zusätzliche Angaben über die *Ionenkonzentration im Elektrolyten* zu machen. Diese sollte möglichst konstant sein, was nur bei geringen Korrosionsgeschwindigkeiten eingehalten werden kann. Für Zink nimmt man an, daß diese Bedingungen bei einer Ionenaktivität von $10^{-6}\,\mathrm{mol\,l^{-1}}$ gegeben sind.
Für reines Zink im Kontakt mit Wasser können folgende elektrochemischen Reaktionen ablaufen:

$$\mathrm{Zn} \rightleftharpoons \mathrm{Zn^{2+}} + 2\,\mathrm{e^-} \tag{7.49}$$

$$\mathrm{Zn} + 2\,\mathrm{H_2O} \rightleftharpoons \mathrm{Zn(OH)_2} + 2\,\mathrm{H^+} + 2\,\mathrm{e^-} \tag{7.50}$$

$$\mathrm{Zn} + 2\,\mathrm{H_2O} \rightleftharpoons \mathrm{ZnO_2^{2-}} + 4\,\mathrm{H^+} + 2\,\mathrm{e^-}. \tag{7.51}$$

Folgende Reaktionen sind rein chemischer Natur:

$$\mathrm{Zn(OH)_2} + 2\,\mathrm{H^+} \rightleftharpoons \mathrm{Zn^{2+}} + 2\,\mathrm{H_2O} \tag{7.52}$$

$$\mathrm{Zn(OH)_2} \rightleftharpoons \mathrm{ZnO_2^{2-}} + 2\,\mathrm{H^+}. \tag{7.53}$$

Bei einer Auftragung im E-pH-Diagramm (Abb. 98) ist die Reaktion (7.49) unabhängig vom pH-Wert, da weder Wasserstoff- noch Hydroxidionen an der Reaktion beteiligt sind. Die Horizontale würde dann dem Normalpotential des Zinks entsprechen, wenn dessen Ionenaktivität gleich Eins wäre. Dieses ist nicht der Fall. Das hier angegebene Potential berechnet sich nach der *Nernst*schen Gleichung leicht wie folgt ($a_{Zn^{2+}} = 10^{-6}\,\mathrm{mol\,l^{-1}}$):

$$E = E^0 + \frac{0{,}059\lg 10^{-6}}{2}$$

$$= -0{,}76\,\mathrm{V} - 0{,}18\,\mathrm{V} = -0{,}94\,\mathrm{V}.$$

Die Gleichgewichte (7.50) und (7.51) sind sowohl vom pH-Wert als auch vom Potential abhängig, womit sich geneigte Geraden ergeben. Die Reaktionen (7.52) und (7.53) sind als rein chemische Reaktionen unabhängig vom Potential (Vertikalen).
Eine Korrosion des Zinks wird überall dort eintreten, wo Zinkionen in Lösung gehen. Dieses kann in Form einfacher $\mathrm{Zn^{2+}}$-Ionen erfolgen oder auch in Form komplexer $\mathrm{ZnO_2^{2-}}$-Ionen im hochbasischen Bereich. Zwischen beiden Ionensorten liegt der Bereich

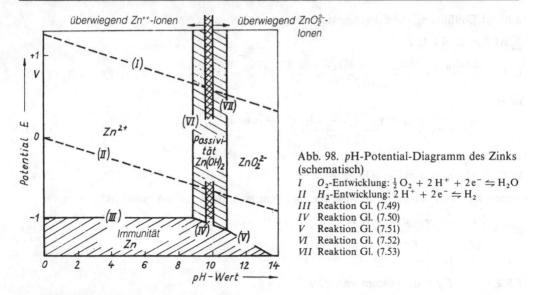

Abb. 98. pH-Potential-Diagramm des Zinks (schematisch)

I O_2-Entwicklung: $\frac{1}{2}O_2 + 2H^+ + 2e^- \leftrightharpoons H_2O$
II H_2-Entwicklung: $2H^+ + 2e^- \leftrightharpoons H_2$
III Reaktion Gl. (7.49)
IV Reaktion Gl. (7.50)
V   Reaktion Gl. (7.51)
VI Reaktion Gl. (7.52)
VII Reaktion Gl. (7.53)

des Zinkhydroxids $Zn(OH)_2$, einer Verbindung mit nur geringer Löslichkeit in Wasser, die auf dem Zink einen anhaftenden Schutzfilm bildet. Dieser Schutzfilm bewirkt eine *Passivität* des Metalls. Der Bereich des metallischen Zinks zeigt an, daß es gegen eine Korrosion immun ist.

Gleichzeitig wurden in das Schaubild die *E-p*-Geraden für Wasser aufgenommen. Damit ist es möglich, für einen vorgegebenen pH-Wert die Triebkraft der Korrosionsreaktion in sauerstofffreiem (Differenz zur E_{H_2/H^+}) und sauerstoffgesättigtem (Differenz zur E_{O_2/H^+}) Wasser anzugeben.

7.2.2.2   *E-p*H-Diagramm von Eisen

Abbildung 99 zeigt das erweiterte *E-p*-Diagramm für Eisen nach *Pourbaix*. Danach löst sich Eisen als Fe^{2+}, das bei höherem Potential zu dreiwertigem Eisen Fe^{3+} oxidiert wird.
Das Potential der Lösungsreaktion

$$Fe \rightleftharpoons Fe^{2+} + 2e^- \qquad (7.54)$$

hängt nach der *Nernst*schen Gleichung von der Aktivität der Eisenionen in der Lösung ab. Das Normalpotential ($a_{Fe^{2+}} = 10^0 \, mol \, l^{-1}$) der Gl. (7.54) beträgt $E^0 = -0,44 \, V$ (vgl. Tab. 13, S. 218). Bei Änderung der Eisenionenkonzentration auf $10^{-2} \, mol \, l^{-1}$ ändert sich das Potential auf

$$E = -0,41 \, V - 2 \cdot \frac{0,059}{2} \, V \approx -0,5 \, V \, ,$$

daher wird diese Reaktion in *Pourbaix*-Diagrammen durch Horizontalen gekennzeichnet, die unterschiedlichen Konzentrationen der Eisenionen entsprechen. Die Reaktion

$$Fe^{3+} + H_2O \rightleftharpoons FeOH^{2+} + H^+ + e^- \qquad (7.55)$$

ist abhängig vom pH-Wert der Lösung, der über die Gleichgewichtskonstante der Reaktion mit der Ionenkonzentration verknüpft ist. In Abbildung 99 wird diese Reaktion durch Vertikalen dargestellt. Die Reaktion

$$Fe^{2+} + H_2O \rightleftharpoons Fe(OH)_2^+ + e^- \qquad (7.56)$$

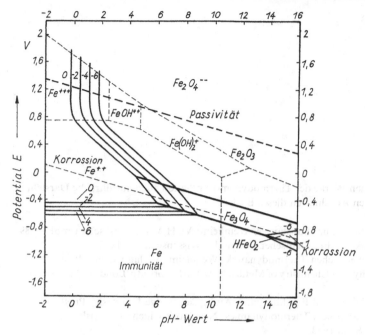

Abb. 99. pH-Potential-Diagramm des Eisens (nach *Pourbaix*)

ist sowohl pH- als auch potentialabhängig und wird durch die Gleichung

$$E = 0,877 - 0,059 \, pH \tag{7.57}$$

beschrieben. Eine ausführlichere Interpretation des Diagramms sei der Spezialliteratur vorbehalten.

Literaturverzeichnis

zu Abschnitt 1: **Grundbegriffe**

Die hier aufgeführten allgemeinen Werke der Thermodynamik enthalten auch ausführliche Darstellungen des Stoffes zu den folgenden Abschnitten dieses Buches.

Barin, I.: Thermochemical Data of Pure Substances. Weinheim: VCH Verlagsgesllschaft mbH 1989

Basarow, I. P.: Thermodynamik. Berlin: Deutscher Verlag der Wissenschaften 1972

Bittrich, H.-J.: Leitfaden der chemischen Thermodynamik. Weinheim: Verlag Chemie 1971

Darken, L. S. und *W. Gurry:* Physical Chemistry of Metals. New York/Toronto/London: McGraw-Hill Book Company Inc. 1953

Denbigh, K.: The Principles of Chemical Equilibrium, 4. Aufl., Cambridge University Press

Devereux, O. F.: Topics in Metallurgical Thermodynamics. New York/Chichester/Brisbane/Toronto/ Singapore: John Wiley and Sons 1983

Elliott, J. F. und *M. Gleiser:* Thermochemistry for Steelmaking, I., Addison-Wesley Publishing Company, Inc. 1960

Elliott, J. F., *M. Gleiser* und *V. Ramakrishna:* Thermochemistry for Steelmaking, II., Addsion-Wesley Publishing Company, Inc. 1963

Falk, G. und *W. Ruppel:* Energie und Entropie. Berlin/Heidelberg/New York: Springer-Verlag 1976

Gokcen, N. A.: Thermodynamics. Hawthorne: Techscience Inc. 1975

Haase, R.: Thermodynamik. Darmstadt: Dr. Dietrich Steinkopff Verlag 1972

Knacke, O., O. Kubaschewski und *K. Hesselmann:* Thermochemical Properties of Inorganic Substances, 2. Aufl. Berlin/Heidelberg/New York/London/Paris/Tokyo/Hong Kong/Barcelona/Budapest: Springer Verlag; Verlag Stahleisen m.b.H. Düsseldorf 1991

Kortüm, G. und *H. Lachmann:* Einführung in die chemische Thermodynamik, 7. Aufl. Weinheim: Verlag Chemie; Göttingen: Vandenhoeck und Ruprecht 1981

Kubaschewski, O. und *C. B. Alcock:* Metallurgical Thermochemistry. 5. Aufl. London: Pergamon Press 1979

Lupis, C. H. P.: Chemical Thermodynamics of Materials. New York/Amsterdam/Oxford: North-Holland 1983

Moore, J. J.: Chemical Metallurgy, 2. Aufl. Oxford: Butterworth-Heinemann Lfd. 1993

Moore, W. J.: Grundlagen der Physikalischen Chemie. Berlin/New York: Verlag Walter de Gruyter 1990

Näser, K.-H., D. Lempe und *O. Regen:* Physikalische Chemie für Techniker und Ingenieure. Leipzig: Deutscher Verlag für Grundstoffindustrie 1990

Oeters, F.: Metallurgie der Stahlherstellung. Berlin/Heidelberg/New York/London/Paris/Tokyo/Hong Kong: Springer Verlag; Düsseldorf: Verlag Stahleisen 1989

Päsler, M.: Phänomenologische Thermodynamik. Berlin/New York: Verlag Walter de Gruyter 1975

Pehlke, R. D.: Unit Process of Extractive Metallurgy, 2. Aufl. New York/London/Amsterdam: American Elsevier Publishing Company Inc. 1975

Planck, M.: Vorlesungen über Thermodynamik, 11. Aufl. Berlin/New York: Verlag Walter de Gruyter 1964

Rao, Y. K.: Stoichiometry and Thermodynamics of Metallurgical Processes. Cambridge: Cambridge University Press 1985

Rosenquist, T.: Principles of Extractive Metallurgy, 2. Aufl. New York: McGraw-Hill Book Company 1983

Tassios, D. P.: Applied Chemical Engineering Thermodynamics. Berlin/Heidelberg/New York/London/Paris/Tokyo/Hong Kong/Barcelona/Budapest: Springer Verlag 1993

Turkdogan, E. T.: Physical Chemistry of High Temperature Technology. New York/London/Toronto/Sydney/San Francisco: Academic Press 1980

Upadhyaya, G. S. und *R. K. Dube:* Problems in Metallurgical Thermodynamics and Kinetics. Pergamon Press 1977

Wagner, W.: Chemische Thermodynamik, 4. Aufl. Berlin: Akademie-Verlag 1982

zu Abschnitt 2: Gleichgewichte

Gaskell, D. R.: Introduction to Metallurgical Thermodynamics. New York/Toronto/London: McGraw-Hill Book Company Inc. 1973

Schroeder, W.: Massenwirkungsgesetz. Berlin/New York: Verlag Walter de Gruyter 1975

zu Abschnitt 3: Anwendung der Thermodynamik auf einfache Phasengleichgewichte

Findlay, A.: Die Phasenregel und ihre Anwendung, 9. Aufl. Weinheim: Verlag Chemie 1958

Hansen, J. und *F. Beiner:* Heterogene Gleichgewichte. Berlin/New York: Verlag Walter de Gruyter 1974

Muan, A. und *E. F. Osborn:* Phase Equilibria among Oxides in Steelmaking. Addison-Wesley Publishing Company, Inc. 1965

Prince, A.: Alloy Phase Equilibria. Amsterdam/London/New York: Elsevier Publishing Co. 1966

zu Abschnitt 4: Thermodynamik der Mischphasen

Thermodynamik der Mischphasen, Band 1 und 2. Leipzig: Deutscher Verlag für Grundstoffindustrie 1976

Coudurier, L., D. W. Hopkins und *I. Wilkomirski:* Fundamentals of Metallurgical Processes, 2. Aufl. London: Pergamon Press 1985

Haase, R.: Thermodynamik der Mischphasen. Berlin/Göttingen/Heidelberg: Springer Verlag 1956

Mannchen, W.: Einführung in die Thermodynamik der Mischphasen. Leipzig: Deutscher Verlag für Grundstoffindustrie 1965

Parker, R. H.: An Introduction to Chemical Metallurgy, 2. Aufl. Pergamon Press 1978

Predel, B.: Heterogene Gleichgewichte, Darmstadt: Steinkopff Verlag 1982

Richardson, F. D.: Physical Chemistry of Melts in Metallurgy, Band 1 und 2. London/New York: Academic Press 1974

Schenck, H. und *E. Steinmetz:* Wirkungsparameter von Begleitelementen flüssiger Eisenlösungen und ihre gegenseitigen Beziehungen. Düsseldorf: Verlag Stahleisen 1966

Schmalzried, H. und *A. Navrotzky:* Festkörperthermodynamik. Weinheim: Verlag Chemie 1975

Wagner, C.: Thermodynamics of Alloys. Addison-Wesley Publishing Company, Inc. 1952

zu Abschnitt 5: Oberflächenerscheinungen

Adamson, A. W.: Physical Chemistry of Surfaces, 2. Aufl. New York/London/Sidney: Interscience Publishers 1967

Davies, J. T. und *E. K. Rideal:* Interfacial Phenomena. London: Academic Press 1963

Defay, R. und *I. Prigogine:* Surface Tension and Adsorption. London: Longmans, Green & Co LTD 1966

Hauffe, K. und *S. R. Morrison:* Adsorption. Berlin/New York: Verlag Walter de Gruyter 1974

Kahlweit, M.: Grenzflächenerscheinungen. Darmstadt: Steinkopff Verlag 1981

Rusanov, A. I.: Phasengleichgewichte und Grenzflächenerscheinungen. Berlin: Akademie-Verlag 1978

Semenchenko, V. K.: Surface Phenomena in Metals and Alloys. Pergamon Press 1961

Wolf, K. L.: Physik und Chemie der Grenzflächen, Band 1 und 2. Berlin/Göttingen/Heidelberg: Springer Verlag 1959

zu Abschnitt 6: **Keimbildung**

Chalmers, B.: Principles of Solidification. New York/London/Sidney: John Wiley and Sons, Inc. 1964

Knacke, O. und *I. N. Stranski:* Die Theorie des Kristallwachstums. In Ergebnisse der exakt. Naturwiss. Bd. XXVI, 1952, S. 383—427

Meyer, K.: Physikalisch-chemische Kristallographie, 2. Aufl. Leipzig: Deutscher Verlag für Grundstoffindustrie 1977

Zettelmoyer, A. C.: Nucleation. New York: Marcel Dekker Inc. 1969

zu Abschnitt 7: **Galvanische Zellen und elektrochemische Gleichgewichtsdiagramme**

Fischer, W. A. und *D. Janke:* Metallurgische Elektrochemie. Düsseldorf und Berlin/Heidelberg/New York: Verlag Stahleisen und Springer Verlag 1975

Hömig, H. E.: Metall und Wasser, 3. Aufl. Essen: Vulkan-Verlag 1971

Jäger, E. G., K. Schöne und *G. Werner:* Elektrolytgleichgewichte und Elektrochemie. Weinheim: Verlag Chemie 1977

Kortüm, G.: Lehrbuch der Elektrochemie, 5. Aufl. Weinheim: Verlag Chemie 1972

Markovic, T.: Thermodynamische Korrosion, Passivität und Oberflächenschutz. Tuzla (Jugoslawien): Verlag Industrie für Bergbau und chemische Technologie 1967

Newmann, J. S.: Electrochemical Systems. Englewood Cliffs, N.J.: Prentice-Hall, Inc. 1973

Pourbaix, M.: Atlas of Electrochemical Equilibria in Aqueous Solutions. Pergamon Press 1966

Rickert, H.: Einführung in die Elektrochemie fester Stoffe. Berlin/Heidelberg/New York: Springer Verlag 1973

Scully, J. C.: The Fundamentals of Corrosion, 2. Aufl. Pergamon Press 1975

Stewart, D. und *D. S. Tulloch:* Principles of Corrosion and Protection. London/Mellborne/New York: MacMillan 1968

Sachwörterverzeichnis

Abkühlungskurve 39
Achsenabschnittsmethode 110
Adhäsionsarbeit 191
Adsorbat 194
Adsorbens 194
Adsorpt 194
Adsorption 193
—, absolute 195
—, chemische 194
—, physikalische 193
—, relative 196
— gelöster Stoffe an der Oberfläche der Lösung 194f.
Adsorptionsisotherme nach
  Langmuir 199
Adsorptiv 194
Aktivität 112, 117
—, Definition 112
—, Standardzustand 117, 120
—, —, reiner Stoffe 120
—, —, unendlich verdünnte Lösung 120
Avogadro-Satz 21
Avogadro-Zahl 18
α-Funktion 136

Baur-Glaessner-Diagramm 74
Benetzung an Oberflächen 190
Bildungszelle 222
Binnendruck 22
Boltzmann-Gleichung 132
Bordouard-Reaktion 72
Boyle-Mariotte-Gesetz 21
*Butler*sche Oberflächengleichung 203

Chemisorption 194
*Clausius-Clapeyron*sche Gleichung 65

*Dalton*sches Gesetz 108
Dampfdruck 114
— in Lösungen 114
— kleiner Tröpfchen 186
— reiner Stoffe 67
— von Elementen 70
Daniell-Element 217
*Debye*sches T^3-Gesetz 58
Differential 18
—, partielles 18
—, vollständiges 18
— -quotient, partieller 18

Diffusionspotential bei Zellen 222
Dissoziationsdruck 96
Drosseleffekt, isothermer 26
*Dühring*sche Regel 70
Dulong-Petit-Regel 29

E-pH-Diagramm 229
—, Grundlage 229
— von Zink und Eisen 231
Eigenwirkungsparameter 167
Einzelpotential 218
Eisenoxide, Existenzgebiete 74
Energie, freie, Definition 49
—, Zusammenhang mit thermodynamischen Potentialen 49
Energie, innere, Definition 23
—, Temperaturabhängigkeit 25
—, Volumenabhängigkeit 25
Energieerhaltungssatz 55f.
Enthalpie 24
—, Definition 24
—, Druckabhängigkeit 25
—, freie, bei regulärem Lösungsverhalten 144f.
—, —, Definition 49
—, —, Zusammenhang mit der Gleichgewichtskonstante 77
—, —, Zusammenhang mit thermodynamischen Potentialen 49
—, Temperaturabhängigkeit 25
— von Ionenreaktionen 35
Entmischung 144
—, Grenzbedingungen 146
— bei regulärer Lösung 144f
Entropie, absolute molare 40
—, Definition 43
—, totales Differential 45
— als Zustandsfunktion 45
— fester Körper am Nullpunkt 58
— -änderung 43
— — bei irreversiblen Prozessen 43
— — bei reversiblen Prozessen 43
*Eötvös*sche Regel 183
Erstarrungsenthalpie, molare 39
Excessgrößen 134
Excesswärmekapazität 142

Faktor, integrierender 19
Freiheitsgrad 102

Fugazität 111
Fugazitätskoeffizient 112

Galvanische Zellen 216
Gasblasen in Flüssigkeiten 186
Gasexpansion 27
—, adiabatische 27
—, isotherme 27
Gaskonstante 21
Gay-Lussacsches Gesetz 21
—, erstes 21
—, zweites 26
Gefriertemperaturerniedrigung im Schmelz-
    diagramm 117
Gesetz, thermodynamisches 33
—, erstes 33
—, zweites 34
Gibbs-Duhem-Gleichung 109
—, Integration 135
—, Herleitung 109
— bei ternären Lösungen 175
Gibbs-Funktion 49
Gibbs-Helmholtz-Gleichung 52
Gibbssche Adsorptionsgleichung 197
Gibbssche Fundamentalgleichung 51
Gibbssches Phasengesetz, Beispiele 104
Gleichgewicht 44
—, Bedingungen 44
—, chemisches 56, 70
—, —, Beispiele 67f.
—, thermodynamisches, Bedingungen 55
—, —, Begriff 55f.
Gleichgewichtskonstante 71f.
—, thermodynamische, Druckabhängigkeit
    80
—, —, Beispiele 80
—, —, Berechnung von ΔG^0 78f.
—, —, Definition 71
—, —, Temperaturabhängigkeit 78
—, —, Zusammenhang mit Standard-
    zuständen 71f.
—, —, Zusammenhang, mit der freien En-
    thalpie 77
— bei Heterogenreaktionen 88
Grenzfläche, Definition nach Gibbs 194
Grenzflächenspannung 190
Größe, Excess oder Überschuß 134
—, molare Definition 134
—, partielle molare 134
—, —, Methoden zur Bestimmung 110

Halbelemente 216
Hämatit 76

Hauptsatz der Thermodynamik 15
—, dritter 56
—, erster 23
—, nullter 15
—, zweiter 42
Helmholtz-Funktion 49
Henrysches Gesetz 118
Henry-Dalton-Gesetz 118
Hesssches Gesetz 34
—, Anwendung 34
—, Formulierung 34
Hilfsgasgleichgewicht 96
Hochofen-Diagramm 74
—, Reduktionsgleichgewichte 80

Joule-Thomson-Effekt 26

kapillaraktive Stoffe 199
Kapillardruck 184
Kapillarität 185
Keimbildung 210
—, heterogene 214
—, homogene 210
Keimbildungsenergie, Gibbssche 210
Keimbildungsenthalpie, freie 210
Kellog-Diagramm 97
Kelvin-Gleichung 186
Kirchhoffsches Gesetz 37
Kohäsionsdruck 22
Kohlenstoffaktivität 125
Komponente im Gibbsschen Phasengesetz
    102
Kondensationsenthalpie, molare 40
Kontaktwinkel 185
Konzentrationzellen zur Messung des Sauer-
    stoffdrucks 222
Kopp-Neumann-Regel 30
Korrosionstheorie, thermodynamische 229
Kovolumen 22
Kraft, elektromotorische 216
—, Abhängigkeit von der Temperatur 220
kritischer Radius bei Keimbildung 211

Le Chatelier, Prinzip von 79
Lokalelement 229
Löslichkeitsgleichgewicht 119
Löslichkeitsparameter 166
Lösungen 131f.
—, ideale 131
—, —, Eigenschaften 131
—, —, Mischungsenthalpie 131
—, —, Mischungsentropie 132
—, —, partielles Volumen 133
—, nicht ideale, Eigenschaften 134
—, perfekte für Oberflächenschicht 204

−, subreguläre 146
−, reguläre 143
Lösungsbetrag bei Mehrstofflösungen 166
Lösungsmodell für Oberflächenphase 204
Lösungsparameter 142

Magnetit 76
Massenwirkungsgesetz, Herleitung 71
*Maxwell*sche Relationen 52
Mehrstofflösungen 163
Metall/Metalloxidgleichgewichte 88f.
−, Beispiele 100
−, Dissoziationsdruck 96
−, Dissoziationstemperatur 93
−, Druckeinfluß 94
−, freie Standardenthalpie 88f.
−, Gleichgewichtskonstante 88
−, graphische Darstellung 88
−, Hilfsgasgleichgewichte 96
−, Stabilitätsbereich 93
−, Standardenthalpie 88
−, Standardentropie 91
Mischphase, Definition 106
Mischungsenthalpie, freie, beim Lösungs-
vorgang 122
Modell eines Assoziationsgleichgewichts
151
−, modifiziertes quasichemisches
148
−, quasichemisches 147
Mol, Definition 18
−, in Mischphase 106
Molalität 106
Molenbruch 106
Molvolumen 20

Nenner, integrierender 19
*Nernst*sche Gleichung 218
*Nernst*scher Verteilungssatz 119
*Nernst*sches Wärmetheorem 57
Normal- oder Standardpotential 217
Normalwasserstoffelektrode 217
Nullpunktsentropie 58

Oberflächenadsorption 193f.
Oberflächenenergie 181
−, Begriff 181
−, spezifische 181
Oberflächenenthalpie, spezifische 182
Oberflächenentropie, spezifische 182
Oberflächenspannung 181
−, Abhängigkeit von der Temperatur 183
−, Definition 181
−, molare 182
Oberflächenvolumen, spezifisches 182

partielle Größen 108
−, Definition 108
−, Bestimmung 110
Passivität 232
Perpetuum mobile, Unmöglichkeit 43
Phase, Begriff 17
Phasengesetz (→ *Gibbs*sches Phasengesetz)
102f.
Phasengleichgewicht, Bedingung 65
Phasenumwandlung 39
Phasenumwandlungsenthalpie 40
*Pictet-Tronton*sche Regel 40
Potential 48f., 111f.
−, chemisches 111
−, −, Definition 111
−, −, einer Mischphasenkomponente 112
−, −, eines idealen Gases 111
−, −, eines realen Gases 111
−, thermodynamisches 48
Potenz-Reihe, thermodynamisch adaptierte
(TAP) 149
Pourbaix-Diagramm 229
− von Eisen 232
− von Zink 231
Prinzip vom kleinsten Zwang 79
Prozeß 17
−, adiabatischer 17
−, irreversibler 42
−, isobarer 17
−, isochorer 17
−, isothermer 17
−, reversibler 42
Punkt, kritischer 22

Randwinkel 190
*Raoult*sches Gesetz bei idealen Mischungen
114
Reaktionsenergie, Temperaturabhängigkeit
36
Reaktionsenthalpie 32
−, Temperaturabhängigkeit 36
Reaktionsgleichung, thermochemische 31
Reaktionslaufzahl 84
Redoxgleichgewichte 227
Reduktion 75f.
−, direkte 76
−, indirekte 76
Reziprokbeziehungen bei Wirkungspara-
metern 167f.
Richardson-Ellingham-Diagramm 88
−, Einschränkungen 97
*Richards*sche Regel 39
Rist-Diagramm 75
Röstreaktion 97

Sättigungsdruck 186
Schmelzenthalpie, molare 39
Schmelzpunktserniedrigung bei kleinen
  Tröpfchen 188
*Schwarz*scher Satz, Anwendung 18
Siedetemperaturerhöhung 115
*Sieverts*sches Gesetz 177
Spannungsreihe, elektrochemische 217
Standardbildungsenthalpie 32
−, Definition 32
− bei Ionenreaktionen 35
Standardentropie 60
Standardreaktionsenthalpie bei Metall/ Me-
  talloxidsystemen 88
−, Berechnung aus $\Delta H°$ 32
−, Definition 32
−, freie 77
Standardzustand bei chemischem Potential
  111
−, flüssiger und fester Stoffe 159
−, thermochemischer 32
Stoffmenge 18
Sublimationsenthalpie, molare 40
System 17
−, abgeschlossenes 17
−, geschlossenes 17
−, heterogenes 17
−, homogenes 17
−, offenes 17
−, Phasenstabilität in regulärem 145

Tangentenschnittmethode 110
*Taylor*reihe zur Beschreibung von Mehr-
  stoffsystemen 167
Temperatur 15f.
−, absolute 16
−, Einführung als Grundgrößenart 15
−, thermodynamische 16
− -skala 16
Thermochemie 31
Tripelpunkt 103

Überschußgrößen 134
Unterkühlung 211

*van-der-Waals*sche Gleichung 22
*van't-Hoff*sche Gleichung 77
−, Reaktionsisochore 78
−, Reaktionsisotherme 77

Verdampfungsenthalpie, molare 40
−, −, Ermittlung aus Dampfdrücken 67
Verdrängungsbetrag bei Mehrstofflösungen
  166
Virialkoeffizient 22
Volmer-Faktor 215
Volumenänderung 27
−, adiabatische 27
−, isobare 27
−, isotherme 27
−, reversible adiabatische, idealer Gase 27
Volumenarbeit 24

Wagner-Beziehung, bei Wirkungsparametern 169
Wärmekapazität 24
−, molare 24
−, −, Temperaturabhängigkeit 31
−, −, bei konstantem Druck 24
−, −, bei konstantem Volumen 24
−, −, fester Stoffe 29
−, −, von Flüssigkeiten 31
−, −, von Gasen 29
−, spezifische 24
Wechselwirkungen binärer Legierungen
  141f.
Wirkungskoeffizient 165
−, bei konstanter Aktivität 166
−, bei konstanter Konzentration 165
−, Systematik 174
Wüstit 76

*Young*sche Randwinkelgleichung 190

Zersetzungsspannung 220
− des Wassers 230
Zustandsfunktionen 17
−, Begriff 17
−, Änderung 17
Zustandsgleichung 20f.
−, kalorische 25
−, thermische 20
−, −, idealer Gase 21
−, −, realer Gase 21
Zustandsgröße, Begriff 17
− extensive 18
−, intensive 18
−, Wegunabhängigkeit der Änderung 18
Zustandsvariable 17